山东省淮河流域水安全保障关键技术研究

杜贞栋　何光明　侯祥东　何　君
陈立峰　刘爱国　唐　军　刘祥军　著
翟小兵　纪成林　王洁宇　曲华斌

U0235982

黄河水利出版社

·郑州·

内 容 提 要

本书是山东省淮河流域重点平原洼地南四湖片治理工程科学研究试验项目研究成果,从水资源、防洪减灾、水生态保护、水管理等方面出发,摸清山东省淮河流域水安全的现状以及存在主要问题,沿历史、现状和未来的时间轴综合评价了山东省淮河流域水安全水平,开展了水安全保障四大体系关键技术研究,解决或改进山东省淮河流域水安全的薄弱环节,提出了若干水安全保障对策。

本书可供水资源、防洪减灾、水环境、水管理及有关专业科研工作和管理人员阅读参考。

图书在版编目(CIP)数据

山东省淮河流域水安全保障关键技术研究/杜贞栋
等著. —郑州:黄河水利出版社,2021.6
ISBN 978-7-5509-3015-5

Ⅰ.①山… Ⅱ.①杜… Ⅲ.①淮河流域-水资源管理
-安全管理-研究-山东 Ⅳ.①TV882.8

中国版本图书馆 CIP 数据核字(2021)第 127606 号

出 版 社:黄河水利出版社　　　　　　　　网址:www.yrcp.com
　　　地址:河南省郑州市顺河路黄委会综合楼 14 层　邮政编码:450003
发行单位:黄河水利出版社
　　　发行部电话:0371-66026940、66020550、66028024、66022620(传真)
　　　E-mail:hhslcbs@126.com
承印单位:河南新华印刷集团有限公司
开本:890 mm×1 240 mm　1/16
印张:15
字数:347 千字
版次:2021 年 6 月第 1 版　　　印次:2021 年 6 月第 1 次印刷
定价:56.00 元

前　言

　　水是生命之源、生产之要、生态之基。兴水利、除水害,事关人类生存、经济发展、社会进步,历来是治国安邦的大事。水安全是涉及国家长治久安的大事,全党要大力增强水忧患意识、水危机意识,从全面建成小康社会、实现中华民族永续发展的战略高度,重视解决好水安全问题,以水定城、以水定人、以水定产、以水定发展。

　　山东省淮河流域区具有潜在发展的优势,该地区列入国家淮河生态经济带、山东省西部经济隆起带,是淮河生态经济带与大运河文化带建设的关键节点与中心区域。具有社会经济发展潜力大、生态区位显著、自然禀赋优良、河网水系发达、防洪除涝工程体系基本完备的优势;但也存在洪涝灾害频发,水资源时空分配不均并与经济发展的需水不匹配,产业结构偏资偏重,南水北调东线通水后长江水的调入和调出,在水质上对南四湖及入湖河流提出了较高要求,南四湖局部水质不稳定,南四湖流域水生态环境面临着巨大的压力等劣势。近年来,随着南水北调东线工程山东段的建设通水,山东省淮河流域在水利重点领域改革不断取得新的进展,但总体上看依然还存在水少、水多、水脏、水生态以及水管理等问题,给水安全保障带来严峻挑战。

　　本书共分8章,从水资源、防洪减灾、水生态保护、水管理四个方面出发,摸清山东省淮河流域水安全的现状及存在的主要问题,沿历史、现状和未来的时间轴综合评价了该流域水安全水平,开展了水安全保障四大体系关键技术研究,解决或改进了山东省淮河流域水安全的薄弱环节,提出了相应的安全保障对策。对保障山东省流域水安全和保护湖泊生态环境具有积极意义,可为流域水安全相关工程的规划和建设提供技术支撑,为制订适应经济社会发展的水资源管理方案提供科学依据,对于其他类似地区也具有借鉴作用,具有较高的社会效益和环境效益。

　　本书由山东省淮河流域重点平原洼地南四湖片治理工程科学研究试验项目经费资助,作者由水安全保障关键技术研究专题组研究人员和山东农业大学、济南大学项目合作研究人员组成。该项工作和著作成果得到了山东省海河淮河小清河流域水利管理服务中心的大力支持。在该书撰写过程中,也参考和引用了山东省水安全保障规划、山东省淮河流域综合规划和山东省水资源公报等相关成果。本书的完成得到了科研团队及其研究人员闫芳阶、张军、刘友春、张游、王君诺、温静静、马晓超、陈起川、王汗、王伟、刁艳芳、王维平、赵伟东等的帮助,在此一并致谢!

　　由于时间仓促,加之作者水平有限,书中疏漏之处在所难免,恳请读者批评指正。

作　者

2021 年 3 月

目 录

第 1 章　研究区概况

　　水安全和区域可持续发展是国际水资源综合管理中的前沿问题。水安全是指人类生存发展所需要的量与质保障的水资源,能够维系流域可持续、维系人与生态环境健康、确保人民生命财产免受洪水、滑坡、干旱等水灾害损失的能力。水安全的内涵涉及供水安全、防洪安全、水质安全、水生态安全以及跨界河流乃至国家安全,水安全与区域可持续发展有着密切联系。随着全球变化和全球性资源危机的加剧,水安全已逐渐成为国家安全的重要内容,乃至全球的首要课题。

　　山东省最大的资源制约就是水,当前及今后一个时期,是决胜全面建成小康社会、实现第一个百年奋斗目标、开启全面建设社会主义现代化新征程、向着第二个百年奋斗目标进军的历史交汇期。山东省委、省政府要求全面贯彻落实十九大决策部署,牢记习近平总书记“山东在全面建成小康社会进程中走在前列”的指示要求,紧紧围绕“五位一体”总体布局和“四个全面”战略布局,牢固树立和落实新发展理念,把走在前列作为长期坚持的目标定位和根本要求,加快新旧动能转换,加快美丽山东建设,为全面建成小康社会、加快由大到强战略性转变提供有力支撑。落实省委、省政府新的发展战略,迫切要求加快水利基础设施建设,全面增强水利支撑和保障经济社会发展的能力。

　　山东省淮河流域在水利重点领域改革中不断取得新的进展,但总体上依然存在着水少、水多、水脏、水生态及水管理等不少问题,给水安全保障带来严峻挑战。本书立足山东省淮河流域的全局,集成了项目承担单位近几十年对淮河流域研究、工作和管理的成果,从水资源、防洪减灾、水生态保护、水管理四个方面对现状进行了深入调研,客观认识并系统梳理了存在的问题,提出了山东省淮河流域水安全相关领域关键技术体系和对应的水安全保障措施,为山东省淮河流域社会经济可持续发展提供了水安全的技术支撑。

1.1　水安全研究现状

　　人口的增加、经济的迅速增长、城市化进程的加快,使得水安全问题越来越突出。近几年,水安全研究已成为我国学术界研究的一个热点,围绕与水相关的问题展开了很多讨论。何为水安全? 不同学者从各个角度和重点出发,结合他们自己的理解,从不同的角度给出不同的水安全定义。从水安全与社会经济生态等领域安全之间的关系出发,畅明琦提出水安全是在人类的生存与发展过程中,不会因水资源问题而受限制的一种健康状态。谷树忠、胡咏君认为:水安全是指一个国家或者地区可以及时持续、保质保量、稳定可靠、经济合理地获得所需的水资源及维护良好生态环境的状态或能力。苏玉明等认为水安全是免除了不可接受的水资源短缺、水环境污染、水生态和水灾害损害风险的状态。从协调发展的角度,祝秀信认为水安全是国家或地区在某种技术水平与经济环境下,以人类社会经济与生态环境建设之间的和谐发展为基础,水资源、水环境以及供水能力可以确保社会经济的健康发展,确保生态环境的良性发展。

1.1.1　国外研究现状

国际上对水安全问题的研究可以追溯到20世纪,与全球性的环境安全问题联系在一起,因而引起了世界各国学者专家的关注。1972年的环境与发展大会上,就有了"石油危机之后就是水危机"的预言。1977年联合国专门针对环境、人口、水等问题开展了一次会议,会议主题是"避免发生全球性的水危机,保证世界各国都能够拥有足够的、卫生的水来满足人口增长和经济发展的需要"。

水安全问题自提出以来,受到了世界范围内的持续关注,经常成为各国政府和国际组织举行的很多国际会议的热点议题,同时吸引了非常多的国际学者和专家从各个角度对水安全及其相关问题进行研究。日本水文水资源学会(JSHWR)认为水安全问题涉及不同领域的多门学科,是由多因素组成的复杂系统,从而为研究广义的水安全问题奠定理论基础。L. R. Brown 和 B. Halweil 认为水资源短缺会直接对粮食的产量产生影响,进一步影响食物安全。Mark Rosegrant 和 Dick Ruthmeinzed 根据世界上不同地区由于水安全产生的各种社会、经济、环境问题,建议利用新的科学技术和市场机制相协调的办法以保障水安全。Kojiri Toshiharu 在《日本水文学与水资源评价研究进展》中将生态环境安全视为水安全的一部分,并提出水具有文化价值、环境价值,而且应该与水质、水量同样重点考虑,为进一步对水安全进行评价提供了很好的借鉴作用。Olli Virpi Lahtela 建立了贝叶斯网络模型水资源管理模型,并对塞内加尔流域进行了实例应用研究。P. H. Gleick 从水安全的角度研究了区域生态环境需水情况。H. Yang 和 Wichelns Dennis 通过对虚拟水的概念进行定义和计算,重点研究了虚拟水战略和粮食安全之间的关系。

整体上来说,国外的城市水安全问题研究集中在两个方面:一是根据可持续发展理论,用水资源承载力来诊断整个城市的水安全状态。Michiel A. Rijsberman 等用水资源承载力的大小评价城市的水安全状况。Jenerette G. Drrel 等从城市供水入手,利用改进的生态足迹方法对城市水安全进行评价。二是针对城市水问题的突发事件,开展应急对策的相关研究。Yokih 等对城市供水系统中存在的水质管理风险以及关键的应急控制点进行了研究;另外,以美国饮用水源突发污染事件应急管理预案为代表,许多国家都已经制定了水安全保障体系相关法律,其中有很多是值得我国借鉴和学习的。

1.1.2　国内研究现状

自中华人民共和国成立以来,国内很多学者和专家对一些流域或地区开展了大量的理论和实践研究,取得了很多有价值的成果。此外,一些专家学者也对我国的水安全问题进行了大量的研究。陈绍金从评价、预警以及调控三个方面对水安全系统进行了研究。畅明琦对水资源安全理论与方法进行了系统的研究,并应用到山西能源基地的水资源安全评价之中。丘德华利用系统动力学模型对区域水安全战略进行仿真评价研究。夏军等对华北地区的水安全问题进行了论述,同时提出相关的建议。陈鸿起建立了完整的防汛安全保障体系,同时构建了洪法灾害损失计算模型。韩宇平等构建多层次的水安全评价体系框架图。成建国建立了水安全监测和诊断咨询系统。田成方依据可持续发展理论,对马莲河流域的水安全状况进行了研究。

我国对城市水安全的研究主要集中在水资源和水环境承载力方面,直接的城市水安全研究相对较少。龙祥瑜等在总结了水资源的人口和经济承载力基础上,构建了水资源适度承载力模型。姚治君等利用目标规划法计算了北京市的水资源承载力。夏军等以"自然—人工"水循环为基础,以可持续发展作为控制目标,采用目标综合分析与多级灰关联评价相结合的方法,建立了一个城市化地区水资源承载力模型。冯利华等利用系统动力学模型对城市的水资源承载力进行了分析。张华侨根据系统动力学原理,对城市化进程中的水安全问题进行了研究。张俊艳采用GIS技术研究了城市水安全的综合评价问题。周刚和史正涛对城市水安全国内外相关研究进展进行了总结,并对其发展趋势进行了预测。

我国水安全研究起步略晚于西方发达国家,但近年来也取得了一些进展。部分学者也从水资源承载力、水安全格局及安全保障等角度对水安全进行了探索。段新光等将水资源开发率、水资源利用率、人均水资源量、人均供水量、供水模数、需水模数和生活需水定额等影响区域水资源承载力的因素作为评价因子,在模糊综合评判模型下得出了新疆水资源承载力的结果,同时结合最终获得的评价结果对新疆水资源健康程度给予分析。夏军将水资源承载力作为水安全程度的度量之一,对水资源承载力的研究将有效给予水安全研究支持。靳英华等以松辽流域为研究区域,通过对水资源承载力的计算对该区域的水安全状况进行分析,并依据结果提出保障水安全的对策。在近年来京津冀地区水安全形势相关数据分析的基础上,李孟颖提出京津冀城市群必须转变为节水型社会模式,建立区域及城市间的协调机制,才能有效克服流域与区域等级的水问题,同时提出实现京津冀地区水安全格局的治理行动计划网络,包括保护恢复体系、净化循环体系、限制节约体系、调度再造体系、蓄滞防洪减灾体系等五大体系。武彤认为水安全格局是构成生态安全格局的重要格局,以哈尔滨市阿城区为研究对象,以构建阿城区水安全格局为目的,针对阿城区现有水安全问题构建水安全评价体系,在评价结果的基础上提出阿城区水安全格局规划方案。苏玉明在对水安全保障能力与管理体系的关系进行分析后提出水安全保障管理体系能够帮助相关组织贯彻落实新时期治水方针政策。夏军等从水安全和可持续水资源管理两方面出发,针对目前雄安新区建设主要面临的水资源、水质和水生态安全等问题进行重点探讨,分析了在未来建设过程中可能存在的风险及成因,并提出开源节流并重、严厉控制污染排放、加强全流域生态修复等风险应对的对策与建议。以成都这一典型的特大型城市为例,黄浩森通过建立城市水安全评价指标体系,并结合主成分分析,找出影响城市水安全的重要因素和制约因素,构建了以五大体系为支撑的成都市城市水安全保障体系。

从国内外已有的研究成果来看,水安全研究的整体现状是:定性研究较多、定量研究较少;相关研究较多(如水资源承载力)、直接研究较少;区域或流域研究较多、城市水安全研究较少;单方面研究(水环境安全、水资源安全)较多、系统研究较少;城市水安全应用研究北方城市居多,南方湿润地区研究较少。

1.2　自然地理概况

山东省淮河流域亦称沂沭泗流域,是指沂、沭、泗河上中游水系,位于山东省南部及西南部。北以泰沂山脉与大汶河、小清河、潍河流域分界;西北以黄河为界;西南与河南、安徽省为邻;南与江苏省接壤,地理坐标为东经 114°36′~122°43′,北纬 34°25′~37°50′。流域面积 5.10 万 km²,占全省总面积的 32.55%。行政区划包括菏泽、济宁、枣庄、临沂 4 市全部和日照、淄博、泰安市的一部分。

流域地形复杂,地貌类型多样,既有山区、丘陵,又有平原、洼地及湖泊。流域内山丘区面积约占总面积的 46%、平原面积占 38%、湖泊洼地占 16%。根据地形不同,习惯上分为沂沭河流域、南四湖流域及邳苍地区三大片。

1.2.1　沂沭河流域片

沂沭河流域片位于流域的东部,流域绝大部分在临沂市,以泰沂山脉与大汶河流域为界,向南及向西两侧由山区逐渐过渡到丘陵和山麓冲积平原,总面积 13 764 km²。沂蒙山区最高峰称为云蒙山,海拔 1 098 m,一般山脊高程在 300~400 m,河谷高程 60~100 m,地面坡度为 1/3 000~1/200,山区水土流失严重,地表径流大,是沂沭泗河区洪水的主要来源地。

沂沭河流域由沂河、沭河两大河流组成,均发源于沂蒙山区,并大致平行南下。沂河流经临沂市并于郯城县吴道口村入江苏省,至苗圩入骆马湖,全长 333 km,其中山东省境内河道长 287.5 km。境内流域面积 16 925 km²,其中沂河 10 910 km²、沭河 5 378 km²、新沭河为 637 km²。沂河在刘家道口辟有分沂入沭水道,分沂河洪水经新沭河直接入海;在江风口辟有邳苍分洪道,分沂河洪水入中运河。沂河支流众多,一级支流 36 条,较大支流有东汶河、蒙河、祊河、李公河和白马河等。沭河流经临沭县至大官庄分为东、南两支,东支称为新沭河,至大兴镇入江苏省石梁河水库,向东至临洪河口入海;南支称为老沭河,至郯城县老庄子流入江苏省境内在新沂于口头入新沂河,沭河在省界以上河道长 262.2 km。沭河支流主要分布在上中游,较大的支流有袁公河、柳青河、高榆河、武阳河、汤河等。沂、沭河均为山洪河道,水流急,洪水暴涨暴落,水土流失较严重。

1.2.2　南四湖流域片

南四湖流域片主要包括菏泽、济宁、枣庄和泰安市的一部分,总面积 3.17 万 km²。该流域包括湖西和湖东及滨湖区,其中湖西是位于黄河与废黄河之间的黄泛平原,地势平坦,地貌多变,地面高程在 33.5~60 m,由西向东、由南向北逐渐降低,地面坡度在 1/20 000~1/5 000,河道峰低量大,由西向东流入南四湖。湖东在津浦铁路以东基本为山丘,以蒙山支脉与沂河毗邻,铁路以西是丘陵平原,地面比降一般为 1/10 000~1/1 000,所有河流源短流急,由东向西流入南四湖。南四湖滨湖地区地势低洼,部分区域处于正常蓄水位以下。

南四湖是山东省境内的最大淡水湖泊,由南阳、独山、昭阳、微山四个相连的湖泊组成,湖面面积 1 266 km²。南四湖南北长 126 km、东西宽 5~25 km,南部微山湖、北部独山湖比较开阔,中部昭阳湖狭窄,称为湖腰。1960 年在南四湖湖腰处修建二级坝枢纽工程,将南四湖分为上、下两级,上级湖湖面面积 602 km²、下级湖湖面面积 664 km²。南四湖承接鲁、苏、豫、皖 4 省 32 个县(市)来水,总流域面积 3.17 万 km²,其中山东省境内面积2.57 万 km²。南四湖下级湖蓄水位 32.5 m(废黄河高程)时,相应库容 7.78 亿 m³;南四湖上级湖蓄水位 34.2 m 时,相应库容 9.24 亿 m³。入湖河流共 53 条,其中湖东 28 条,主要河道有洸府河、泗河、白马河、北沙河、城郭河、新薛河等,均为山洪河道,源短流急;湖西25 条,主要河道有梁济运河、洙赵新河、万福河、东鱼河等,均位于黄泛平原,为平原坡水性河流,洪水峰低量大(见表 1-1)。南四湖滨湖周围地势低洼,经常处于蓄水位以下。南四湖汇集湖东、湖西各河道来水,经调蓄后在微山湖分别经韩庄运河、中运河汇入骆马湖,下游经新沂河入海。

表 1-1　南四湖主要入湖河流情况一览

上级湖							
湖西				湖东			
序号	河流名称	流域面积 (km²)	河长 (km)	序号	河流名称	流域面积 (km²)	河长 (km)
1	老运河	30	12.2	1	洸府河	1 331	76.4
2	梁济运河	3 306	88	2	幸福河	75	15
3	龙拱河	52	12	3	泗河	2 357	159
4	洙水河	571	47	4	白马河	1 099	60
5	洙赵新河	4 206	140.7	5	界河	193	35.4
6	蔡河	332	41.5	6	岗头河	31	20
7	新万福河	1 283	77	7	小龙河	116	20
8	老万福河	563	33	8	瓦渣河	37	15
9	惠河	85	26	9	辛安河	6	4.5
10	西支河	96	14	10	徐楼河	24	5
11	东鱼河	5 923	172.1	11	北沙河	535	64
12	复新河	1 812	75	12	小荆河	53	5
13	姚楼河	80	33.5	13	汁泥河	15	4
14	大沙河	1 700	61	14	城郭河	912	81
15	杨官屯河	114	17.6	15	小苏河	46	10
	小计	20 153			小计	6 830	

下级湖

	湖西				湖东		
序号	河流名称	流域面积（km²）	河长（km）	序号	河流名称	流域面积（km²）	河长（km）
16	沿河	350	27	16	房庄河	83	11
17	鹿口河	428	39	17	薛王河	242	35
18	郑集河	497	17	18	中心河	58	7
19	小沟	15	5	19	新薛河	686	89.6
20	大冯沟	9	4.5	20	西泥河	30	9
21	高皇沟	38	15	21	东泥河	53	5
22	利国东大沟	27	15	22	薛城沙河	296	40
23	挖工庄河	46	6	23	蒋集河	54	13
24	五段河	40	10.7	24	沙沟河	39	7
25	八段河	37	20	25	小沙河	54	9
				26	蒋官庄河	77	13
				27	赵庄河	18	10
				28	西庄河	17	6
	小计	1 487			小计	1 707	
	湖西合计	21 640			湖东合计	8 537	

1.2.3　邳苍地区

邳苍地区位于流域的中部,总面积 5 536 km²,介于沂沭河流域与南四湖流域之间,北以山岭与湖东诸河及沂河支流祊河分界,南与江苏省接壤,是沂、泗河水系的洪水走廊,大部分洪水经骆马湖调蓄后下泄;流域一般高程在 200~300 m,地面比降 1/3 000~1/2 000,主要河道有韩庄运河、邳苍分洪道等。韩庄运河是南四湖流域洪水的主要出口,干流从微山县韩庄镇微山湖起,向东至陶沟河与江苏省中运河相接,全长 42.6 km,区间面积 1 828 km²;邳苍分洪道排入中运河,汇入骆马湖。山东境内运河水系流域总面积 4 353 km²。

1.2.4　气象水文

山东省淮河流域位于暖温带半湿润季风气候区,四季分明。夏季盛行东南风与西南风,炎热多雨,冬季盛行东北风与西北风,天气寒冷而干燥;春季多风,秋季多雨,具有夏热、冬寒、春旱、秋涝的特点。多年平均气温在 11~14 ℃,并由西向东递减。月气温以 1

月最低,一般在-1~-4 ℃;最高气温多出现在 7 月,月平均气温 25~27 ℃。无霜期 200~220 d,年日照时数 2 400~2 800 h,年平均日照率 55%~65%。由于受季风影响,降雨在时空分布上变化较大。流域内多年平均降雨量为 746.9 mm。降雨量地区分布状况大致由南至北、由东自西逐渐减少,山区多于平原。降雨量的年内分配极不均匀,汛期(6~9 月)降雨量占年降雨量的 70%以上。其中 7 月、8 月降雨量约占全年降雨量的 50%。降雨量年际变化较大,年最大值为最小值的 2~4 倍。

1.3　社会经济情况

山东省淮河流域包括临沂、枣庄、济宁、菏泽 4 个市地和日照、淄博、泰安的一部分,流域面积 51 048 km²,其中山区 9 299 km²、丘陵 11 374 km²、平原及湖泊 30 375 km²。到2018 年底,流域内总人口 3 560.38 万,约占山东省的 36%;其中城镇人口 1 814.89 万。流域内生产总值(GDP) 17 861.48 亿元,人均 GDP 约 5 万元。共有耕地面积 3 697.46 万亩(1 亩=1/15 hm²,下同),农业以种植业为主,粮食作物有小麦、玉米、稻谷等,全区粮食播种面积 2 705.0 万亩,粮食总产量 2 351.92 万 t,人均占有粮食 660.6 kg;经济作物以棉花为主,油料作物以花生为主。

南四湖流域矿藏资源丰富,特别是煤炭资源分布面大,储量多,且煤种齐全,埋藏集中,煤质好,便于大规模开采。南四湖周边在-1 500 m 以上的煤炭储量有 360 亿 t。煤种多为煤气、肥煤,煤的质量好,多为低灰、低硫、低磷煤层,是优良的动力用煤和炼焦配煤,是国家重要的能源基地之一。现已建成的兖州、济宁、滕州等大型矿井,年产规模都达到或超过 400 万 t。沂沭河流域煤炭资源较少,多数为小型矿井开采。其他矿藏如原油(储量约 3 000 万 t)、天然气(储量约 78 亿 m³)、石灰石、石膏、稀土等资源也比较丰富。蒙阴的金刚石矿是我国第一个金刚石原生矿床,已探明储量 1 037 万 ct(1 ct=0.000 2 kg),居全国首位。日照市有华东最大的蛇纹石矿床,已探明储量 1.4 亿 t。另外,流域内有零星分布的铁矿、白云石矿、大理石矿、黏土、陶土等矿藏,以及丰富的砂、石等建筑材料。

区域内交通发达,京沪高铁、京九、津浦铁路纵贯南北,鲁南高铁、兖石、兖新铁路横跨东西。京沪、京福、日东高速公路四通八达,京杭大运河在本区通过,既成为南北运输的辅助线,又沟通了沿湖、沿河两岸的中小城镇。石臼港已成为欧亚大动脉的东方桥头堡之一,为国际运输和山东省对外贸易发挥着重要作用。公路四通八达,交通遍及城乡,为工农业发展提供了极为方便的条件。

1.4　水资源分区

水利部印发的《关于印发全国水资源分区的通知》中明确了全国水资源一、二、三级区域划分,并附有三级水资源分区与地级行政区划的对照关系。因此,本研究按水资源的一、二、三级分区进行。山东省淮河流域水资源一级分区为淮河;二级分区为沂沭泗河;相应三级分区有五个,即湖东区、湖西区、中运河区、沂沭河区、日赣区;四级分区以地级行政区域划分为 12 个区(见表 1-2、图 1-1)。

表 1-2　山东省淮河流域水资源分区情况

水资源一级分区	水资源二级分区	水资源三级分区	地级行政区	本次调查评价计算面积(km^2)
淮河区	沂沭泗河	湖东区	枣庄市	3 010
			济宁市	7 465
			泰安市	1 103
			小计	11 578
		湖西区	济宁市	3 748
			菏泽市	11 749
			小计	15 497
		中运河区	枣庄市	1 540
			临沂市	2 600
			小计	4 140
		沂沭河区	淄博市	1 444
			日照市	2 140
			临沂市	13 410
			小计	16 994
		日赣区	日照市	1 770
			临沂市	876
			小计	2 646

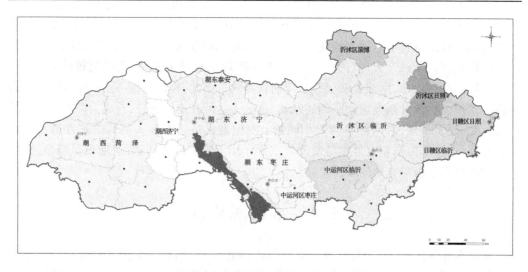

图 1-1　山东省淮河流域水资源分区图

第 2 章　水安全现状及存在问题

2.1　水资源开发利用现状及存在问题

　　山东省淮河流域是指沂、沭、泗河上中游水系,位于山东省南部及西南部,总流域面积 5.10 万 km^2,占全省总面积的 32.55%,包括菏泽、济宁、枣庄、临沂 4 市的全部和日照、淄博、泰安市的一部分。从降水及其时空变化规律、地表水资源量、地下水资源量、水资源总量、区域供水、用水现状,不同部门需水等角度,分析流域水资源系统,开展流域供需平衡分析。

2.1.1　水资源特点

2.1.1.1　降水时空特征

　　根据山东省水资源第三次调查评价成果,分析了沂沭泗流域 1956~2016 年降水的时空分布特征。

　　沂沭泗流域 1956~2016 年的平均年降水量为 22.29 亿 m^3(平均年降水量 747.2 mm)。由于受水汽输入量、天气系统的活动情况、地形及地理位置等因素的影响,沂沭泗流域年降水量在地区分布上很不均匀。沂沭泗流域多年平均降水量总的分布趋势是自东南向西北递减,山丘区降水量大于平原区。多年平均年降水量从日照的 800 mm 向菏泽的 600 mm 递减,等值线多呈西南—东北走向。沂沭泗流域东南部山丘区年降水量最大,局部达到 830 mm 左右;西北平原区年降水量最小,为 600 mm 左右。

　　1.南四湖流域

　　南四湖属北温带半湿润性气候区,降水受季风气候影响,年际差异大,丰、枯交替发生,并有连丰、连枯、丰枯水年变化幅度大等特征。南四湖流域 1956~2016 年多年平均降雨量 697.5 mm。

　　湖东区济宁市范围平均降雨量为 711.3 mm,最大为 1964 年的 1 192.6 mm,最小为 1988 年的 370.2 mm;湖东区枣庄市范围平均降雨量为 778.1 mm,最大为 1958 年的 1 226.9 mm,最小为 2002 年的 489.4 mm;湖东区泰安市范围平均降雨量为 671.6 mm,最大为 1964 年的 1 373.6 mm,最小为 2002 年的 314.3 mm;湖西区济宁市范围平均降雨量为 665.2 mm,最大为 1964 年的 1 146.1 mm,最小为 2002 年的 391.8 mm;湖西区菏泽市范围平均降雨量为 661.5 mm,最大为 1964 年的 1 030.0 mm,最小为 1988 年的 369.5 mm。

　　南四湖的东部为山区,西部为平原区,多年平均降水量等值线由东部山区的 800 mm 递减到西部平原区的 600 mm,地形对气流的阻挡和抬升作用使山地降水量多于平原。

2. 沂沭河流域

沂河流域多年平均降水量 794.2 mm,最大值为 1964 年的 1 216.8 mm,最小值为 2020 年的 444.6 mm;沂河淄博市多年平均降水量 737.0 mm,最大值为 1964 年的 1 555.6 mm,最小值为 2020 年的 362.3 mm;沂河临沂市多年平均 802.8 mm,最大值为 2003 年的 1 188.7 mm,最小值为 2002 年的 457.1 mm。

沭河流域多年平均降雨量 812.6 mm,最大值为 1990 年的 1 172.2 mm,最小值为 2020 年的 536.2 mm;沭河日照市多年平均值为 785.4 mm,最大值为 1900 年的 1 157.6 mm,最小值为 1983 年的 494.0 mm;沭河临沂多年平均值为 827.7 mm,最大值为 1974 年的 1 205.0 mm,最小值为 2020 年的 520.4 mm。

沂沭河的北部为内陆,南部为沿海,多年平均降水量等值线由南部沿海的 800 mm 递减到北部内陆的 600 mm,受地形影响,使得沿海地区降水量多于内陆。

2.1.1.2 地表水资源量

沂沭泗流域 1956~2016 年系列多年平均地表水资源量为 832 929 万 m³。20%、50%、75%、95% 频率的地表水资源量分别为 1 179 429 万 m³、747 666 万 m³、490 370 万 m³、239 243 万 m³。沂沭泗流域多年平均径流深从日照的 300 mm 向菏泽的 50 mm 递减,等值线多呈西南—东北走向。在各水资源分区中,就多年平均径流深而言,中运河区年径流深最大,为 258.9 mm;湖西菏泽市最小,为 60.0 mm。年径流深仅有湖东枣庄大于 100 mm,其他分区均小于 100 mm。就多年平均年径流量而言,沂沭河区年径流量最大,为 432 467 万 m³;日赣区最小,为 64 566 万 m³。

1. 南四湖流域

南四湖流域 1956~2016 年多年平均和 20%、50%、75%、95% 频率地表水资源量分别为 228 732 万 m³、345 385 万 m³、192 135 万 m³、109 791 万 m³、38 884 万 m³;就多年平均年径流深而言,各水资源三级区套地市中,湖东枣庄市年径流深最大,为 216.8 mm;湖西菏泽市最小,为 52.2 mm。就多年平均年径流量而言,湖东枣庄年径流量最大,为 65 259.7 万 m³;湖东泰安最小,为 11 212.7 万 m³。

2. 沂沭河流域

沂河流域 1956~2016 年多年平均和 20%、50%、75%、95% 频率地表水资源量分别为 282.7 万 m³、415.2 万 m³、254.5 万 m³、165.3 万 m³、55.2 万 m³;沭河流域 1956~2016 年多年平均和 20%、50%、75%、95% 频率地表水资源量分别为 256.4 万 m³、385.2 万 m³、235.4 万 m³、145.4 万 m³、66.9 万 m³。

2.1.1.3 地下水资源量

沂沭泗流域浅层地下淡水多年平均资源量为 660 265 万 m³,其中山丘区为 273 772 万 m³、平原区为 403 620 万 m³,重复计算量为 17 127 万 m³,多年平均地下水资源量模数为 13.0 万 m³/(km²·年)。

1. 南四湖流域

南四湖流域浅层地下淡水多年平均资源量为 390 102 万 m³,其中山丘区为 86 090 万 m³,平原区为 315 230 万 m³,多年平均地下水资源量模数为 17.0 万 m³/(km²·年)。在水资源三级区套地市的分区中,枣庄多年平均地下水资源模数最大,为 17.6 万 m³/(km²·年);

泰安最小,为 12.6 万 m³/(km²·年)。

　　2. 沂沭河流域

　　沂河浅层地下淡水多年平均资源量为 117 975 万 m³,多年平均地下水资源量模数为 11.0 万 m³/(km²·年)。在水资源三级区套地市的分区中,淄博多年平均地下水资源模数为 10.1 万 m³/(km²·年),临沂为 11.1 万 m³/(km²·年)。沭河浅层地下淡水多年平均资源量为 72 438 万 m³,多年平均地下水资源量模数为 12.4 万 m³/(km²·年)。在水资源三级区套地市的分区中,日照多年平均地下水资源模数为 10.7 万 m³/(km²·年),临沂为 13.3 万 m³/(km²·年)。

2.1.1.4　水资源总量

　　沂沭泗流域多年平均水资源量为 1 238 305 万 m³。按照水资源分区,沂沭区水资源量最大,为 519 318 万 m³;日赣区水资源量最小,为 77 810 万 m³。

　　1. 南四湖流域

　　南四湖流域 1956~2016 年多年平均水资源总量和 20%、50%、75%、95% 频率下水资源总量分别为 516 440 万 m³、692 029 万 m³、485 453 万 m³、351 179 万 m³ 和 211 740 万 m³。南四湖流域属于半湿润气候带,多年平均水资源模数 19.1 万 m³/km²;按照水资源三级区套地市多年平均水资源模数湖东枣庄最大,为 32.4 万 m³/km²;湖西菏泽最小,为 15.6 万 m³/km²。

　　2. 沂沭河流域

　　沂河流域 1956~2016 年多年平均水资源总量为 323 397 万 m³,沭河流域 1956~2016 年多年平均水资源总量为 188 249 万 m³。

2.1.1.5　水资源可利用量

　　沂沭泗流域多年平均地表水资源可利用量为 478 983 万 m³,可利用率为 56.5%。沂沭泗流域山丘区多年平均地下水可开采量为 199 727 万 m³/年;平原区多年平均地下水可开采量为 284 279 万 m³/年;全流域多年平均地下水可开采量为 467 489 万 m³/年;可利用率为 76.4%。沂沭泗流域水资源可利用总量为 846 212 万 m³。

2.1.2　现状供水、用水和耗水分析

2.1.2.1　历史供用水分析

　　沂沭泗流域 2013~2017 年多年平均供用水总量为 75.80 亿 m³,其中湖西菏泽供用水量最大,多年平均 22.40 亿 m³,沂沭区淄博市用水量最小,多年平均 0.85 亿 m³。

2.1.2.2　现状供水分析

　　沂沭泗流域 2018 年现状总供水量 734 405.13 万 m³,其中地表水水源供水量 397 253.1 万 m³,占总供水量的 54.1%;地下水水源供水量 304 051.03 万 m³,占总供水量的 41.4%;其他水源 33 101.00 万 m³,占总供水量的 4.5%。按水资源分区,湖东区总供水量 182 770.65 万 m³,占流域总供水量的 24.9%,湖西区总供水量 311 833.9 万 m³,占流域总供水量的 42.4%;中运河区总供水量 43 103 万 m³,占流域总供水量的 5.9%;沂沭区总供水量 157 916.49 万 m³,占流域总供水量的 21.5%;日赣区总供水量 38 781.09

万 m³,占流域总供水量的 5.3%。按行政分区,济宁市、泰安市、枣庄市、菏泽市、临沂市、日照市、淄博市总供水量分别为 215 318.55 万 m³、17 092 万 m³、55 088 万 m³、223 874 万 m³、165 443 万 m³、49 104 万 m³、8 485.58 万 m³,分别占总供水量的 29.3%、2.3%、7.5%、30.5%、22.5%、6.7%、1.2%(见图 2-1)。

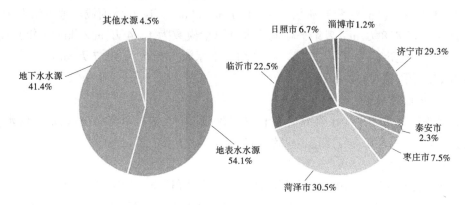

图 2-1　2018 年沂沭泗流域现状总供水量饼状图

2.1.2.3　现状用水分析

流域用水分生活用水、农业用水、工业用水及生态用水四大类,其中生活用水包括城镇生活用水、农村生活用水和城镇公共用水。2018 年沂沭泗流域总用水总量为 734 405.49 万 m³,其中,生活用水总量 116 463.30 万 m³,农业用水总量 498 307.88 万 m³,工业用水总量 87 753.99 万 m³,生态用水量 31 880.29 万 m³,全流域农业用水量占 67.9%,生活用水量占 15.9%,工业用水量占 11.9%,生态用水量仅占 4.3%(见图 2-2)。

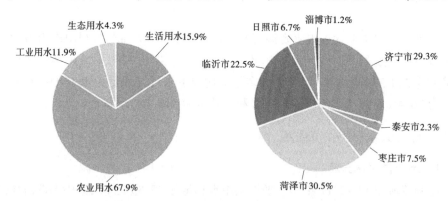

图 2-2　2018 年沂沭泗流域现状总用水量饼状图

菏泽市用水量最大,占 30.5%;其次为济宁市占 29.3%、临沂市占 22.5%、枣庄市占 7.5%、日照市占 6.7%、泰安市占 2.3%;淄博市用水量最少,仅占 1.2%(见图 2-2)。各水资源分区、行政区农业用水量占的比例最大,其次为生活用水、工业用水,生态用水所占比例较少。

2.1.2.4　现状耗水分析

用水消耗量(又称耗水量)是输水、用水过程中因蒸腾蒸发、土壤吸收、产品带走、居民及牲畜饮用等多种途径消耗,不能回归地表水体或地下含水层的水量。用水消耗按生活耗水、生产耗水和生态耗水三种类型分别统计。

经统计,沂沭泗流域 2018 年的生活、生产和生态环境耗水量分别为 59 484 万 m³、399 441 万 m³ 和 21 743 万 m³,总耗水量为 480 668 万 m³。从各县市区看,山东省淮河流域济宁市耗水量最多,其次为菏泽市(见图 2-3)。流域生产耗水量最多,占 83.1%,其次是生活耗水量,生态环境耗水量所占比例最小。

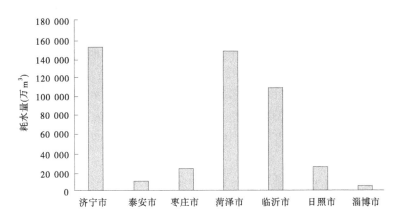

图 2-3　2018 年沂沭泗流域现状总耗水量柱状图

2.1.3　供需平衡分析

流域水资源供需平衡分析是指在一定流域范围内,就水资源的供给与需求,以及它们之间的余缺关系进行计算与分析的过程。它以流域现状和预测的水资源系统、社会经济系统及供需水系统的状况和发展趋势为基础,对各水平年的供需水系统主要特征参数和性态进行综合分析,为流域水资源的合理开发利用、区域经济—社会—生态持续协调发展提供决策支持。它是进行水资源规划和管理的有效手段,是进行水资源优化配置的必要前提。

为揭示淮河流域水资源供需平衡态势及存在的问题,本章选取 2018 年为现状年,2035 年为规划年,对沂沭泗流域各水资源分区和行政分区进行了以采取节水、增加非常规水量方案的供需平衡分析。通过采取节水措施或挖掘现有水利工程设施的供水能力,并考虑规划建设当地水源工程,开发非常规水资源,进行了区域水资源供需平衡分析。

2.1.3.1　需水预测

需水预测是根据用水量历史数据的变化规律,并考虑社会、经济等主观因素和天气状况等客观因素的影响,利用科学的、系统的或经验的数学方法,在满足一定精度要求的条件下,对该区域未来某时段内的需水量进行估计和推测。

本章以现状年 2018 年为基础,对沂沭泗流域水资源分区和行政分区的 2035 年的用水进行了需水预测,并给出了基本方案和节水方案,为进行水资源的开发利用和合理配置提供数据支持。

　1. 社会经济发展指标

经济社会发展指标预测是需水预测和水资源合理配置的基础。经济社会发展指标预测包括人口变化与城镇化进程、国民经济发展指标预测(农田灌溉面积、林牧渔畜、第二产业、第三产业及生态环境)等。预测的基础为沂沭泗流域各行政区《水资源综合规划》、2018年沂沭泗流域各行政区统计年鉴、《节水型社会建设"十三五"规划》《水安全保障总体规划》及其他有关资料等。

1)人口变化

现状年(2018年)沂沭泗流域总人口3 560.38万,其中城镇人口为1 814.89万、农村人口为1 745.49万。依据沂沭泗流域各行政区《水资源综合规划》,全流域各县(市、区)人口自然增长率有所差异,经济相对发达的地区增长率会低一些;经济欠发达地区增长率可能会稍高些。流动人口的流入地区主要是经济相对发达的地区,而经济落后地区流动人口较少。考虑到以上因素以及条件限制,预测各县(市、区)总人口采用相同的增长率(人口年增长率按2018年为基准的4‰计算)。在此基础上参考各市《节水型社会建设"十三五"规划》《水安全保障总体规划》,预测2035年全流域人口增加到3 810.39万,城镇化率达到53.1%,其中城镇人口为2 022.19万、农村人口为1 788.20万。

2)国民经济发展指标

依据各市《水资源综合规划》,流域农田灌溉面积增长1%;林果地灌溉、鱼塘补水面积增长0.1%,牲畜数目的年均增长率为0.5%;2035年工业产值年均增长率为6%。

2. 生活需水量预测

根据沂沭泗流域的社会经济发展水平、人均收入水平、水价水平,结合生活用水习惯,参照沂沭泗流域各行政区《水资源综合规划》和《节水型社会建设"十三五"规划》中的城镇和农村生活用水定额及国民经济发展指标,确定2035年的城镇和农村居民生活用水定额和人口数量,计算生活需水量。

居民日常生活需水包括饮用、洗涤、冲厕和洗澡等。居民生活需水分城镇居民和农村居民两类,采用人均日用水量方法进行预测,计算公式如下:

$$Q = Nq \tag{2-1}$$

式中　Q——居民生活需水量;

　　　N——人口数;

　　　q——生活用水定额。

按上述方法计算得到南四湖流域2035年的生活需水量。随着经济的发展、城镇化水平的推进,城镇和农村人口用水需求增加,在未考虑节水的前提下,2035年城镇和农村生活需水定额较2018年均有增加,城镇需水平均定额增长为100~120 L/d,农村需水定额增长为75~80 L/d,全流域生活需水量从120 507万 m³ 增长为149 526万 m³,增加了24.1%。

城镇公共用水量按城镇生活用水量的20%计。

3. 生产需水量预测

1)农业需水量

农业需水量包括农田灌溉需水量和林牧渔业需水量。

农田灌溉需水量主要取决于来水情况、灌溉工程的节水水平、种植结构,以及用水管理水平、用水水价。流域林牧渔业需水量包括林果地灌溉需水量、草场灌溉需水量、鱼塘补水量和牲畜用水量。牲畜用水量采用定额法推算。鱼塘补水量主要根据养殖面积和用水定额计算。以《水资源综合规划》《山东省统计年鉴》中的有关数据为基础,参考 2018 年各市水资源公报的实际用水指标确定各相关参数。

(1)基准方案。

参考各市《水资源综合规划》和《山东省主要农作物灌溉定额》,2035 年农田主要农作物灌溉定额小于 2018 年的灌溉定额,基准方案灌溉水利用系数济宁 0.60、泰安 0.66、枣庄 0.58、菏泽 0.59、临沂 0.63、日照 0.64、淄博 0.65。

2035 年基准方案的农业需水量分别为 645 147 万 m^3($P = 50\%$)、762 864 万 m^3($P = 75\%$),$P = 50\%$ 时较 2018 年的 713 142 万 m^3 减少了 9.5%,$P = 75\%$ 时较 2018 年的 827 665 万 m^3 减少了 7.8%。

(2)节水方案。

考虑到节水措施的改进,根据各市《水安全保障总体规划》,参考《节水型社会建设"十三五"规划》和《山东省水资源综合利用中长期规划》,确定 2035 年节水方案灌溉水利用系数各县(市、区)除枣庄取 0.65 外其余均取 0.68。

2035 年节水方案的农业需水量分别为 631 631 万 m^3($P = 50\%$)、746 366 万 m^3($P = 75\%$)。节水方案较 2018 年分别减少了 11.4%($P = 50\%$)和 9.8%($P = 75\%$)。

2)工业需水量

工业需水量结合各市《水资源综合规划》《统计年鉴》和各市水资源公报确定 2018 年全流域各县(市、区)的第二产业用水定额及 2035 年第二产业增加值。工业增加值按照年增长 6%计算。

(1)基准方案。

沂沭泗流域全市各县(市、区)的工业增加值和需水定额不同,这主要取决于各自的经济发展水平和节水水平不同。2035 年基准方案全流域第二产业需水量为 193 849 万 m^3,较 2018 年的 87 754 万 m^3 增长 120.9%。

(2)节水方案。

根据各市《水安全保障总体规划》,参考《节水型社会建设"十三五"规划》和《山东省水资源综合利用中长期规划》,2035 年节水方案全流域第二产业需水量为 177 720 万 m^3,节水方案较 2018 年的 87 754 万 m^3 增长 102.5%,较基准方案 193 849 万 m^3 减少 8.3%。

4. 生态需水量预测

生态环境需水量是指为维持生态与环境功能和进行生态环境建设所需要的最小需水量,是特定区域内生态需水量的总称,包括生物体自身的需水量和生物体赖以生存的环境需水量。因为用水总量控制指标中已把河道内生态环境需水量扣除,所以本次生态环境需水量仅按河道外生态环境需水量进行计算,与各市水资源公报中的生态需水内涵保持一致,包括城镇生态环境需水和农村生态环境需水。城镇生态环境需水量指为保持城镇良好的生态环境所需要的水量,主要包括城镇绿地建设需水量、城镇河湖补水量和城镇环境卫生需水量。农村生态环境需水包括湖泊和沼泽湿地生态环境补水、林草植被建设需水和地下水回灌补水等。

5. 总需水量预测

1)基准方案

沂沭泗流域需水总量包括生活需水量、生产需水量和生态环境需水量。2035 年全流域的生产、生活和生态环境需水量相比于 2018 年均有所增加。2035 年全流域总需水量从 2018 年的 953 284 万 m^3(P=50%)、1 073 409 m^3(P=75%)增长为 2035 年的 1 036 539 万 m^3(P=50%)、1 154 256 万 m^3(P=75%),分别增加了 8.7% 和 7.5%。

2)节水方案

2035 年全流域总需水量从 2018 年的 953 284 万 m^3(P=50%)、1 073 409 万 m^3(P=75%)分别增加为 2035 年的 967 411 万 m^3(P=50%)和 1 082 146 万 m^3(P=75%),节水方案较 2018 年增加了 1.5%(P=50%)和 0.8%(P=75%);较基准方案分别减少了 6.67%(P=50%)和 6.25%(P=75%)。

2.1.3.2　供水预测

供水预测是指通过采取节水措施或挖掘现有水利工程设施的供水能力,并考虑规划建设当地水源工程,开发非常规水资源,进行的区域水资源供需平衡分析。

1.流域现状可供水量

沂沭泗流域现状可供水量包括流域地表水及地下水供水量、非常规水(雨水、矿坑水和污水等)、引黄水量(引黄水量按照山东省引黄分配指标确定)。

2.考虑南水北调二期工程的流域可供水量

根据南水北调二期工程水量分配方案,南水北调二期工程实施后,2035 年沂沭泗流域南水北调分配水量(简称引江)20 230 万 m^3,其中,济宁市 5 500 万 m^3、泰安市 1 300 万 m^3、枣庄市 13 430 万 m^3。

3.考虑非常规水的可供水量

结合沂沭泗流域各地市的供水能力及 2035 年水资源管理控制目标的地表水、地下水可供水量(依据各市《水安全保障总体规划》),取两者较小值作为不同保证率下的可供水量。

综上,2035 年全流域总供水量基准方案为 994 392 万 m^3,节水方案为 1 067 621 万 m^3。

2.1.3.3　供需平衡分析

1.一次供需平衡分析

在充分利用地表水、合理开采地下水、科学利用非常规水、多种水源统一调配的前提下,在区域水资源可利用量条件下,对全流域现状和规划水平年进行供需平衡分析,2018 年一次供需平衡分析见表 2-1。

增加南水北调二期供水量:

根据南水北调二期工程水量分配方案,南水北调二期工程实施后,2035 年沂沭泗流域南水北调分配水量 20 230 万 m^3,其中,济宁市 5 500 万 m^3、泰安市 1 300 万 m^3、枣庄市 13 430 万 m^3。

2035 年按现状水资源可供水用量和 2035 年需水预测基准方案进行一次供需平衡分析(见表 2-2)。

2.二次供需平衡分析

为满足沂沭泗流域 2035 年需水要求,尽量减小缺水率,采取以下节水及增加非常规水量方案进行二次供需平衡分析(见表 2-3)。

表 2-1　2018 年一次供需平衡分析

大分区	小分区	需水量（万 m³）			供水量（万 m³）			余（缺）水量（万 m³）			缺水率		
		50%	75%	95%	50%	75%	95%	50%	75%	95%	50%	75%	95%
湖东区	济宁	177 063	199 939	199 939	161 500	161 500	59 872	-15 563	-38 439	-140 067	-9.6%	-23.8%	-233.9%
	泰安	20 618	24 827	24 827	19 930	19 930	6 030	-688	-4 897	-18 797	-3.5%	-24.6%	-311.7%
	枣庄	58 935	66 417	66 417	54 302	54 302	48 906	-4 633	-12 115	-17 511	-8.5%	-22.3%	-35.8%
湖西区	济宁	111 720	128 773	128 773	108 300	108 300	69 010	-3 420	-20 473	-59 763	-3.2%	-18.9%	-86.6%
	菏泽	266 298	305 200	305 200	245 500	245 500	173 962	-20 798	-59 700	-131 238	-8.5%	-24.3%	-75.4%
中运河区	枣庄	25 429	28 627	28 627	19 343	19 343	17 935	-6 086	-9 284	-10 692	-31.5%	-48.0%	-59.6%
	临沂	32 794	35 900	35 900	32 504	32 504	28 458	-290	-3 396	-7 442	-0.9%	-10.4%	-26.2%
沂沭河区	临沂	179 053	197 292	197 292	169 137	169 137	152 587	-9 916	-28 155	-44 705	-5.9%	-16.6%	-29.3%
	日照	23 067	24 462	24 462	21 000	21 000	12 543	-2 067	-3 462	-11 919	-9.8%	-16.5%	-95.0%
	淄博	12 364	13 878	13 878	11 227	11 227	11 227	-1 137	-2 651	-2 651	-10.1%	-23.6%	-23.6%
日赣区	日照	34 198	35 249	35 249	35 400	35 400	16 058	1 202	151	-19 191	3.4%	0.4%	-119.5%
	临沂	10 419	11 519	11 519	9 908	9 908	4 494	-511	-1 611	-7 025	-5.2%	-16.3%	-156.3%
按行政区	济宁	288 783	328 713	328 713	269 800	269 800	128 882	-18 983	-58 913	-199 831	-7.0%	-21.8%	-155.0%
	泰安	20 618	24 827	24 827	19 930	19 930	6 030	-688	-4 897	-18 797	-3.5%	-24.6%	-311.7%
	枣庄	85 290	95 970	95 970	73 645	73 645	66 841	-11 645	-22 325	-29 129	-15.8%	-30.3%	-43.6%
	菏泽	266 753	305 654	305 654	245 500	245 500	173 962	-21 253	-60 154	-131 692	-8.7%	-24.5%	-75.7%
	临沂	222 210	244 656	244 656	211 549	211 549	185 539	-10 661	-33 107	-59 117	-5.0%	-15.6%	-31.9%
	日照	57 266	59 710	59 710	56 400	56 400	28 601	-866	-3 310	-31 109	-1.5%	-5.9%	-108.8%
	淄博	12 364	13 878	13 878	11 227	11 227	11 227	-1 137	-2 651	-2 651	-10.1%	-23.6%	-23.6%

表2-2　2035年一次供需平衡分析

大分区	小分区	需水量（万m³）			供水量（万m³）			余（缺）水量（万m³）			缺水率		
		50%	75%	95%	50%	75%	95%	50%	75%	95%	50%	75%	95%
湖东区	济宁	184 252	205 123	205 123	169 105	169 105	63 772	-15 147	-36 018	-141 351	-9.0%	-21.3%	-221.7%
	泰安	23 734	27 889	27 889	23 291	23 291	8 230	-443	-4 598	-19 659	-1.9%	-19.7%	-238.9%
	枣庄	75 963	85 612	85 612	70 532	70 532	56 906	-5 431	-15 080	-28 706	-7.7%	-21.4%	-50.4%
湖西区	济宁	108 569	123 952	123 952	111 995	111 995	70 610	3 426	-11 957	-53 342	3.1%	-10.7%	-75.5%
	菏泽	268 122	302 454	302 454	251 000	251 000	173 962	-17 122	-51 454	-128 492	-6.8%	-20.5%	-73.9%
中运河区	枣庄	32 388	36 399	36 399	30 530	30 530	23 935	-1 858	-5 869	-12 464	-6.1%	-19.2%	-52.1%
	临沂	39 842	43 226	43 226	37 144	37 144	28 458	-2 698	-6 082	-14 768	-7.3%	-16.4%	-51.9%
沂沭河区	临沂	203 297	223 164	223 164	196 722	196 722	152 587	-6 575	-26 442	-70 577	-3.3%	-13.4%	-46.3%
	日照	26 274	28 554	28 554	26 078	26 078	12 543	-196	-2 476	-16 011	-0.8%	-9.5%	-127.6%
日赣区	淄博	17 231	18 099	18 099	18 329	18 329	11 951	1 098	230	-6 148	6.0%	1.3%	-51.4%
	日照	45 362	47 080	47 080	47 925	47 925	16 058	2 563	845	-31 022	5.3%	1.8%	-193.2%
	临沂	11 506	12 705	12 705	11 739	11 739	4 494	233	-966	-8 211	2.0%	-8.2%	-182.7%
按行政区	济宁	292 821	329 075	329 075	281 100	281 100	134 382	-11 721	-47 975	-194 693	-4.2%	-17.1%	-144.9%
	泰安	23 734	27 889	27 889	23 291	23 291	8 230	-443	-4 598	-19 659	-1.9%	-19.7%	-238.9%
	枣庄	108 351	122 011	122 011	101 063	101 063	71 841	-7 288	-20 948	-50 170	-7.2%	-20.7%	-69.8%
	菏泽	268 122	302 454	302 454	251 000	251 000	173 962	-17 122	-51 454	-128 492	-6.8%	-20.5%	-73.9%
	临沂	254 644	279 094	279 094	275 000	275 000	185 539	20 356	-4 094	-93 555	7.4%	-1.5%	-50.4%
	日照	71 636	75 634	75 634	74 003	74 003	28 601	2 367	-1 631	-47 033	3.2%	-2.2%	-164.4%
	淄博	17 231	18 099	18 099	18 329	18 329	11 951	1 098	230	-6 148	6.0%	1.3%	-51.4%

表 2-3　2035 年二次供需平衡分析

大分区	小分区	需水量（万 m³）			供水量（万 m³）			余（缺）水量（万 m³）			缺水率		
		50%	75%	95%	50%	75%	95%	50%	75%	95%	50%	75%	95%
湖东区	济宁	180 521	201 095	201 095	184 267	184 267	78 934	3 746	−16 828	−122 161	2.0%	−9.1%	−154.8%
	泰安	23 196	27 321	27 321	24 666	24 666	9 605	1 470	−2 655	−17 716	6.0%	−10.8%	−184.4%
	枣庄	72 587	81 561	81 561	79 092	79 092	65 466	6 505	−2 469	−16 095	8.2%	−3.1%	−24.6%
湖西区	济宁	106 911	122 072	122 072	117 408	117 408	76 022	10 497	−4 664	−46 050	8.9%	−4.0%	−60.6%
	菏泽	262 728	296 319	296 319	263 863	263 863	186 825	1 135	−32 456	−109 494	0.4%	−12.3%	−58.6%
中运河区	枣庄	31 022	34 749	34 749	34 165	34 165	27 570	3 143	−584	−7 179	9.2%	−1.7%	−26.0%
	临沂	37 812	41 100	41 100	40 832	40 832	32 146	3 020	−268	−8 954	7.4%	−0.7%	−27.9%
沂沭河区	临沂	194 943	214 242	214 242	211 709	211 709	167 574	16 766	−2 533	−46 668	7.9%	−1.2%	−27.8%
	日照	25 795	28 063	28 063	27 709	27 709	14 174	1 914	−354	−13 889	6.9%	−1.3%	−98.0%
	淄博	17 027	17 883	17 883	19 309	19 309	12 930	2 282	1 426	−4 953	11.8%	7.4%	−38.3%
日赣区	日照	43 289	44 997	44 997	52 093	52 093	20 225	8 804	7 096	−24 772	16.9%	13.6%	−122.5%
	临沂	11 063	12 228	12 228	12 509	12 509	5 264	1 446	281	−6 964	11.6%	2.2%	−132.3%
按行政区	济宁	287 432	323 167	323 167	301 675	301 675	154 956	14 243	−21 492	−168 211	4.7%	−7.1%	−108.6%
	泰安	23 196	27 321	27 321	24 666	24 666	9 605	1 470	−2 655	−17 716	6.0%	−10.8%	−184.4%
	枣庄	103 609	116 310	116 310	113 257	113 257	93 035	9 648	−3 053	−23 275	8.5%	−2.7%	−25.0%
	菏泽	262 728	296 319	296 319	263 863	263 863	186 825	1 135	−32 456	−109 494	0.4%	−12.3%	−58.6%
	临沂	243 818	267 570	267 570	265 050	265 050	204 984	21 232	−2 520	−62 586	8.0%	−1.0%	−30.5%
	日照	69 083	73 060	73 060	79 802	79 802	34 399	10 719	6 742	−38 661	13.4%	8.4%	−112.4%
	淄博	17 027	17 883	17 883	19 309	19 309	12 930	2 282	1 426	−4 953	11.8%	7.4%	−38.3%

1) 节水

通过农业与工业节水,减少 2035 年需水量。其中,农业节水:减少作物净灌水定额,提高灌溉水利用系数;工业节水:减少万元增加值用水定额。

2) 增加非常规水量

沂沭泗流域非常规水量主要包括集雨、矿坑水和再生水利用量,2018 年非常规水量只有 8 157 万 m^3,仅占总供水量的 1.25%,由此可见,沂沭泗流域现状非常规水的利用量较少,特别是污水(再生水)利用仅为 7 335 万 m^3,占总供水量的 1.12%,仅占城市污水排放量的 16.27%。因此,再生水利用率低,特别是再生水利用与各城市"十二五"规划目标相差较远,有很大的发展空间。本研究水资源二次供需平衡中加大再生水的利用量,以增加流域可供水量。

根据《山东省关于加强污水处理回用工作的意见》,各市、县(市、区)要将污水处理再生水纳入区域水资源统一配置,根据水资源紧缺程度和污水处理设施建设情况,确定不同水平年污水处理回用指标,力争到 2035 年,全省城市和县城污水处理厂再生水利用率达到 45%,再生水利用量按沂沭泗流域 2035 年城市生产和生活排水量　污水处理率 90%　再生水利用率 45% 计算,再生水利用量增加 73 229 万 m^3。

随着多水源优化配置和节水设施的建设,预计到 2050 年,山东省基本能实现水资源的供需平衡,基本满足生活生产的用水需求。

2.1.4　存在的问题和面临的挑战

2.1.4.1　当地水资源总量不足,水资源与人口、耕地资源严重失衡

山东省淮河流域当地水资源总量为 123.83 亿 m^3(1956~2000 年系列),总体人均水资源占有量仅 360 m^3,仅为全国人均占有量的 1/6,亩(1 亩 = 1/15 hm^2)均水资源占有量为 330 m^3(按流域耕地面积计算),略高于全省水平,但从全国来看,也仅为全国的 1/6。另外,流域内水资源量地区分布很不均匀,东部沂沭河流域面积占全省淮河流域面积的40% 左右,水资源量较丰富,人均水资源量为 540 m^3,亩均水资源占有量为 420 m^3;西部南四湖流域面积占全省淮河流域面积的 60% 左右,水资源量较匮乏,人均水资源量不足 300 m^3,亩均水资源占有量亦不足 300 m^3。山东省淮河流域总体上属资源性缺水区域。

2.1.4.2　流域用水效率和非常规水利用率偏低

2018 年沂沭泗流域总用水总量为 734 405.49 万 m^3,其中农业用水量 498 307.48 万 m^3,占总用水量的 67.9%。流域内农业用水量占据了较重的份额,农业灌溉多采取漫灌形式,根据公报资料,各市的农业灌溉水利用系数为 0.58~0.66,仅泰安市、淄博市满足《山东省水安全保障规划》中农业灌溉水利用系数 0.646 的要求,流域整体的用水效率偏低,节水水平较低。沂沭泗流域 2018 年现状总供水量 734 405.13 万 m^3,其中其他水源33 101.00 万 m^3,占总供水量的 4.5%,非常规水的利用率远低于《山东省水安全保障规划》中 25% 的要求,非常规水的利用率偏低。

2.1.4.3　未来枯水年及特枯年仍然缺水

通过流域一次供需平衡分析和二次供需平衡分析,表明在现有供水条件下,沂沭泗流域供水能力不足,考虑南水北调二期引江指标后,可缓解部分区域缺水问题,但枯水年仍

然有较大的缺口;考虑节水措施和再生水的二次供需平衡分析后,在 50% 水资源保证率下,流域总体满足需水要求;75% 保证率下,流域部分地区仍未达到需水要求,如济宁市等仍然存在缺水情况。由此可见,二次供需平衡分析对于减小缺水率是有一定帮助的,但效果不佳,未来仍需采取其他措施以解决流域水资源短缺问题。

2.1.4.4　多种水源优化配置的格局尚未形成

沂沭泗流域有当地地表水、地下水、外调水、非常规水等多种水源,根据工序平衡分析结果,流域不仅是资源型缺水,更是工程性缺水,多种水源优化配置的格局尚未形成。汛期降雨量占全年降雨量的 70% 以上,河道径流多以洪水形式弃水入海或入下游。为了保证防洪安全,水库、拦河闸坝等蓄水工程要预留足够多的库容防御洪水,汛期过后因降水量减少蓄水工程难以蓄满,造成工程型缺水。另外,外调水配套设施不完善,无法实现区域间调配,仅能满足调水沿线受水区的用水需求。

2.2　防洪减灾现状及存在问题

2.2.1　防洪减灾现状

2.2.1.1　现状防洪减灾体系

以现有防洪减灾体系为基础,以防洪保安为目的,兼顾生态环境保护和水资源可持续利用,协调人与自然的关系,沂沭泗流域已建立了适合流域实际且与社会经济发展相适应的比较完善的防洪减灾体系。

经过 60 多年的治理,流域已形成由大中型水库 56 座(总库容 52.20 亿 m³,其中大型水库 15 座,总库容 39.52 亿 m³;中型水库 41 座,总库容 12.68 亿 m³)、南四湖及湖东蓄滞洪区工程(总容量 56.78 亿 m³、蓄洪容量 40.72 亿 m³)、河湖堤防(主要堤防长1 455 km,其中 1 级堤防 145 km、2 级堤防 371 km、3 级堤防 939 km)、控制性水闸(二级坝、韩庄、刘家道口、大官庄等枢纽)、分洪河道(包括沂河、沭河、泗运河、新沂河、新沭河、分沂入沭水道、邳苍分洪道等骨干河道)等组成的防洪工程体系(见图 2-4)。

1. 防洪保护区

防洪保护区是指在防洪标准内受防洪工程设施保护的地区。山东省淮河流域防洪保护区主要分为南四湖保护区、韩庄运河堤防保护区、沂沭河堤防保护区(见表 2-4)。

2. 重要支流现状

1) 沂沭河水系

沂沭泗河重要支流现状除涝标准 3 年一遇,防洪标准不足 10 年或 20 年一遇,防洪、除涝标准低,不能满足流域社会经济发展需要(见表 2-5)。

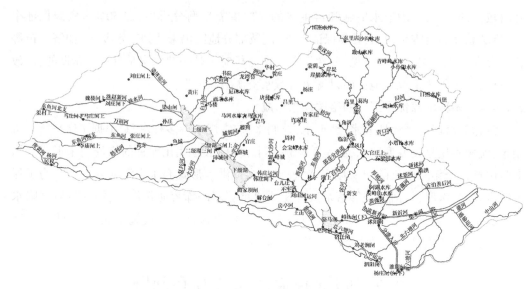

图 2-4　沂沭泗河流域概化图

表 2-4　防洪防护区现状

序号	防洪保护区		现状防洪标准
	名　称	区　段	
1	南四湖湖西堤	山东段	防御 57 年洪水
2	南四湖湖东堤	石佛—泗河	防御 57 年洪水
		泗河—二级坝	50 年一遇
		二级坝—新薛河	防御 57 年洪水
		新薛河—郗山	50 年一遇
		郗山—韩庄	10 年一遇
3	韩庄运河	韩庄闸下—省界	50 年一遇
4	沂河	跋山水库—东汶河口	20 年一遇
		东汶河口—董泗公路	20 年一遇
		董泗公路—省界	50 年一遇

续表 2-4

序号	防洪保护区		现状防洪标准
	名 称	区 段	
5	沭河	青峰岭水库—胶新铁路	10 年一遇
		胶新铁路—柳青河口	50 年一遇
		柳青河口—浔河口	10 年一遇
		浔河口—汤河口左堤	20 年一遇
		浔河口—汀水河口右堤	20 年一遇
		汤河口以下左堤	50 年一遇
		汀水河口以下右堤	50 年一遇
6	泗河	湖口—金口坝	20 年一遇
		金口坝—贺庄水库	20 年一遇
7	分沂入沭	左、右堤	50 年一遇
8	新沭河	左、右堤	50 年一遇
9	老沭河	左、右堤	50 年一遇
10	邳苍分洪道	左、右堤	50 年一遇

表 2-5 沂沭河水系重要支流及入海河道现状

序号	支流名称	所属河道	河道长度（km）	流域面积（km²）	现状除涝、防洪能力
1	祊河	沂河	158	3 376	分涑入祊分洪道以下为城市段；分涑入祊分洪道以上至西牟河不足 20 年一遇
2	蒙河		62.3	632.3	防洪能力不足 20 年一遇
3	东汶河		125.5	2 428.5	现状东汶河除蒙阴县城段满足 20 年一遇外，其他河段不足 10 年一遇
1	汤河	沭河	56.9	460.2	8+700 km 以下满足 20 年一遇防洪，以上不足 10 年一遇，除涝不足 5 年一遇
2	高榆河		24.6	424	防洪标准不足 20 年一遇
3	浔河		17.2	535	防洪标准不足 20 年一遇
1	付疃河	入海河道	20.5	1 066	防洪标准不足 20 年一遇
2	绣针河		22.9	351	防洪标准不足 20 年一遇
3	相邸河		24.2	470	防洪标准不足 20 年一遇

2）南四湖水系

南四湖入湖河道主要包括湖东及湖西直接入湖河道。主要有湖东 28 条、湖西 25 条。流域面积大于 500 km² 的支流有 10 条,主要包括湖东的洸府河、泗河、白马河、北沙河、城郭河、新薛河;湖西的梁济运河、洙赵新河、万福河、东鱼河等(见表 2-6)。这些河道通过近年治理,部分达到了 20 年一遇防洪标准,根据 2019 年《山东省重点水利工程建设实施方案》按照规划标准进行治理,2020 年完成。

表 2-6　南四湖水系入湖河道现状

河道位置	序号	河道名称	河道长度（km）	流域面积（km²）	现状除涝、防洪能力
南四湖湖东	1	洸府河	48	1 367	1/3 除涝、1/20 防洪
	2	泗河	159	2 366	1/50 防洪
	3	白马河	60	1 052	1/3 除涝、1/20 防洪
	4	北沙河	505	563	1/3 除涝、1/20 防洪
	5	城郭河	81	916	1/3 除涝、1/20 防洪
	6	新薛河	22	663	1/3 除涝、1/20 防洪
南四湖湖西	1	梁济运河	88	3 306	1/3 除涝、1/20 防洪
	2	洙赵新河	145.05	4 206	1/5 除涝、1/50 防洪
	3	万福河	71	1 330	1/3 除涝、1/20 防洪
	4	东鱼河	172.1	5 923	1/5 除涝、1/50 防洪

3. 水库现状

山东省淮河流域内已建成大中型水库 56 座,总库容 52.20 亿 m³。其中,大型水库 15 座,总库容 39.52 亿 m³;中型水库 41 座,总库容 12.68 亿 m³。小(1)型水库 307 座,总库容 6.64 亿 m³;小(2)型水库 1 392 座,总库容 3.01 亿 m³。水库工程的建设对下游河道防洪、拦蓄径流、灌溉等都发挥了重要作用。山东省淮河流域现状大型水库基本情况见表 2-7。

表 2-7　山东省淮河流域现状大型水库基本情况

序号	水库名称	所在河流	所在地区	流域面积（km²）	设计洪水标准（%）	校核洪水标准（%）	总库容（亿 m³）	调洪库容（亿 m³）	兴利库容（亿 m³）
1	岸堤	东汶河	蒙阴	1 693	1	0.01	7.49	4.33	4.51
2	跋山	沂河	沂水	1 782	1	0.01	5.28	3.02	2.67
3	许家崖	祊河	费县	580	1	0.01	2.93	1.60	1.67
4	唐村	唐村河	平邑	263	1	0.02	1.44	0.49	0.94
5	会宝岭	西泇河	苍山	420	1	0.05	2.09	0.74	1.21

续表 2-7

序号	水库名称	所在河流	所在地区	流域面积（km²）	设计洪水标准(%)	校核洪水标准(%)	总库容（亿 m³）	调洪库容（亿 m³）	兴利库容（亿 m³）
6	沙沟	沭河	沂水	163	1	0.02	1.04	0.57	0.46
7	陡山	浔河	莒南	431	1	0.01	2.90	1.52	1.70
8	岩马	城河	枣庄	357	1	0.01	2.03	1.18	1.04
9	马河	北沙河	滕州	240	1	0.02	1.38	0.95	0.70
10	田庄	沂河	沂源	424	1	0.02	1.20	0.65	0.68
11	日照	付疃河	日照	548	1	0.02	3.18	1.41	1.82
12	青峰岭	沭河	莒县	770	1	0.02	4.01	2.03	2.69
13	小仕阳	袁公河	莒县	281	1	0.02	1.36	0.68	0.69
14	西苇	大沙河	邹城	154	1	0.01	1.02	0.53	0.41
15	尼山	小沂河	曲阜	264	1	0.01	1.13	0.55	0.61
合计				8 370			38.48	20.25	21.80

4. 蓄滞洪工程

山东省淮河流域现有蓄滞洪工程为南四湖及湖东超标准洪水临时滞洪区，总容量 56.78 亿 m³，蓄滞洪容量 40.72 亿 m³。其中，湖东滞洪区蓄滞洪容量 3.68 亿 m³；南四湖总容量 53.1 亿 m³，蓄洪容量 37.04 亿 m³。

2.2.1.2　防洪除涝工程实施情况

1. 河道堤防工程

河道堤防工程包括沂沭泗河骨干河道治理、沂沭泗河主要支流河道治理规划、边界水利等，根据项目实施完成情况，综合分析项目实施效果，总结项目前期工作及实施过程中存在的问题。

1）沂沭泗河骨干河道治理工程

山东省沂沭泗河骨干河道治理规划对沂河、分沂入沭、沭河、新沭河、邳苍分洪道、南四湖、韩庄运河进行治理，兴建刘家道口枢纽工程，实施项目均被列入治淮 19 项骨干工程，已实施完成，具体实施项目统计见表 2-8。

表 2-8　沂沭泗河骨干河道治理工程统计

序号	项目名称	所处阶段	说明
1	沂沭邳治理工程	已完工	治淮 19 项骨干工程
①	沂河山东段治理工程		
②	沭河山东段治理工程		
③	邳苍分洪道山东段治理工程		

续表 2-8

序号	项目名称	所处阶段	说明
2	分沂入沭工程	已完工	治淮 19 项骨干工程
3	新沭河工程	已完工	治淮 19 项骨干工程
①	新沭河山东段治理工程		
4	南四湖治理	已完工	治淮 19 项骨干工程
①	南四湖湖西大堤		
	南四湖湖西大堤山东实施段		
②	南四湖湖东堤		
③	南四湖湖内工程		
5	韩庄运河、中运河及骆马湖堤防工程	已完工	治淮 19 项骨干工程
①	韩庄运河治理工程		

2)沂沭泗河主要支流河道治理工程

沂沭泗河主要支流河道治理,规划对南四湖入湖支流洙赵新河、梁济运河、万福河、东鱼河、洸府河、白马河、城郭河、界河等进行治理。具体实施项目统计见表 2-9。

表 2-9　沂沭泗河主要支流河道治理工程统计

序号	项目名称	所处阶段	说明
一	已完工项目		
1	洙赵新河治理工程	已完工验收	徐河口以下段
二	在建项目		
1	泗河治理工程	正在实施	进一步治理淮河 38 项工程
2	洸府河治理工程	正在实施	
3	白马河治理工程	正在实施	
4	界河治理工程	正在实施	
5	东鱼河治理工程	正在实施	《山东省重点水利工程建设实施方案》
6	洙赵新河治理工程	正在实施	《山东省重点水利工程建设实施方案》
三	开展前期工作项目		
1	城郭河治理工程	前期工作	
2	万福河治理工程	前期工作	
四	其他		
1	梁济运河治理工程	拟暂缓实施	进一步治理淮河 38 项工程

2.行蓄(滞)洪区

行蓄(滞)洪区包括行洪区调整规划和行蓄(滞)洪区建设规划两部分。山东省为行蓄(滞)洪区建设规划,包括工程建设、安全建设和居民安居安置搬迁。各项目实施完成情况统计见表 2-10。

表 2-10 淮河行蓄(滞)洪区建设规划工程统计

序号	项目名称	说明
一	在建项目	
1	南四湖湖东滞洪区	进一步治理淮河 38 项工程

3. 重要易涝洼地治理

山东省重要易涝洼地治理规划包含骨干排水河道及其他平原涝洼地区两大类,骨干排水河道治理安排在沂沭泗河重要支流防洪工程中,该类工程已在其他章节进行评估,本节不再进行详细评估。其他平原涝洼地区包括:

(1)世界银行贷款重点平原洼地治理。

(2)山东省重点平原洼地近期治理,分山东省重点平原洼地治理南四湖片治理工程、山东省沿运及邳苍郯新等洼地治理工程 2 个单项。此项目均属进一步治淮 38 项工程,实施情况统计见表 2-11。

表 2-11 重要易涝洼地治理项目统计

序号	项目名称	对应防洪规划内容
一	已完工	
1	世界银行贷款重点平原洼地治理	其他平原涝区:南四湖滨湖及沿运洼地
二	在建	
1	山东省重点平原洼地治理南四湖片治理工程	其他平原涝洼区:南四湖滨湖及沿运洼地
三	正在开展前期工作	
1	山东省沿运及邳苍郯新等洼地治理工程	其他平原涝洼区:南四湖滨湖及沿运洼地

2.2.1.3 防洪减灾能力评价

科学发展观为指导,按照蓄泄兼筹的方针,针对流域经济社会发展的新要求,进一步规划淮河流域防洪减灾工程体系的总体布局,完善流域防洪减灾体系。进一步巩固和扩大洪水出路,统筹协调防洪建设与洪水管理的关系,处理好防洪排涝与水资源综合开发利用的关系,依法治水,规范水事行为,适度承担洪涝风险,加强洪水管理和科学调度,提高流域防洪除涝能力,为流域经济社会又好又快的发展提供防洪安全保障。初步建立由防洪工程体系和防洪管理体系构成的较完善的流域防洪减灾体系,使得沂沭泗河中下游地区主要防洪区的标准达到 50 年一遇,改善了易涝洼地的排涝条件,能够基本满足重要城市和重要保护区的防洪要求。

河道堤防工程近期规划中:沂沭泗河骨干河道规划 9 个项目已实施完成;沂沭泗河主要支流规划项目 9 项,其中 6 项正在实施、2 项正开展前期工作、1 项拟取消实施(梁济运河治理工程),合计22个项目。

行蓄(滞)区规划中,行蓄洪区建设规划湖东滞洪区正在建设实施。

重要易涝洼地治理规划项目3项,1项已实施完成、1项正在实施、1项在开展前期工作(见表2-12)。

表 2-12 近期规划项目实施情况统计

项目名称	细项	已完成	在实施	前期工作	拟取消	合计
河道堤防工程	沂沭泗骨干河道	9				9
	沂沭泗主要支流		6	2	1	9
	小计	9	6	2	1	18
行蓄洪区			1			1
易涝洼地		1	1	1		3
合计		10	8	3	1	22

2.2.2 存在的问题和面临的挑战

2.2.2.1 降水量分布不均,易涝易旱

由于受地理位置、地形等因素的影响,山东省淮河流域年降水量在地区分布上很不均匀。从全省1956~2000年平均年降水量等值线图上可以看出,流域区域内年降水量总的分布趋势是自鲁东南沂沭河区向湖西区递减,年降水量650~860 mm,且年降水量等值线多呈西南—东北走向。降水量的多年变化过程具有明显的丰、枯水交替出现的特点,连续丰水年和连续枯水年的出现十分明显。

降水年内分布不均,71.3%的降雨量集中在汛期(6~9月),极易形成气旋雨或台风雨,降雨强度较大,容易造成洪涝灾害。中华人民共和国成立以来流域内发生的大涝之年有1957年、1963年、1964年、1991年、2003年;发生较大旱灾的年份有1959年、1966年、1977年、2002年。常有发生年内旱涝交替的现象。

2.2.2.2 南四湖出口小,流域排水困难

南四湖流域位于沂沭泗流域的西部,流域面积3.17万 km²,其中湖东0.86万 km²,湖西2.18万 km²,湖面0.13万 km²,它承接苏、鲁、豫、皖4省32个县(区)的53条河道来水。流域来水经南四湖调蓄后南下经微山湖东侧的韩庄运河排出,小部分由微山湖南端不牢河排出,两河均东排入中运河。

由于受自然地形地貌的影响,造成湖东河道源短流急;湖西河道峰低量大;由于韩庄运河、不牢河出口规模较小,使东部的山水和西部的坡水均经南四湖调蓄后下泄困难,经常造成湖水位居高不下的局面,加上南四湖周围地势低洼,经常处于蓄水位以下,给入河流造成顶托,使河水不能入湖,坡水不能入河,排水困难,造成滨湖大面积渍涝,洪涝灾害频繁发生。

2.2.2.3 防洪保护区范围大,防洪安全任务重

山东省淮河流域保护区面积大,人口多,防洪安全任务重。流域防洪保护区在山东省经济发展中具有举足轻重的影响。据统计,保护区面积占全省土地面积的6%,人口占全省的9.2%,耕地占全省的6.7%,粮食产量占全省的9.2%。由于防洪保护区范围大,已有防洪除涝体系尚不完善,中小河流防洪标准低,面上治理滞后,投入资金不足,设施老化,因此防洪保护区任务重,仍需努力。

2.2.2.4 流域地理位置重要,对防洪减灾能力要求进一步提升

山东省淮河流域是山东省重要的粮、棉、油、能源基地和水陆交通要道。流域内工业门类齐全,资源丰富,条件优越,具有较大的发展空间。随着流域新一轮水利规划的制定,水利将给流域的社会经济发展带来越来越大的空间,对流域防洪保安提出了更高的要求。有些治理标准已经不能满足现在的防洪需要。同时国家近年来实行了河长制、中小河流治理、灾后薄弱环节、病险水库除险加固、山洪灾害等规划,需要根据流域经济社会发展新要求和新形势做出优化调整。

2.3 水环境与水生态现状及存在问题

2.3.1 水环境现状

2.3.1.1 流域整体情况

根据第三次山东省水资源调查评价成果,山东省淮河流域全年期评价河流总河长2 927 km,约半数河段水质评价为Ⅰ～Ⅲ类(50.6%),但需要重视仍有11.5%的河段处于劣Ⅴ类水质,主要污染物是化学需氧量、五日生化需氧量。各水资源分区的水质统计结果也表现出了明显的区域差异,其中,湖东区、中运河区、沂沭河区、日赣区Ⅰ～Ⅲ类河段比例均超出全流域平均水平,而湖西区河流整体水质状况较差,逾86.5%的河段处于Ⅳ类、Ⅴ类、劣Ⅴ类水质水平,这可能是因为湖西平原农业活动活跃,用地类型以耕地为主,受面源污染影响较为严重,如图2-5所示。

为进一步探究河道水质的年内变化情况,从全年期、汛期(6～9月)、非汛期(10月至次年5月)三个水期分别统计水质类别占比情况。以"Ⅰ～Ⅲ类水体占评价河段比例"这一指标作为判断标准,整个流域河段在非汛期的水质(53.0%)要明显优于汛期的(45.7%),这可能是汛期雨量丰沛,地表径流冲刷造成非点源污染物大量涌入河湖,短时间、高强度的污染负荷远超河湖自净能力,造成河湖水体质量出现明显扰动。

山东省淮河流域共计95个列入考核的水功能区,分别以全因子法和双因子法(COD和氨氮)进行达标评价。从全因子法评价结果来看,流域内水功能区达标率为51.6%,各水资源分区达标率在36.4%(中运河区)～64.0%(湖东区),达标河长占评价河长的比例在37.9%(中运河区)～67.2%(日赣区),两个评价指标表现出了相对一致性;同期,还采用双因子法进行水功能区限制纳污红线主要控制指标达标评价,流域内水功能区达标率为76.8%,各水资源分区达标率为52.9%(湖西区)～91.4%(沂沭河区),达标河长占比在52.5%(湖西区)～89.5%(沂沭河区),如图2-6所示。

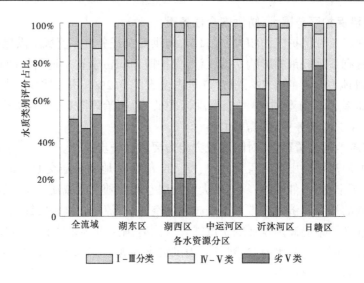

图 2-5　不同水资源分区河流水质评价结果

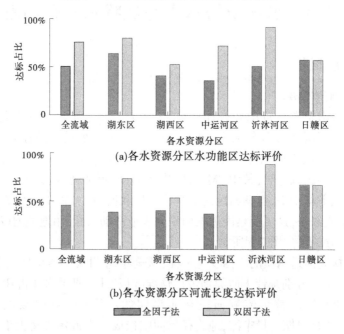

(a)各水资源分区水功能区达标评价

(b)各水资源分区河流长度达标评价

图 2-6　不同水资源分区水质达标评价结果

2.3.1.2　典型区域——南四湖流域

流域内南四湖是南水北调东线工程的重要调蓄湖泊和过水通道,同时是鲁南地区的重要饮用水源地,是典型的生态环境敏感区。该区域地理气候条件特殊,人水矛盾突出,更是为水生态安全形势带来诸多不稳定的因素。结合前期调研结果,围绕着南四湖富营养化、硫酸盐浓度超标等典型生态环境问题展开分析。

1.湖区水质现状

二级坝水利枢纽工程横跨湖腰,将南四湖分为上、下两级湖,南水北调东线工程以下级湖作为调蓄水库利用上级湖输水,调水期(非汛期)较非调水期(汛期)表现出截然不同的水文情势与水环境特征。因此,为了系统地评估南四湖湖区水质现状,本研究将按照上级湖、下级湖的空间特征和汛期(6~9月)、非汛期(10月至次年5月)的时间特征展开分析。水质监测指标主要包括pH、溶解氧、高锰酸盐指数、COD、BOD_5、总磷、总氮、氨氮、叶绿素等,监测时间为2018年全年。

对照《地表水环境质量标准》(GB 3838—2002),除个别断面、个别月份存在BOD_5或COD略超Ⅲ类水质标准外,南四湖基本上能够达到集中式生活饮用水水源地的水质要求。

1)上、下级湖区对比

南水北调东线一期工程以下级湖作为调蓄水库,利用上级湖输水。在调水期,上、下级湖水流向由原来的自北向南自然流向将变为通过泵站提水由南向北的流向,下级湖设计蓄水位抬升至32.29 m,同时伴随着水动力学条件的复杂变化,上、下级湖分别表现出截然不同的湖泊水文特征与水环境特征,因此考虑将南四湖分上、下级湖考虑是有必要的。

根据评价结果(见表2-13),下级湖在全年期、汛期、非汛期的水质都达到Ⅲ类水标准,仅微山岛及二级湖闸下监测断面表现出个别的指标超标现象,微山岛作为南四湖湖心岛,目前仍存在人居行为,未经处理或处理不充分的生活污水、渔业养殖污染可能是造成微山岛断面超标的主要原因;二级湖闸下可能是因为汛期开闸泄洪造成断面水质有所扰动。除独山、二级湖闸上断面在部分水期表现出Ⅳ类水特征外,上级湖基本上达到Ⅲ类水标准。二级湖闸上断面与二级湖闸下断面超标时期吻合,侧面验证了汛期泄洪对水质带来的间歇性扰动;而独山断面超标现象主要是受入湖污染负荷影响,包括沿湖工农业污染及入湖河流裹挟的大量污染。

南四湖水质表现出由南向北稍微变差的倾向,导致上、下级湖水质差异主要有以下几个方面的原因:一是入湖污染负荷有所差别。据统计,上级湖的入湖径流量约为下级湖的1.67倍,且上级湖入湖河流污染相对严重,造成上级湖污染物承载量大,一定程度上加剧了上级湖的水质恶化趋势。二是湖区消纳与自净能力有所差别。上、下级湖的库容分布由北向南递增,上级湖较小的库容与水量分别对应了较差的自净能力与稀释能力,使污染物浓度水平偏高,此外,下级湖直接接受优质长江水的补给,长江水量大且水质较好,较强的水动力学条件通过扩散、吸附、生物转化等作用进一步削减了湖区的污染物水平,从而显著改善了下级湖区水质。综上两个方面的原因导致下级湖水质优于上级湖。

2)汛期与非汛期对比

汛期、非汛期对南四湖湖区的水质影响,除有流域降雨径流冲刷,造成短历时、高强度的面源污染入湖对湖区水质的扰动外,还与南四湖作为调蓄湖泊与输水通道有关。《南水北调东线工程治污规划》与《南水北调东线工程规划》同期部署、实施,其中,调水沿线截蓄导用工程的实施对改善非汛期湖区水质有重要贡献。截蓄导用工程是将污水处理厂、工业点源处理后达标排放的水分别导向农业灌溉设施、城市景观设施等排放设施,以减少污染物进入干线的量,保证干线水质稳定。截蓄导用工程参与南四湖入湖水量水质的调度,使COD、TN、TP等污染物在调水期不进入或少进入南四湖,从而有效削减了入湖污染负荷,改善了湖区水质。

表 2-13　南四湖湖区水质评价结果

湖区		断面或测点	类别评价			Ⅲ类水达标评价	
			全年期	汛期 6~9月	非汛期 10月至次年5月	达标率 （%）	超标指标及 最大超标倍数
南四湖	上级湖	王庙	Ⅲ	Ⅲ	Ⅲ	92	BOD$_5$（0.9）
		前白口	Ⅲ	Ⅲ	Ⅲ	92	BOD$_5$（0.33）
		南阳	Ⅲ	Ⅲ	Ⅲ	100	
		独山	Ⅳ	Ⅳ	Ⅳ	8	COD（0.3）
		沙堤	Ⅲ	Ⅲ	Ⅲ	100	
		二级湖闸上	Ⅲ	Ⅳ	Ⅲ	67	COD（0.66）
	下级湖	二级湖闸下	Ⅲ	Ⅲ	Ⅲ	58	DO（0.33） COD（0.1）
		高楼	Ⅲ	Ⅲ	Ⅲ	100	
		大捐	Ⅲ	Ⅲ	Ⅲ	100	
		微山岛	Ⅲ	Ⅲ	Ⅲ	75	COD（0.12）

2. 南四湖流域硫酸盐污染问题

根据相关文献报道,硫酸盐已成为影响南四湖湖区水质稳定达标的关键指标。作为集中式生活饮用水地表水补充监测指标,硫酸盐浓度限值为 250 mg/L。本章节主要根据相关文献调研结果,梳理南四湖流域硫酸盐分布特征与来源。

1）硫酸盐浓度分布特征

根据中国海洋大学田丽君教授团队(谢汶龙,2020)研究结果(2019年1月样品,输水期),南四湖湖区硫酸盐浓度范围在 170.49~631.50 mg/L,均值为 317.46 mg/L,且呈现自南向北浓度增大的趋势,在南阳湖监测到硫酸盐浓度最大值。入湖河流的硫酸盐浓度也是由南向北逐渐增大,浓度范围在 142.06~671.32 mg/L,均值为 386.92 mg/L,湖区与入湖河流硫酸盐浓度远超出 GB 3838—2002 规定的集中式生活饮用水地表水标准限值(250 mg/L)。另外,来自江苏的调水(韩庄闸)在周边河道有最低硫酸盐浓度值,这表明在输水期南四湖高浓度硫酸盐可能是由山东境内的因素造成的。

2）硫酸盐来源解析

采用硫、氧同位素技术($\delta^{34}S_{SO_4}$ 和 $\delta^{18}O_{SO_4}$)测定南四湖硫酸盐来源贡献率,研究结果表明南四湖硫酸盐直接来源主要是蒸发岩溶解(自然源输入)及各入湖河流挟带。其中,蒸发岩溶解贡献率高达52%,入湖河流挟带占43%,而洙赵新河、老运河和万福河这3条河流对南四湖硫酸盐贡献率综合高达23%,而江苏调水中挟带硫酸盐对南四湖的贡献率仅占5%(见图2-7)。

进一步对各入湖河流中硫酸盐来源进行分析,结果表明,白马河、东鱼河、蟠龙河和城郭河硫酸盐的主要来源可能都是人类活动造成的污废水,洙赵新河、老运河、洸府河、老万福河和万福河硫酸盐主要受蒸发岩溶解影响,洙水河受到蒸发岩溶解和污水输入的双重

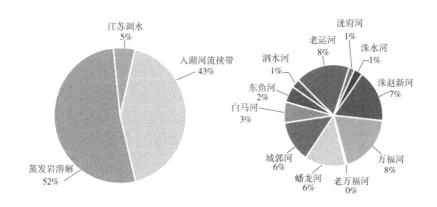

图 2-7　南四湖硫酸盐直接贡献率分析

影响,而泗水河主要可能受大气沉降和硫化物氧化的影响。

3. 水体富营养化评估

根据《地表水资源质量评价技术规程》(SL 395—2007),总磷、总氮、叶绿素、高锰酸盐指数和透明度等 5 项评价项目综合确定湖库营养状态评价标准,标准阈值如表 2-14 所示。

表 2-14　湖库营养状态评价标准阈值

营养状态分级 EI = 营养状态指数		评价项目 赋分值 EI	总磷 (mg/L)	总氮 (mg/L)	叶绿素 (mg/L)	高锰酸盐 指数 (mg/L)	透明度 (m)
贫营养 $0 \leqslant EI \leqslant 20$		10	0.001	0.020	0.000 5	0.15	10
		20	0.004	0.050	0.001 0	0.4	5.0
中营养 $20 < EI \leqslant 50$		30	0.010	0.10	0.002 0	1.0	3.0
		40	0.025	0.30	0.004 0	2.0	1.5
		50	0.050	0.50	0.010	4.0	1.0
富营养	轻度富营养 $50 < EI \leqslant 60$	60	0.10	1.0	0.026	8.0	0.5
	中度富营养 $70 < EI \leqslant 80$	70	0.20	2.0	0.064	10	0.4
		80	0.60	6.0	0.16	25	0.3
	重度富营养 $80 < EI \leqslant 100$	90	0.90	9.0	0.40	40	0.2
		100	1.3	16.0	1.0	60	0.12

根据前期监测结果,整理得到总磷、总氮、叶绿素、高锰酸盐指数和透明度 5 项参数在不同评价期(全年期、汛期、非汛期)的均值,并采用指数法计算了上级湖和下级湖的综合营养状态指数 EI,见表 2-15。

表 2-15　南四湖营养指数

湖泊	评价期	总磷	总氮	叶绿素	高锰酸盐指数	透明度	EI 指数	营养状况
上级湖	全年	57.8	57.8	46.2	54.3	57.1	54.6	轻度富营养
	汛期	67.4	60.0	46.1	54.3	54.7	56.5	轻度富营养
	非汛期	53.0	56.7	46.3	54.3	58.3	53.7	轻度富营养
下级湖	全年	50.0	60.4	40.7	52.0	49.7	50.6	轻度富营养
	汛期	49.9	62.6	42.9	52.1	53.0	52.1	轻度富营养
	非汛期	50.1	59.3	39.6	51.9	48.1	49.8	中营养

1）上、下级湖区对比

EI 值越大,表明营养状态水平越严重。按照营养状态分级标准来看,上级湖与下级湖营养状态处于同等水平——轻度富营养,但从 EI 指数为评估湖泊营养状态提供了定量基础,上、下级湖的 EI 值分别为 54.6、50.6,表现为上级湖富营养化程度稍重于下级湖。

为更好地量化各参数对综合营养状态指数的贡献水平,绘制了如图 2-8 所示的雷达图,可以得出诱导上级湖与下级湖富营养态的环境参数有所不同,上级湖主要受总氮、总磷的制约,而下级湖的主要贡献因子为总磷。氮、磷超标主要与沿湖氮磷污染负荷输入或湖区底泥内源释放有关。一般认为,水体总氮、总磷浓度分别达到 0.2 mg/L 和 0.02 mg/L 时,湖泊存在较大的富营养化发生风险。本书中上、下级湖在所有水期的总氮、总磷浓度都远超水体富营养化发生的阈值浓度,因而南四湖仍面临着较严重的富营养化威胁。

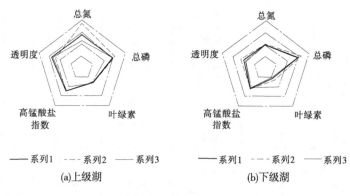

(a)上级湖　　　　　　　　　　　(b)下级湖

图 2-8　南四湖营养状态评价参数雷达图

值得指出的是,湖泊水体较高的氮、磷水平可为浮游藻类的生长繁殖提供有利条件,但在南四湖生态调查中却并未发现大面积水华出现。这主要是因为浮游藻类的生长除需要具备充分的营养条件外,还受到诸如光照、温度、pH 等环境条件的影响,同时与湖泊水位、流速、流量等水文条件有关。南四湖尤其是下级湖作为调水调蓄湖泊,调水期入湖水量显著增加,湖泊换水频率高、换水周期短,水位抬升、水动力学条件多变,弱化了氮磷营养盐与藻类生长繁殖之间的关联。

2) 汛期、非汛期对比

上、下级湖在非汛期的营养状态显著优于汛期,值得关注的是,非汛期下级湖降至中营养水平,这主要得益于与南水北调东线主体工程同步实施的《南水北调东线工程治污规划》的有效实施。其中,截蓄导用工程的实施加速了非汛期营养状态的整体优化。随着南水北调东线二期工程的实施运行,将进一步强化南四湖流域的治污能力与生态净化能力,假以时日将实现南四湖的营养状态从整体上降至中营养水平。

2.3.2　水生态现状

2.3.2.1　评价范围

选取山东省淮河流域主要河湖断面进行生态流量保障程度评估,其中,评价湖泊为南四湖上、下级湖,评价河流包括东鱼河、韩庄运河、梁济运河、沂河、沭河、泗河、洙赵新河等,共涉及 11 个控制断面。

2.3.2.2　评价方法

按照《全国水资源调查评价水生态调查补充细则(试行)》,生态需水目标包括基本生态环境需水量和目标生态环境需水量。基本生态环境需水量是指维持河湖给定的生态环境保护目标对应的生态环境功能不丧失,需要保留在河道内的最小水量(流量、水位、水深)及其过程。基本生态环境需水量是河湖生态环境需水要求的底限值,包括生态基流、不同时段需水量和全年需水量等指标。目标生态环境需水量是指维持河湖给定的生态环境保护目标对应的生态环境功能正常发挥,需要保留在河道内的水量(流量、水位、水深)及其过程,包括不同时段需水量和全年需水量等指标。本次评价只计算基本生态环境需水量。

根据《河湖生态环境需水计算规范》(SL/Z 712—2014),各项计算方法如下。

1. 生态基流量

采用 QD 法,以长系列天然月平均流量为基础,用每年的最枯月排频选择频率90%的最枯月平均流量作为节点生态基流量。

2. 基本生态环境需水量

采用流量历时曲线法,以长系列天然月径流量为基础,构建各月径流量历史曲线,以90%保证率对应径流量作为月基本生态环境需水量,不同月份累加得到全年和汛期、非汛期基本生态环境需水量。

2.3.2.3　评价依据

将《沂河水量分配方案》《沭河水量分配方案》《泗河生态流量试点控制方案》《淮河流域水资源保护规划》等确定的河湖生态流量成果作为评估依据。

2.3.2.4　评价结果

湖泊以最低生态水位作为生态流量保障程度评估项目,其中上级湖(南阳站)的最低生态水位为 32.34 m,下级湖(微山站)的最低生态水位为 30.84 m,2001～2016 年水文系列的实测径流量不能完全满足最低生态水位保障要求,上、下级湖的保障率分别为 97%、

99%;南水北调东线一期工程运行以来,长江水有效补充了南四湖来水,上、下级湖的最低生态水位均得到100%保障。

沂河流域临沂站及东里店站,1960~2016年生态流量保证率呈下降趋势,临沂站尤为显著,其平均保证率为86%,其中1980~2016年平均保证率80%,2000~2016年平均保证率79%。东里店站生态流量保证率高于临沂站,平均保证率为97%,从1983年开始,部分年份生态流量不能得到100%的满足,其中1980~2016年平均保证率为95%,2000~2016年平均保证率为94%。

沭河流域大官庄站及莒县站,1960~2016年生态流量保证率呈下降趋势,莒县站尤为显著,其平均保证率为82%,其中1980~2016年平均保证率73%,2000~2016年平均保证率69%。大官庄站生态流量保证率高于临沂站,平均保证率为93%,自1976年开始,部分年份生态流量不能得到100%的满足,其中1980~2016年平均保证率为91%,2000~2016年平均保证率为96%。

山东省淮河流域主要河流生态基流保障程度不高,主要是受降水量减少和水资源开发利用程度增加的双重影响。

2.3.3 存在的问题和面临的挑战

2.3.3.1 流域整体存在的主要问题

(1)流域整体水质达标率偏低,黑臭水体问题突出。

山东省淮河流域全年期评价河流总河长2 927 km,约半数河段水质评价为Ⅰ~Ⅲ类(50.6%),仍有11.5%的河段处于劣Ⅴ类水质,主要污染物是化学需氧量、五日生化需氧量和高锰酸盐指数。以"Ⅰ~Ⅲ类水体占评价河段比例"这一指标作为判断标准,从空间分布上来看,日赣区(75.63%)>沂沭河区(66.38%)>湖东区(59.22%)>中运河区(57.25%)>湖西区(13.44%);从时间分布上来看,非汛期(53.0%)水质要明显优于汛期(43.7%)。流域内95个水功能区中有49个达到水质标准,总体达标率为51.6%,各水资源分区达标率在36.4%(中运河区)~64.0%(湖东区)。

根据2016年山东省住房和城乡建设厅公布的城市黑臭水体排查情况表,山东省淮河流域范围内共有54处黑臭水体(枣庄9、济宁2、日照8、临沂24、菏泽11),水体类型主要为河流、塘、湖等,占全省黑臭水体比例为34.18%,其中,临沂、菏泽和枣庄黑臭水体状况较为严重。同时更应该关注的是,农村黑臭水体治理形势更为严峻,需要加强农村水系的系统整治。

(2)河流非常规水源补给特征明显,面源污染贡献过半。

2010~2018年,流域范围内规模以上点源污废水入河量占当年河川径流量比例为13.53%~33.94%,均值达19.78%,主要受当年河流来水丰枯程度影响。若同时考虑规模以下点源和面源污废水入河量,2016年污废水入河量达30.21亿m³,流域河流污径比高达55.48%,意味着将近一半的河流径流要由污废水等非常规水源保障。一般认为污径比小于10%,方可保证河流的自净能力,而流域尺度统计的平均污径比已远超这一阈值,说明多数河流稀释和自净能力基本丧失。同时对各污染物入河量进行估算,结果表明化学需氧量、氨氮、总氮、总磷污染负荷量分别为877.94 t、8 090.5 t、43 087.1 t、2 275.2

t,其中规模以上点源、规模以下点源和面源对污染物入河量的贡献率分别达到 37.37%、12.63%、50.00%。无论从污废水入河量还是从污染物入河量等指标分析,农村生活污水散排、农业退水、暴雨径流冲刷等面源污染对入河污染物的贡献均已过半,后期应当注重流域面源污染控制。

(3)生态流量保障水平偏低。

从水生态现状来看,流域范围内的主要河湖生态流量保障程度不高,得益于南水北调东线一期工程的运行,南四湖最低生态水位能够得到充分保障,但重点河流的生态基流保障程度在 73%~98%,另外还有众多中小河流未纳入生态流量考核要求,这将会给流域河湖生态环境恶化带来较大风险。

2.3.3.2　典型区域南四湖流域存在的主要问题

(1)湖区水质不能稳定达标,硫酸盐超标问题严重。

根据历年水质监测结果,南四湖湖区 5 个国控断面各项指标年均值稳定保持在地表Ⅲ类水质标准,满足集中式生活饮用水水源地的水质要求。从空间分布上来看,湖区水质表现出由南向北稍微变差的倾向,下级湖水质显著优于上级湖;从时间分布上来看,非汛期水质显著好于汛期。独山断面与二级湖闸上断面存在水质超标问题,超标污染物主要是 COD、BOD_5 等。其中,二级湖闸上断面与二级湖闸下断面超标时期吻合,侧面验证了汛期泄洪对水质带来的间歇性扰动;而独山断面超标现象主要是受入湖污染负荷影响,包括沿湖工农业污染及入湖河流裹挟的大量污染。

作为集中式生活饮用水地表水补充监测指标,湖区硫酸盐超标问题成为当前威胁供水水质的关键因素。输水期(2019 年 1 月)湖区硫酸盐浓度为 170.49~631.50 mg/L,均值为 317.46 mg/L,远超出 GB 3838—2002 规定的 250 mg/L 标准限值。研究发现,湖区硫酸盐来源包括蒸发岩溶解(52.18%)、各入湖河流裹带(42.48%)及原水裹带(5.34%),蒸发岩溶解是造成湖区硫酸盐超标的主要原因,而入湖河流裹带量中洙赵新河、老运河和万福河等 3 条河流贡献率高达 22.76%。

(2)南四湖仍面临严重的富营养化威胁,且表现为明显的磷限制。

南四湖总体上为轻度富营养状态,且呈现出逐年下降的趋势。其中,上级湖富营养化程度稍重于下级湖,非汛期显著优于汛期。值得关注的是,非汛期下级湖降至中营养水平,这主要得益于与南水北调东线主体工程同步实施的《南水北调东线工程治污规划》的有效实施。其中,截蓄导用工程的实施加速了非汛期营养状态的整体优化。进一步解析富营养状态的贡献因素发现,上级湖主要受总氮、总磷的制约,而下级湖的主要贡献因子为总磷。氮、磷超标主要与沿湖氮磷污染负荷输入或湖区底泥内源释放有关。一般认为,水体总氮、总磷浓度分别达到 0.2 mg/L 和 0.02 mg/L 时,湖泊存在较大的富营养化发生风险。上、下级湖在所有水期的总氮、总磷浓度都远超水体富营养化发生的阈值浓度,当前形势下,南四湖仍面临着较严重的富营养化威胁。

(3)流域水污染物排放聚化效应突出,生态工程建管体系薄弱。

南四湖流域人口密集、产业集聚,城市群用水排水带来的水污染物排放聚化效应突出。作为流域唯一的受水区,南四湖承纳了苏、鲁、豫、皖 4 省 34 个县(市、区)的 53 条河流来水,城镇生活污水、工业废水经过集中处理后尾水排放入河,农村生活污水、农业退水、城镇初期雨水等面源污染随降雨径流冲刷进入河流水体。加之受截蓄导用工程建设运行的影响,流域河流径流补给很大程度上依靠中水及面源污废水等非常规水源保障,加强中水资源回用、减少入湖污染负荷的同时,应该意识到该区域的社会水循环过程强烈作用于自然水循环过程,伴随非常规水资源利用的同时应该加强水质风险控制措施。此外,流域层面生态工程建设较少,环湖生态带存在空间不连续、结构功能单一等问题,部分人工湿地工程因缺乏资金投入和管护,已出现功能退化趋势,水质净化效果不明显。

(4)南水北调东线二期工程迫使南四湖流域面临新的治污形势。

南水北调东线一期工程抽江规模 500 m^3/s,入南四湖规模 200 m^3/s,输水期为每年10月至次年5月(8个月),为保障干线供水水质,规划建设山东省境内实施截蓄导用工程21项,其中南四湖流域项目达16项,其主要作用是调水期将污水处理厂处理后达标排放的下泄尾水截蓄,部分导向回用处理设施、农业灌溉设施和择段排放措施,非调水期中水再下泄入湖。随着南水北调东线二期工程的规划论证,初步拟定工程规模为抽江870 m^3/s,入南四湖规模 500 m^3/s,输水期为6月至次年6月(10个月),二期规划将原本处于中水下泄时段的汛初(6月)和汛末(9月)也被用于输水,中水下泄时间进一步被缩减,同时意味着非调水期入湖河流将裹挟大量中水和雨污径流入湖,对入湖水质产生更加严重的扰动,仅依靠湖体生态系统自我调控和自净能力难以实现在短时间内污染物的消解。这种形势下,南四湖流域将面临更加严峻的水质保障压力,而现有治污措施和工程保障能力尚不足以支撑和应对新的治污形势。

2.4　水管理现状及存在问题

2.4.1　水管理现状

山东省淮河流域目前的水管理体制是流域管理与区域管理相结合的管理模式,流域管理机构是水利部所属的淮河水利委员会(简称淮委)。山东省水利厅作为省内的水行政主管部门,统一管理本省的水资源和河道,主管全省的水利工程建设和水土保持工作,负责防汛抗旱等日常工作,负责全省水利行业管理。流域机构与水利厅之间无直接的行政关系,和流域内各地(市)、县水行政主管部门之间也无直接的上下级关系。

山东省淮河流域水资源管理,采用以工程为单元的管理方式,实行按行业统一管理和按行政区域分级管理的管理体制。凡受益范围在一个行政区的工程,由行政区水行政主管部门管理;跨行政区的工程,由上一级政府水行政主管部门或委托受益的行政区水行政主管部门管理。根据山东省淮河流域的特点,管理体制具体分为淮委、省、市(地)、县(市、区)、乡(镇)五级。

2.4.1.1　流域机构管理

根据2016年《中华人民共和国水法》规定:国务院水行政主管部门在国家确定的重要江河、湖泊设立的流域管理机构(简称流域管理机构),在所管辖的范围内行使法律、行政法规规定的和国务院水行政主管部门授予的水资源管理和监督职责。

沂沭泗流域工程局是淮委派出的流域管理机构,具体负责沂沭泗流域水利工程和水资源管理,局下设有南四湖管理处和沂沭河管理处,处以下又按工程分设若干管理所,具体负责所辖工程的管理运用。管理范围主要是东调南下骨干工程,包括南四湖湖西大堤、二级坝枢纽、韩庄运河;东调刘家道口、大官庄枢纽、分沂入沭水道、邳苍分洪道、新沭河、老沭河、跋山水库以下沂河干流,青峰岭以下沭河干流等。其主要职责为:一是在统一规划指导下,提出水资源年度计划,经批准后组织实施,必要时提出调整计划意见;二是负责所管工程的除险加固、维修和检查;三是按有关规定、协议、纪要文件精神,与地方协调搞好水资源调度和防汛;四是承担地方无力或难以承担的施工任务;五是处理水事纠纷;六是涉及地方和群众利益及有关工程安全的大事,及时与当地政府互通情报。

2.4.1.2 地方行政管理

1. 省水行政主管部门

山东省水利厅负责省内及跨市(地)的大型防洪工程建设和水资源管理,根据国家和省有关政策、法规,制定工程管理和经营管理政策和规定;对大型水库和主要河道有关的计划、设计、方案等进行研究、审批;组织交流推广有关技术管理、经营管理方面的经验,提高管理水平。

2. 山东省淮河流域水利管理局

山东省淮河流域水利管理局是山东省水利厅派出的流域管理机构,代表省水利厅行使所在流域的水行政主管职责。2019年2月22日,中共山东省委机构编制委员会批复关于调整省水利厅所属部分事业单位机构编制事项(鲁编〔2019〕12号),整合山东省海河流域水利管理局、山东省淮河流域水利管理局、山东省小清河管理局、山东省水利工程管理局4个事业单位,组建成立山东省海河淮河小清河流域水利管理服务中心。流域中心主要职责为"承担海河、淮河、小清河等重点流域水利发展规划、水利工程建设、管理和运行的技术服务工作,为全面推进河长制湖长制和流域水旱灾害防御提供技术支撑。

3. 市(地)水行政主管部门及其设立的管理机构

具体贯彻国家、省制定的有关政策、法规,完成省部署的各项工作,对辖区内的大中型水库、河道、闸坝进行具体业务指导,制定工程管理运用各项规章制度;协调处理上下游、左右岸防洪和用水的矛盾,发挥工程的整体效益。

4. 县(市)水行政主管部门

负责贯彻执行国家和地方有关法规和政策,执行上级部署的各项工作,并具体负责辖区内大中小型水库、河道、闸坝和排灌工程的管理运用,建立相应的管理机构,配备必需的管理人员,指导开展技术管理和生产经营等工作,不断改善工程管理工作的面貌,使工程长期地发挥除害兴利的效益。

5. 水库、河道、闸坝工程管理单位

具体负责所管工程的全部技术、经济活动,主要职责是:一是做好工程的检查观测、养护修理和调度运用等工作,维护工程完整,保证工程安全,发挥工程的最大综合效益。二是做好计划管理、质量管理,全面完成上级主管部门下达的防汛和管理等任务。三是加强财务管理,实行成本管理和经济核算,逐步实现工程管理制度化和规范化。

2.4.2 存在的问题和面临的挑战

(1)流域机构缺乏权威性,统一管理能力不完善。

水利部淮河水利委员会、沂沭泗流域工程管理局、地方水行政主管部门各有所责,也各有所职,导致有关法律法规赋予流域机构的职权也难以落实,在涉及流域水资源事物时,未形成权威的流域协调机制。水利工程、防洪、水资源、水资源保护、水生态保护等方面的管理常涉及局部利益的调整,而流域机构作为水利部的事业单位,难以与各省政府及其相关部门协调,往往与水利厅协调达成一些共识后,因政府及其相关部门异议,不得不由水利部、国务院及相关部门再次协调,流域机构权威性不够,协调难度大,降低了行政效率。此外,流域机构缺少对违反流域统一管理行为的处罚权力。有关法律法规对流域机构在涉及水事时的必要处罚缺乏授权,或授权不明确,使得流域机构难以有效行使流域管理的职责,难以对流域水资源实施有效管理。

(2)水权管理职权的划分不明确,"多龙管水"依然存在。

一直以来,我国流域水资源管理体制主要是"流域管理和行政区域管理相结合"的管理体制,山东省淮河流域在管理权限方面不仅要依赖地方行政管理,还有流域委员会,沂沭泗水利管理局等部门承担其管理职责。在这种管理体制下,一是各地方行政区域管理部门会不自觉地从自己管辖的局部利益出发,来开发、利用和管理流域自然资源;二是各管理部门依照自己管辖范围内行政许可权力管理,就会造成政出多门,难以适应。

(3)流域管理与区域管理的事权划分不明确。

《中华人民共和国水法》从法律层面上提高了流域机构管理地位,但在涉及流域管理机构的法律条文中,只有第十二条第三款流域管理机构"在所管辖的范围内行使法律、行政法规规定的和国务院水行政主管部门授予的水资源管理和监督职责"这一条原则规定是独立的,其他涉及与地方政府、水行政主管部门管理关系的,都是"会同""和""或",流域机构究竟该有什么职责仍然较为模糊。在事权划分上对于流域机构宏观管理和必需的一些微观管理职能不够清晰,导致越权、交叉管理和管理缺失。

(4)流域经济社会发展对水利提出新要求。

回顾淮河流域水利发展的历程可以得出:一方面,水利基础设施既是保障和促进流域经济社会发展不可或缺的条件,也可能成为制约流域经济社会发展的重要因素之一,在特定的时期和条件下甚至可能是决定性因素。另一方面,流域水利历来是经济社会事务的重要组成部分,也受制于当时的政治、社会环境和经济发展水平。未来一个时期,淮河流域作为我国承载人口和经济活动的重要地区,将进入加快发展的重要时期,在保证国家粮食安全、支撑能源安全、实施国家交通安全战略等方面的作用和地位愈加显现,流域经济社会发展对水利的安全性需求、经济性需求及舒适性需求均处在持续增长时期,对水利发展亦提出新要求。

第 3 章　水安全指标体系综合评价

3.1　流域水安全综合评价指标体系的建立

鉴于水资源的自然、社会、经济和生态环境属性,为了探究影响山东省淮河流域水安全状况的影响因素及其发展趋势,本节在综合考虑社会经济、水资源、防洪除涝、水生态和水管理的基础上,建立了流域水安全综合评价指标体系,并将评价指标划分为 5 级,即十分安全(Ⅰ级)、安全(Ⅱ级)、基本安全(Ⅲ级)、不安全(Ⅳ级)和极不安全(Ⅴ级),依据流域特性和已有研究成果确定了各指标标准特征值。

3.1.1　评价指标体系建立的原则

水资源系统安全、防洪除涝安全、水生态安全和水管理创新机制是保障流域水安全的基础,因此水安全综合评价指标体系的建立需要考虑上述各因素,并遵循以下原则构建:

(1)科学性原则。指标体系要建立在一定的科学理论依据之上,能够客观真实地对水安全状况进行评价。

(2)系统性原则。水安全系统是一个复杂系统,由许多要素组成,在构建指标体系时,应将评价总体分解细化后再从系统整体的高度统筹考虑。

(3)主导性原则。研究流域或区域水安全状况受到众多因素综合作用,不可能将每个因素进行详尽分析,应结合研究对象的实际情况尽量选取起主导作用的指标。

(4)可操作性原则。选取的指标要科学简单且能够定量表达,数据应易于获取。

(5)独立性原则。不同指标数据间存在一定的相关性,要合理选择指标,使得指标间相关性最小,以此保证指标独立性。

(6)定性与定量相结合原则。应尽量选择可以量化的指标,如难以量化可采用定性描述。同时,要求指标的物理意义明确,计算方法统一,统计方法规范,指标对社会经济系统、水资源系统、防洪除涝系统、水生态系统以及水管理系统的变化反应要灵敏。

3.1.2　评价指标体系的构建

为了能够定量描述流域水安全状况,借鉴山东省及其各地市的《水安全保障规划》,在综合考虑社会经济、水资源、防洪除涝、水生态、水管理的基础上,兼顾指标体系确定的原则,结合山东省淮河流域的实际情况及数据的可获得性,构建了包含目标层、准则层和指标层的水安全综合评价指标体系,见表 3-1。

目标层:为指标体系的最高层次,是水安全综合评价的总体目标。本章的目标是描述和衡量山东省淮河流域的水安全状况,并针对评价结果分析影响流域水安全的关键影响因素,并提出整治措施。

准则层:为指标体系的次要层次,是影响流域水安全的主要因素。本章划分为五个准则,分别是保障社会经济、水资源、防洪除涝、水生态环境和水管理方面的安全。其中,社会经济是指人口增长和城镇化进程较为稳定,产业结构合理,经济稳步提升,社会经济的发展不会给水资源、水生态环境带来较大的胁迫。水资源是描述地区水资源禀赋条件,水资源开发利用现状,生活、工业、农业等用水和节水情况,以及与"用水总量红线"的符合情况等,保障水资源开发利用的可持续性。防洪除涝是描述地区洪水灾害现状,现有防洪工程达标情况及建设情况等,减少洪涝灾害给人民生命财产造成的损失。水生态环境是描述水生态环境现状及其治理措施的强度,主要涉及水质、废污水排放、污染物浓度、水生物多样性、废污水处理及其回用等,防治水生态退化。水管理是指涉及各类涉水管理体系、制度及方法的合理性、科学性及其先进性,能够快速应对和解决各类涉水问题,将由此造成的损失降到最低。

指标层:为指标体系中最基本的层次,由直接度量水安全的指标构成,构建了共 24 个指标。

表 3-1　流域水安全综合评价指标体系

目标层	准则层	指标层	单位	指标性质
水安全综合评价	社会经济	人口自然增长率	‰	−
		人均 GDP	万元/人	+
		城镇化率	%	−
		第三产业增加值比例	%	+
	水资源	人均水资源量	m^3/人	+
		用水总量与控制指标的比值	—	−
		万元 GDP 用水量	m^3/万元	−
		人均日生活用水量	L/(人·d)	−
		万元工业增加值用水量	m^3/万元	−
		农田灌溉水有效利用系数	—	+
		工业水重复利用率	%	+
		城镇供水管网漏损率	%	−
		水资源开发利用率	%	−
	防洪减灾	防洪标准达标率	%	+
		洪涝灾害损失占 GDP 的比例	%	−
		水利工程投资占 GDP 的比例	%	+
	水生态环境	水功能区水质达标率	%	+
		万元 GDP 废水排放量	m^3/万元	−
		入河废污水中 COD 浓度	t/万 t	−
		水生生物多样性指数	—	+
		城市污水处理率	%	+
		城市再生水利用率	%	+
	水管理	现代水管理体系健全程度	—	+
		水利管理的智慧化水平	—	+

注:指标性质"+"表示正向指标,即越大越优型指标;指标性质"−"表示逆向指标,即越小越优型指标。

3.1.2.1　社会经济指标

1.人口自然增长率

人口自然增长率是指在一定时期(通常为 1 年)内,人口自然增加数(出生人数−死亡

人数)与该时期内平均人数之比,用千分率表示。计算公式为

$$人口自然增长率=(年内出生人数-年内死亡人数)/年平均人数×1\,000‰$$

该指标反映了地区人口发展的状况,其数值越大,说明人口数量越多,进而水资源需求量增加,水资源供需矛盾加剧,该指标是造成水资源紧张的潜在因素。因此,该指标为负向指标。

2. 人均 GDP

人均 GDP 是指一个国家(或地区)核算期(通常是一年)内实现的国内生产总值(GDP)与该国家(或地区)的常住人口之比,单位为万元/人。计算公式为

$$人均 GDP=国内生产总值(GDP)/常住人口数量$$

人均 GDP 最直接反映地区经济发展水平、人民生活水平和收入水平,常作为发展经济学中衡量经济发展状况的指标。其数值越大,表明水利投入能力越强,社会经济安全的保障程度越高。因此,该指标为正向指标。

3. 城镇化率

城镇化率,又称城市化率,是城镇化的度量指标,一般用人口统计学指标,即城镇人口占常住人口的比例来表征,以%计。计算公式为

$$城镇化率=城镇人口/常住人口×100\%$$

对于城镇人口的数量而言,中心城区、县(市、区)及建制镇,凡列入城镇建设规划且城区建设已延伸到乡镇、居委会及村委会并已实现水、电、路“三通”的,都纳入城镇人口计算,这样能够客观地反映城市化进程。城镇化率在一定程度上反映了社会经济的发达程度,也是衡量地区社会组织程度强弱、管理水平高低的重要标杆。城市发展越快,人口聚集程度越大,对水资源和水生态环境造成的压力也越大。因此,该指标为负向指标。

4. 第三产业增加值比例

采用第三产业增加值与国内生产总值(GDP)之比表示,以%计。计算公式为

$$第三产业增加值比例=第三产业增加值/GDP×100\%$$

该值表征了第三产业的发展水平,反映了一个地区的产业结构,是衡量生产社会化程度和市场经济发展水平的重要标志。其数值越大,表明社会经济越发达。这是由于第三产业的万元增加值取水量低于第一产业和第二产业,因此它的大力发展,既有利于快速提高 GDP,又能降低水资源使用量和能耗,有利于社会经济和水资源的可持续发展。因此,该指标为正向指标。

3.1.2.2　水资源指标

1. 人均水资源量

人均水资源量是衡量一个地区水资源量的重要指标,可综合反映地区发展的水资源条件,单位为 m^3/人。计算公式为

$$人均水资源量=水资源总量/常住人口$$

世界气象组织和联合国教科文组织等认为,对于一个国家或地区,可按人均水资源量的大小来衡量水资源的紧缺程度,是直观判断缺水程度的指标。其数值越大,用水的保障程度越高。因此,该指标为正向指标。

2. 用水总量与控制指标的比值

该指标是最严格水资源管理制度中"水资源开发利用控制红线"的直接体现。计算公式为

用水总量与控制指标的比值＝地区年用水总量/年用水总量控制指标

对于规划年份来说,地区年用水总量用需水量预测数据代替。山东省是全国首个实施最严格水资源管理制度的试点示范省,该制度是面对水资源禀赋条件较差的有效管理措施,是保障水资源可持续利用的重要举措。该值越小,表明用水总量越小,体现出该地区的水资源管理水平、可持续利用程度以及节水程度越高。因此,该指标为负向指标。

3. 万元 GDP 用水量

万元 GDP 用水量是指一定时期(通常为 1 年)内,每生产一个单位的 GDP 所消耗的水量,单位为 m³/万元。计算公式为

万元 GDP 用水量＝地区用水总量/GDP

此为成本型指标,可以表征该地区的用水水平,体现其节水程度。其数值越小,表明其节水水平和节水程度越高。因此,该指标为负向指标。

4. 人均日生活用水量

人均日生活用水量是指一定研究时期内,每一用水人口平均每天的生活用水量,单位为 L/(人·d)。计算公式为

人均日生活用水量＝研究期生活用水量/(研究期用水人数×研究期日历天数)×1 000

在本书中,研究期为 1 年。生活用水量是指人类日常生活所需用的水量,包括城镇生活用水和农村生活用水。人均日生活用水量是生活用水总量分摊在每个人身上的水量,反映了生活用水的水平及节水水平。其数值越低,表明节水水平越高;数值越高,表明对水资源的需求越大,对水资源安全造成一定的威胁。因此,该指标为负向指标。

5. 万元工业增加值用水量

万元工业增加值用水量是指每创造 1 万元工业增加值所消耗的水量,单位为 m³/万元。计算公式为

万元工业增加值用水量＝工业用水量/工业增加值

其中,工业用水量指工矿企业在生产过程中用于制造、加工、冷却(包括火电直流冷却)、空调、净化、洗涤等方面的用水,按新水取用量计,不包括企业内部的重复利用水量。工业增加值是指工业企业在报告期(通常为 1 年)内以货币形式表现的工业生产活动的最终成果,是工业企业全部生产活动的总成果扣除在生产过程中消耗或转移的物质产品和劳务价值后的余额,是工业企业生产过程中新增加的价值。

该指标用于表征工业用水水平,体现工业节水的程度。其数值越小,表明工业节水水平越高;反之越低。因此。该指标为负向指标。

6. 农田灌溉水有效利用系数

农田灌溉水有效利用系数是指灌溉期内,灌溉面积上不包括深层渗漏与田间流失的实际有效利用水量与渠道头进水总量之比。计算公式为

农田灌溉水有效利用系数＝农田有效利用水量/渠道头进水总量

该指标是衡量农业节水效果的关键指标,反映了农业用水效率和用水管理水平。其

数值越大,表明用水效率越高。因此,该指标为正向指标。

7. 工业水重复利用率

工业水重复利用率是指在一定时期内,工业重复用水量与工业总用水量(包括新鲜用水量与重复水量)的比值,以%计。计算公式为

$$工业水重复利用率 = 工业重复用水量/工业总用水量 \times 100\%$$

该指标是反映工业节水水平、工业的科技含量及工业节水潜力的指标。提高工业水重复利用率是节约用水、降低单位产出耗水量的重要措施,同时可以减少废水排放,进而降低对水生态环境的污染。在水资源短缺和水污染严重的形势下,提高工业水重复利用率是解决缺水地区水资源问题的一种有效方法。因此,该指标为正向指标。

8. 城镇供水管网漏损率

城镇供水管网漏损率是反映城市供水系统供水效率的指标,是衡量城市节水水平的重要指标,以%计。计算公式为

$$城镇供水管网漏损率 = (供水总量 - 有效供水总量)/供水总量 \times 100\%$$

该数值越小,表明管网损失越小,节水水平越高。因此,该指标为负向指标。

9. 水资源开发利用率

水资源开发利用率是评价地区水资源开发与利用水平的特征指标,用地区用水量(减去跨流域调水的用水量)占水资源总量的比率来表征,以%计。计算公式为

$$水资源开发利用率 = 地区用水量/水资源总量 \times 100\%$$

该指标涉及水资源量和水资源开发利用量,能很好地反映地区水资源的开发程度,进而判断其水资源开发潜力。其数值越大,说明该地区的水资源开发程度越大,其潜力就越小。因此,该指标为负向指标。

3.1.2.3 防洪减灾指标

1. 防洪标准达标率

防洪标准达标率是指达到设计标准的各种防洪保护对象或工程的个数占总个数的比例,以%计。计算公式为

$$防洪标准达标率 = 各种防洪保护对象或工程达标个数/总个数 \times 100\%$$

该指标反映了地区防洪工程的达标程度及其抵抗洪水灾害的能力。因此,该指标为正向指标。

2. 洪涝灾害损失占 GDP 的比例

洪涝灾害损失占 GDP 的比例是指一定时期(通常为 1 年)内,洪涝灾害带来的损失占GDP 的比例,以%计。计算公式为

$$洪涝灾害损失占 GDP 的比例 = 洪涝灾害损失金额/GDP \times 100\%$$

该指标反映了洪涝灾害造成损失的严重程度,对社会稳定、经济发展具有重要意义,体现了地区防治和管理洪水灾害的综合水平。其数值越小,表明地区防洪减灾的能力越强。因此,该指标为负向指标。

3. 水利工程投资占 GDP 的比例

水利工程投资占 GDP 的比例是指一定时期内,地区水利工程投资金额占当年地区国内生产总值的百分比,以%计。计算公式为

水利工程投资占 GDP 的比例＝水利工程投资总额/GDP×100%

该指标反映了政府对水利环境的重视程度,水利工程设施的完备和建设覆盖可以在一定程度上减轻水涝等灾害对地区的影响,可以在一定程度上反映该地区防灾减灾的能力。因此,该指标为正向指标。

3.1.2.4 水生态环境指标

1. 水功能区水质达标率

水功能区水质达标率是指达到水功能区划要求的水质断面数占总监测断面的比例,以%计。计算公式为

水功能区水质达标率＝达标的水质断面数量/总监测断面数量×100%

该指标反映了地区水体水质对水资源开发利用以及经济发展对水质的满足程度,该值越大,表明水质条件越优,水安全保障程度越高。因此,该指标为正向指标。

2. 万元 GDP 废水排放量

万元 GDP 废水排放量是指每创造万元的地区国内生产总值所排放的废污水量,单位为 m³/万元。计算公式为

万元 GDP 废水排放量＝废水排放总量/GDP

该指标数值越大,代表经济发展对水体的污染越大,对水生态环境的影响就越大。因此,该指标为负向指标。

3. 入河废污水中 COD 浓度

入河废污水中 COD 浓度是指一定时期内,地区排放的入河废污水中 COD 的质量与入河废污水排放总质量的比值,单位为 t/万 t。计算公式为

入河废污水中 COD 浓度＝入河废污水中 COD 的质量(t)/入河废污水量(万 t)×100%

COD 即为化学需氧量,是水体污染重点监测污染物之一,常常被作为衡量水中有机物质含量多少的指标。COD 浓度与水体受有机物污染的严重程度成正比。因此,该指标为负向指标。

4. 水生生物多样性指数

水生生物多样性指数采用 Shannon-Wiener 指数来表征,计算公式为

$$H = -\sum_{i=1}^{s} (n_i/N)\ln(n_i/N)$$

式中:N 为所有物种个数;n_i 为单个物种个体数;S 为种数。

H 的大小意味着群落多样性的高低,其值越大,多样性就越高;反之亦然。因此,该指标为正向指标。

5. 城市污水处理率

城市污水处理率是指经排水管网进入污水处理厂处理的城市污水量占污水排放总量的百分比,以%计。计算公式为

城市污水处理率＝城市污水处理量/污水排放总量×100%

该指标反映了城市污水处理能力和处理水平,其数值越大,污水排放后对水质的影响越小,水生态环境安全的保障程度越高。因此,该指标为正向指标。

6. 城市再生水利用率

城市再生水利用率=污水再生利用量/污水处理总量×100%

该指标体现了地区污水资源化能力。其中污水再生利用量包括三部分:再生水厂出水量;通过专用供水管线将污水处理厂出水输送至用水企业,并由用水企业处理后使用的水量;污水处理厂出水符合《再生水水质标准》(SL 368—2006),并直接用于生态环境和农业灌溉的水量。城市再生水利用率越高,表明污水资源化能力越大,水生态环境安全方面的保障程度越大。因此,该指标为正向指标。

3.1.2.5 水管理指标

1. 现代水管理体系健全程度

健全的现代水管理体系应表现在以下几个方面:完善的水资源高效管理机制,形成促进水资源开发利用、优化配置和节约保护的强大合力;水资源对转变经济发展方式的倒逼机制真正形成,产业布局、园区开发、城市建设等充分考虑了水资源、水环境的承载能力,以水定城、以水定人、以水定产、以水定发展真正落到实处;"谁破坏、谁补偿、谁受益、谁负担"的水资源生态补偿机制落实到位,水生态持续保护能力不强;依法保护、促进节约、规范运作的水权水市场制度全面建立,市场在水资源配置中的作用充分发挥;河库管理保护能力强;水利融资能力强,社会资本进入水利工程建设领域的积极性高,政府投资的放大效应充分发挥;完善的水利政策法规体系,水利执法专业力量强;专业化、多元化治水机制健全,社会参与治水积极性强,部门协同治水力度强,全社会治水兴水格局全面形成。

2. 水利管理的智慧化水平

高水平的水利管理智慧化的特征为:水利信息采集站网健全,具有覆盖大中小型河流、水库的雨水情监测站网,覆盖粮食主产区、高效经济区和经常受旱区墒情监测站网,覆盖所有市县监测断面、城乡饮用水水源地、大中型水库和主要湖泊、主要水功能区、规模以上取水户和大型灌区的水资源监测站网;水利信息传输处理站网健全,具有覆盖到县和重点水利工程的水利信息化骨干网络,具有完善的水利数据中心及水利信息共享平台;具有综合型涉水业务应用系统、应急指挥平台及水利电子政务系统等。

通过查阅山东省淮河流域所属地市 2010~2018 年的水资源公报、水利年鉴、统计年鉴、山东省统计年鉴及各类论文等资料,计算得到山东省淮河流域三个较大的水资源三级区(湖东区、湖西区、沂沭河区)的指标数据;通过水资源供需平衡分析以及查阅山东省和各地市的《水安全保障规划》,得到规划水平年 2035 年的指标数据,见表 3-2~表 3-4。

3.1.3 评价指标标准特征值的确定

为了将各个量纲不同的指标合成一个综合评价结果,需要对每个指标进行无量纲化处理,即将各个指标与其标准特征值进行比较。因此,指标标准特征值在评价过程中是很重要的量,它是衡量人们对被评价对象满意程度的标准,反映了在一定时期内人们对评价对象发展水平的要求。

水安全综合评价标准要具有能够反映流域水安全状况等级,还需具有科学性和可靠性。本章通过参考地表水环境质量标准、国家发展综合规划要求以及已有的研究成果,确定了各评价指标的标准特征值,本标准划分为 5 级,即Ⅰ级——十分安全、Ⅱ级——安全、Ⅲ级——基本安全、Ⅳ级——不安全和Ⅴ级——极不安全,各指标的标准特征值见表 3-5。

表 3-2　山东省淮河流域湖东区水安全综合评价指标值

目标层	准则层	指标层	2010年	2011年	2012年	2013年	2014年	2015年	2016年	2017年	2018年	2035年
水安全评价指标	社会	人口自然增长率（‰）	5.874	6.124	5.254	5.481	8.577	6.300	10.408	10.449	9.312	5
	经济	人均GDP（万元/人）	3.44	3.86	4.45	4.95	5.26	5.46	6.24	6.77	6.87	8
		城镇化率（%）	26.6	26.6	26.0	47.2	48.2	52.1	52.4	55.9	57.1	65
		第三产业增加值比例（%）	33.5	34.6	35.6	36.7	42.0	44.4	45.2	43.4	44.3	50
	水资源	人均水资源量（m³/人）	265.5	281.7	147.5	193.8	141.0	166.0	253.7	281.6	297.7	300
		用水总量与控制指标的比值	0.940	0.910	0.839	0.889	0.850	0.857	0.829	0.764	0.775	0.85
		万元GDP用水量（m³/万元）	71.7	61.5	50.5	45.3	41.3	40.1	33.7	28.9	28.2	27.6
		人均日生活用水量[L/(人·d)]	79.8	79.4	76.3	76.2	76.0	75.8	76.1	72.6	73.9	80
		万元工业增加值用水量（m³/万元）	19.03	18.60	14.26	14.57	14.63	14.30	14.16	12.97	12.60	9.71
		农田灌溉水有效利用系数	0.5393	0.5417	0.5441	0.5467	0.5474	0.5655	0.7226	0.7248	0.7274	0.7517
		工业水重复利用率（%）	79.5	81.8	83.4	84.6	84.9	84.7	85.1	85.3	85.8	91.7
		城镇供水管网漏损率（%）	21.8	21.1	20.6	22.6	19.1	19.4	19.3	15.2	14.4	8
		水资源开发利用率（%）	69.5	69.6	163.7	123.4	136.2	124.0	76.8	67.5	61.4	60
	防洪减灾	防洪标准达标率（%）	52.3	56.9	60.8	62.7	68.2	70.1	73.6	78.9	82.6	85
		洪涝灾害损失占GDP的比例（%）	0.684	0.540	0.036	0.414	0.396	0.486	0.810	0.612	0.432	0.307
		水利工程投资占GDP的比例（%）	0.0916	0.0753	0.0566	0.0243	0.1224	0.0307	0.0264	0.0909	0.1588	0.5
	水生态环境	水功能区水质达标率（%）	33.1	48.5	64.6	77.4	77.6	78.3	82.1	82.2	80.3	92.9
		万元GDP废水排放量（m³/万元）	13.78	12.10	10.63	7.46	6.79	6.47	5.32	5.26	5.49	5
		入河污水中COD浓度（t/万t）	0.443	0.367	0.396	0.303	0.283	0.260	0.220	0.193	0.174	0.154
		水生生物多样性指数	1.53	1.63	1.79	2.06	2.19	2.33	2.48	2.63	2.79	3
		城市污水处理率（%）	84.6	90.6	93.1	94.6	95.3	95.7	95.4	96.7	96.4	98.3
		城市再生水利用率（%）	14.3	49.6	38.6	41.8	54.5	59.6	57.4	54.2	50.3	60
	水管理	现代水管理体系健全程度	不健全	不健全	不健全	一般健全	一般健全	一般健全	一般健全	一般健全	一般健全	一般健全
		水利管理的智慧化水平	低	低	低	低	低	中	中	中	中	中

表 3-3　山东省淮河流域湖西区水安全综合评价指标值

目标层	准则层	指标层	2010 年	2011 年	2012 年	2013 年	2014 年	2015 年	2016 年	2017 年	2018 年	2035 年
水安全评价指标	社会	人口自然增长率(‰)	16.984	8.702	8.503	8.902	11.146	11.717	12.461	8.435	8.532	6
	经济	人均 GDP(万元/人)	1.56	1.96	2.23	2.53	2.72	2.90	3.05	3.37	3.58	5
		城镇化率(%)	29.8	33.7	37.0	39.8	41.4	43.6	45.4	47.9	48.2	55
		第三产业增加值比例(%)	43.0	31.7	32.9	34.1	36.6	50.3	49.5	39.5	40.4	50
	水资源	人均水资源量(m³/人)	281.0	324.6	150.1	161.0	199.4	225.7	254.1	239.4	261.0	300
		用水总量与控制指标的比值	0.901	0.940	0.966	0.972	0.896	0.898	0.923	0.838	0.881	0.85
		万元 GDP 用水量(m³/万元)	172.6	157.1	135.0	120.3	104.6	97.5	95.2	78.0	77.0	50
		人均日生活用水量[L/(人·d)]	63.7	67.1	67.8	69.3	70.5	69.1	69.2	68.7	71.7	80
		万元工业增加值用水量(m³/万元)	21.58	19.25	15.91	12.99	11.79	12.22	12.18	11.26	11.04	10.03
		农田灌溉水有效利用系数	0.531 7	0.553 4	0.575 1	0.531 1	0.560 4	0.569 3	0.556 3	0.621 0	0.629 1	0.68
		工业水重复利用率(%)	68.4	69.6	70.7	71.9	72.9	74.1	75.1	76.3	76.8	90
		城镇供水管网漏损率(%)	24.5	23.5	22.4	21.6	21.4	20.9	21.7	21.6	21.2	8
		水资源开发利用率(%)	45.4	58.8	126.9	112.2	91.8	78.2	68.4	63.9	62.9	60
	防洪减灾	防洪标准达标率(%)	50.3	53.6	58.9	61.7	65.3	68.6	70.7	76.8	80.6	85
		洪涝灾害损失占 GDP 的比例(%)	0.600	0.480	0.150	0.375	0.360	0.435	0.705	0.540	0.390	0.328
		水利工程投资占 GDP 的比例(%)	0.161 6	0.046 6	0.124 1	0.052 6	0.042 9	0.173 5	0.036 7	0.028 3	0.007 1	0.5
	水生态环境	水功能区水质达标率(%)	17.5	33.5	49.5	65.5	77.5	77.5	78.0	78.0	83.9	92.6
		万元 GDP 废水排放量(m³/万元)	13.91	14.75	12.27	11.00	10.69	10.80	10.00	8.76	8.14	5
		入河污水中 COD 浓度(t/万 t)	0.480	0.463	0.315	0.272	0.326	0.253	0.175	0.157	0.147	0.127
		水生生物多样性指数	1.36	1.45	1.59	1.83	1.95	2.07	2.20	2.34	2.48	3
		城市污水处理率(%)	67.1	81.8	79.2	90.8	95.8	95.9	96.4	96.9	97.1	98.8
		城市再生水利用率(%)	19.7	30.5	36.9	32.0	26.6	23.8	18.3	16.6	20.8	50
	水管理	现代水管理体系健全程度	不健全	不健全	不健全	一般健全	一般健全	中	一般健全	一般健全	一般健全	一般健全
		水利管理的智慧化水平	低	低	低	低	低	中	中	中	中	中

表3-4 山东省淮河流域沂沭河区水安全综合评价指标值

目标层	准则层	指标层	2010年	2011年	2012年	2013年	2014年	2015年	2016年	2017年	2018年	2035年
水安全评价指标	社会	人口自然增长率(‰)	9.155	6.400	7.735	6.243	14.326	11.954	16.689	16.934	12.730	5
	经济	人均GDP(万元/人)	2.19	2.68	2.87	3.18	3.49	3.79	4.02	4.32	4.71	8
		城镇化率(%)	25.7	25.5	28.1	28.4	30.5	53.2	54.9	56.4	52.8	60
		第三产业增加值比例(%)	38.0	39.3	40.9	42.1	43.9	46.1	44.4	48.1	48.7	50
	水资源	人均水资源量(m³/人)	489.6	472.8	527.0	501.3	245.6	266.5	400.1	427.8	486.6	300
		用水总量与控制指标的比值	0.710	0.773	0.773	0.838	0.810	0.815	0.810	0.791	0.832	0.85
		万元GDP用水量(m³/万元)	73.6	66.1	59.8	51.4	45.3	44.4	43.5	37.1	34.2	29.5
		人均日生活用水量[L/(人·d)]	62.2	62.1	62.9	62.8	62.9	69.3	74.6	71.1	71.4	80
		万元工业增加值用水量(m³/万元)	15.03	14.11	12.14	10.97	11.04	9.39	13.21	12.20	10.67	7.34
		农田灌溉水有效利用系数	0.540 5	0.492 2	0.495 8	0.628 4	0.627 1	0.632 2	0.634 7	0.639 5	0.647 3	0.684 2
		工业水重复利用率(%)	64.2	63.1	64.2	67.3	69.8	70.4	71.9	70.2	75.7	90
		城镇供水管网漏损率(%)	20.5	17.6	20.0	16.6	14.1	11.6	13.9	14.6	13.5	8.2
		水资源开发利用率(%)	40.0	50.7	45.9	43.1	102.1	86.1	54.9	49.7	38.9	60
	防洪减灾	防洪标准达标率(%)	60.2	65.6	67.8	70.1	73.7	75.4	79.5	81.6	83.5	85
		洪涝灾害损失占GDP的比例(%)	0.760	0.600	0.400	0.520	0.510	0.540	0.900	0.680	0.480	0.330
		水利工程投资占GDP的比例(%)	0.400 9	0.095 4	0.069 5	0.063 1	0.048 3	0.038 1	0.017 8	0.066 7	0.070 2	0.5
	水生态环境	水功能区水质达标率(%)	66.9	71.5	72.9	73.8	74.3	75.8	84.1	79.7	80.1	95.6
		万元GDP废水排放量(m³/万元)	13.44	12.33	11.31	11.60	11.62	11.74	10.78	9.81	9.01	8
		入河废污水中COD浓度(t/万t)	0.44	0.43	0.72	0.61	0.62	0.34	0.35	0.39	0.30	0.19
		水生生物多样性指数	1.61	1.71	1.88	2.17	2.31	2.45	2.61	2.77	2.94	3
		城市污水处理率(%)	93.1	94.0	96.6	94.2	93.2	94.9	95.5	96.6	97.6	98.2
		城市再生水利用率(%)	2.9	7.5	4.8	4.3	6.3	6.6	5.5	5.4	8.0	50
	水管理	现代水管理体系健全程度	不健全	不健全	不健全	一般健全	一般健全	一般健全	一般健全	一般健全	一般健全	一般健全
		水利管理的智慧化水平	低	低	低	低	低	中	中	中	中	中

表 3-5　流域水安全综合评价指标标准值

目标层	准则层	指标层	I	II	III	IV	V
水安全评价指标	社会	人口自然增长率(‰)	<2	[2,8)	[8,15)	[15,20)	≥20
		人均 GDP(万元/人)	≥4	[2,4)	[1,2)	[0.5,1)	<0.5
	经济	城镇化率(%)	<30	[30,40)	[40,50)	[50,60)	≥60
		第三产业增加值比例(%)	≥50	[40,50)	[20,40)	[10,20)	<10
	水资源	人均水资源量(m³/人)	≥800	[650,800)	[500,650)	[350,500)	<350
		用水总量与控制指标的比值	<0.8	[0.8,0.9)	[0.9,1)	[1,1.1)	≥1.1
		万元 GDP 用水量(m³/万元)	<20	[20,70)	[70,100)	[100,150)	≥150
		人均日生活用水量[L/(人·d)]	<120	[120,150)	[150,180)	[180,220)	≥220
		万元工业增加值用水量(m³/万元)	<20	[20,50)	[50,70)	[70,100)	≥100
		农田灌溉水有效利用系数	≥0.8	[0.7,0.8)	[0.5,0.7)	[0.4,0.5)	<0.4
		工业水重复利用率(%)	≥90	[80,90)	[60,80)	[50,60)	<50
		城镇供水管网漏损率(%)	<5	[5,10)	[10,15)	[15,20)	≥20
		水资源开发利用率(%)	<20	[20,40)	[40,60)	[60,80)	≥80
	防洪减灾	防洪标准达标率(%)	≥80	[60,80)	[40,60)	[20,40)	<20
		洪涝灾害损失占 GDP 的比例(%)	<0.1	[0.1,0.3)	[0.3,0.5)	[0.5,0.8)	≥0.8
		水利工程投资占 GDP 的比例(%)	≥1	[0.5,1)	[0.1,0.5)	[0.01,0.1)	<0.01
	水生态环境	水功能区水质达标率(%)	≥90	[80,90)	[70,80)	[50,70)	<50
		万元 GDP 废水排放量(m³/万元)	<10	[10,20)	[20,30)	[30,40)	≥40
		人河废污水中 COD 浓度(t/万 t)	<0.1	[0.1,0.3)	[0.3,0.5)	[0.5,0.7)	≥0.7
		水生生物多样性指数	≥3	[2,3)	[1.5,2)	[1,1.5)	<1
		城市污水处理率(%)	≥85	[70,85)	[55,70)	[40,55)	<40
		城市再生水利用率(%)	≥40	[20,40)	[10,20)	[5,10)	<5
	水管理	现代水管理体系健全程度	很健全	健全	一般健全	不健全	很不健全
		水利管理的智慧化水平	很高	高	中	低	很低

3.2　基于可变模糊集理论的水安全综合评价模型的建立

模糊性作为一种基本事实客观大量地存在于诸多工程领域,水安全综合评价也是动态可变的模糊概念。1965 年札德建立的模糊集理论,为模糊概念、事物、现象的研究提供了科学的理论与方法。2005 年陈守煜教授在工程模糊集理论与方法的基础上进一步创建了可变模糊集理论,在应用札德模糊集理论进行模糊水文水资源学研究的同时,针对该理论存在着绝对、静态、不变的理论缺憾,创造性地提出相对隶属度概念,建立了以相对隶属度概念为基础的工程模糊集理论、模型与方法,并进而将其发展为可变模糊集,第一次用严密的数学定理表达了唯物辩证法三大规律,成为沟通数学与哲学两大学科之间联系的桥梁。可变模糊集理论的相关模型、概念如下。

3.2.1　模糊可变集合定义

定义 1:设论域 U 上的一个模糊概念(事物、现象)A,对 U 中的任意元素 $u(u \in U)$,在相对隶属函数的连续统数轴任一点上,u 对表示吸引性质 $\underset{\sim}{A}$ 的相对隶属度为 $\mu_{\underset{\sim}{A}}(u)$,对表示排斥性质 $\underset{\sim}{A^c}$ 的相对隶属度为 $\mu_{\underset{\sim}{A^c}}(u)$,设

$$D_{\underset{\sim}{A}}(u) = \mu_{\underset{\sim}{A}}(u) - \mu_{\underset{\sim}{A^c}}(u) \tag{3-1}$$

称 u 对 A 的相对差异度。

映射

$$\left. \begin{array}{l} D_{\underset{\sim}{A}} : D \to [-1,1] \\ u \mapsto = D_{\underset{\sim}{A}}(u) \in [-1,1] \end{array} \right\} \tag{3-2}$$

称 u 对 A 的相对差异函数。

根据

$$\mu_{\underset{\sim}{A}}(u) + \mu_{\underset{\sim}{A^c}}(u) = 1 \tag{3-3}$$

则

$$D_{\underset{\sim}{A}}(u) = 2\mu_{\underset{\sim}{A}}(u) - 1 \tag{3-4}$$

或

$$\mu_{\underset{\sim}{A}}(u) = (1 + D_{\underset{\sim}{A}}(u))/2 \tag{3-5}$$

定义 2:令

$$V = \{(u,D) \mid u \in D, D_{\underset{\sim}{A}}(u) = \mu_{\underset{\sim}{A}}(u) - \mu_{\underset{\sim}{A^c}}(u), D \in [-1,1]\} \tag{3-6}$$

$$A_+ = \{u \mid u \in U, 0 < D_{\underset{\sim}{A}}(u) \leqslant 1\} \tag{3-7}$$

$$A_- = \{u \mid u \in U, -1 \leqslant D_{\underset{\sim}{A}}(u) \leqslant 0\} \tag{3-8}$$

$$A_0 = \{u \mid u \in U, D_{\underset{\sim}{A}}(u) = 0\} \tag{3-9}$$

式中:V 为模糊可变集合;A_+、A_-、A_0 分别为模糊可变集合 V 的吸引(为主)域、排斥(为主)域和渐变式质变界。

定义 3:设 C 是 V 的可变因子集

$$C = \{C_A, C_B, C_C\} \tag{3-10}$$

式中:C_A 为可变模糊集;C_B 为可变模型参数集;C_C 为除模型及其参数外的可变其他因子集。

令

$$A^- = C(A_+) = \{u \mid u \in U, 0 < D_{\underset{\sim}{A}}(u) \le 1, -1 \le D_{\underset{\sim}{A}}(C(u)) < 0\} \tag{3-11}$$

$$A^+ = C(A_-) = \{u \mid u \in U, -1 \le D_{\underset{\sim}{A}}(u) < 0, 0 < D_{\underset{\sim}{A}}(C(u)) \le 1\} \tag{3-12}$$

统一称为模糊可变集合 V 关于可变因子集 C 的可变域。

令

$$A^{(+)} = C(A_{(+)}) = \{u \mid u \in U, 0 < D_{\underset{\sim}{A}}(u) \le 1, 0 < D_{\underset{\sim}{A}}(C(u)) \le 1\} \tag{3-13}$$

$$A^{(-)} = C(A_{(-)}) = \{u \mid u \in U, -1 \le D_{\underset{\sim}{A}}(u) < 0, -1 \le D_{\underset{\sim}{A}}(C(u)) < 0\}$$

$$\tag{3-14}$$

统一称为模糊可变集合 V 关于可变因子集 C 的量变域。

3.2.2　相对差异函数模型

设 $X_0 = [a, b]$ 为实轴上模糊可变集合 V 的吸引(为主)域,即 $0 < D_{\underset{\sim}{A}}(u) \le 1$ 区间,$X = [c, d]$ 为包含 $X_0(X_0 \subset X)$ 的某一上、下界范围域区间,如图 3-1 所示。

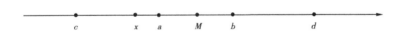

图 3-1　点 x、M 与区间 X、X_0 的位置关系

根据模糊可变集合 V 定义可知 $[c, a]$ 与 $[b, d]$ 均为 V 的排斥域,即 $-1 \le D_{\underset{\sim}{A}}(u) < 0$ 区间。设 M 为吸引(为主)域区间 $[a, b]$ 中 $D_{\underset{\sim}{A}}(u) = 1$ 的点值,按物理分析确定,M 不一定是区间 $[a, b]$ 的中点值。x 为 X 区间内的任意点的量值,则 x 落入 M 点左侧时的相对差异函数模型可为

$$\begin{cases} D_{\underset{\sim}{A}}(u) = \left[\dfrac{x - a}{M - a}\right]^{\beta} & x \in [a, M] \\[3mm] D_{\underset{\sim}{A}}(u) = -\left[\dfrac{x - a}{c - a}\right]^{\beta} & x \in [c, a] \end{cases} \tag{3-15}$$

x 落入 M 点右侧时的相对差异函数模型为

$$\begin{cases} D_{\underset{\sim}{A}}(u) = \left[\dfrac{x - b}{M - b}\right]^{\beta} & x \in [M, b] \\[3mm] D_{\underset{\sim}{A}}(u) = -\left[\dfrac{x - b}{d - b}\right]^{\beta} & x \in [b, d] \end{cases} \tag{3-16}$$

$$D_A(u) = -1 \quad x \notin (c,d) \tag{3-17}$$

$$\mu_A(u) = [1 + D_A(u)]/2 \tag{3-18}$$

式(3-15)、式(3-16)中 β 为非负指数,通常可取 β 为 1,即相对差异函数模型为线性函数,式(3-15)、式(3-16)满足:①当 $x=a$、$x=b$ 时,$D_A(u) = 0$;②当 $x=M$ 时,$D_A(u) = 1$;③当 $x=c$、$x=d$ 时,$D_A(u) = -1$。$D_A(u)$ 确定以后,根据式(3-18)可求解相对隶属度 $\mu_A(u)$。

3.2.3 可变模糊评价模型

设有样本集的指标(或目标)特征值矩阵 $X = (x_{ij})_{m \times n}$,其中 x_{ij} 为样本 j 指标 i 的特征值,$i = 1,2,\cdots,m$;$j = 1,2,\cdots,n$。如样本集依据 m 个指标按 c 个状态或级别的已知指标标准特征值进行识别,则有指标标准特征值矩阵 $Y = (y_{ih})_{m \times c}$,其中 y_{ih} 为状态或级别 h 指标 i 的标准特征值,$h = 1,2,\cdots,c$。

参照指标标准特征值矩阵确定可变集合的吸引(为主)域矩阵与范围域矩阵:

$$I_{ab} = ([a_{ih}, b_{ih}]) \tag{3-19}$$

$$I_{cd} = ([c_{ih}, d_{ih}]) \tag{3-20}$$

根据水安全综合评价指标的 c 个级别确定吸引(为主)域 $[a_{ih}, b_{ih}]$ 中 $D_A(x_{ij})_h = 1$ 的点值 M_{ih} 的矩阵:

$$M = (M_{ih}) \tag{3-21}$$

判断样本特征值 x_{ij} 在 M_{ih} 点的左侧还是右侧,据此选用式(3-15)、式(3-16)计算差异度 $D_A(x_{ij})_h$,再由式(3-18)计算指标对 h 级的相对隶属度 $\mu_A(x_{ij})_h$ 矩阵:

$$[U_h] = (\mu_A(x_{ij})_h) \tag{3-22}$$

根据参考文献,可变模糊评价模型为

$$_j u'_h = \cfrac{1}{1 + \left\{ \cfrac{\sum\limits_{i=1}^{m}[w_i(1-\mu_A(x_{ij})_h)^p]}{\sum\limits_{i=1}^{m}(w_i\mu_A(x_{ij})_h)^p})\right\}^{\alpha/p}} \tag{3-23}$$

式中:$_j u'_h$ 为非归一化的综合相对隶属度;α 为模型优化准则参数;w_i 为指标权重;m 为识别指标数;p 为距离参数,$p=1$ 为海明距离,$p=2$ 为欧氏距离。

由式(3-23)可得到非归一化的综合相对隶属度矩阵:

$$U' = (_j u'_h) \tag{3-24}$$

将式(3-24)归一化处理得到综合相对隶属度矩阵

$$U = (_j u_h) \tag{3-25}$$

其中

$$_j u_h = {_j u'_h} \Big/ \sum_{h=1}^{c} {_j u'_h} \tag{3-26}$$

根据模糊概念在分级条件下最大隶属度原则的不适用性,应用级别特征值:

$$H = (1, 2, \cdots, c) \circ U \tag{3-27}$$

对样本进行级别评价。

在水安全综合评价中,$h = 1, 2, 3, 4, 5$ 分别对应十分安全、安全、基本安全、不安全和极不安全五个等级,故当 $0 \leqslant H < 1.5$ 时为 I 级,即十分安全;$1.5 \leqslant H < 2.5$ 时为 II 级,即安全;$2.5 \leqslant H < 3.5$ 时为 III 级,即基本安全;$3.5 \leqslant H < 4.5$ 时为 IV 级,即不安全;$4.5 \leqslant H$ 时为 V 级,即极不安全。

3.3　流域水安全综合评价及分析

3.3.1　水安全综合评价

3.3.1.1　计算结果

采用 Matlab 编程进行求解,计算了湖东区、湖西区、沂沭河区 2010～2018 年、2035 年的级别特征值。以湖东区为例,详细说明其计算过程。

首先,计算各指标的可变集合的吸引(为主)域矩阵 I_{ab} 与范围矩阵 I_{cd} 以及点值 M 的矩阵分别为

$$I_{ab} = \begin{bmatrix} [0,2] & [2,8] & [8,15] & [15,20] & [20,25] \\ [10,4] & [4,2] & [2,1] & [1,0.5] & [0.5,0] \\ \cdots & \cdots & \cdots & \cdots & \cdots \\ [0,1.5] & [1.5,2.5] & [2.5,3.5] & [3.5,4.5] & [4.5,5] \\ [0,1.5] & [1.5,2.5] & [2.5,3.5] & [3.5,4.5] & [4.5,5] \end{bmatrix}$$

$$I_{cd} = \begin{bmatrix} [0,8] & [0,15] & [2,20] & [8,25] & [15,25] \\ [10,2] & [10,1] & [4,0.5] & [2,0] & [1,0] \\ \cdots & \cdots & \cdots & \cdots & \cdots \\ [0,2.5] & [0,3.5] & [1.5,4.5] & [2.5,5] & [3.5,5] \\ [0,2.5] & [0,3.5] & [1.5,4.5] & [2.5,5] & [3.5,5] \end{bmatrix}$$

$$M = \begin{bmatrix} 0 & 2 & 11.5 & 20 & 25 \\ 10 & 4 & 1.5 & 0.5 & 0 \\ \cdots & \cdots & \cdots & \cdots & \cdots \\ 0 & 1.5 & 3 & 4.5 & 5 \\ 0 & 1.5 & 3 & 4.5 & 5 \end{bmatrix}$$

然后,根据式(3-15)～式(3-18)计算不同年份对各个级别水安全状况的相对隶属度 $\mu_A(u)$,如下:

$$\mu_A(u) = \begin{bmatrix} 0.177\,2 & 0.36 & 0.556\,7 & 0 & 0 & 0 & 0 & 0.835 & 0.524\,2 & 0 \\ 0.677\,2 & 0.86 & 0.443\,3 & 0.337\,5 & 0 & 0.3 & 0.471\,7 & 0.165 & 0.475\,8 & 0.098\,3 \\ 0.322\,8 & 0.14 & 0 & 0.825 & 0 & 0.9 & 0.556\,7 & 0 & 0 & 0.696\,5 \\ 0 & 0 & 0 & 0.162\,5 & 0.331 & 0.2 & 0.028\,3 & 0 & 0 & 0.401\,7 \\ 0 & 0 & 0 & 0 & 0.669 & 0 & 0 & 0 & 0 & 0 \end{bmatrix}$$

最后,取 $p=2,\alpha=1$,且认为各指标等权重的情况下,根据式(3-23)~式(3-27)计算不同年份对各个级别水安全状况的级别特征值。湖东区、湖西区和沂沭河区的级别特征值、隶属等级及排序列入表 3-6 中,其级别特征值及排序绘制于图 3-2、图 3-3 中。

表 3-6 级别特征值、隶属级别及排序

	年份	2010 年	2011 年	2012 年	2013 年	2014 年	2015 年	2016 年	2017 年	2018 年	2035 年
湖东区	级别特征值	2.981 8	2.865 9	2.833 4	2.856 8	2.798 3	2.781 8	2.743 1	2.603 7	2.564 7	2.341 6
	隶属级别	Ⅲ	Ⅲ	Ⅲ	Ⅲ	Ⅲ	Ⅲ	Ⅲ	Ⅲ	Ⅲ	Ⅱ
	排序	10	9	7	8	6	5	4	3	2	1
湖西区	级别特征值	3.104 2	3.042 4	2.989 6	2.952 8	2.887 5	2.808 9	2.830 4	2.778 3	2.729 1	2.375 6
	隶属级别	Ⅲ	Ⅲ	Ⅲ	Ⅲ	Ⅲ	Ⅲ	Ⅲ	Ⅲ	Ⅲ	Ⅱ
	排序	10	9	8	7	6	4	5	3	2	1
沂沭河区	级别特征值	2.880 6	2.775 2	2.849 3	2.741 2	2.832 2	2.785 3	2.822 9	2.761 4	2.541 6	2.429
	隶属级别	Ⅲ	Ⅲ	Ⅲ	Ⅲ	Ⅲ	Ⅲ	Ⅲ	Ⅲ	Ⅲ	Ⅱ
	排序	10	5	9	3	8	6	7	4	2	1

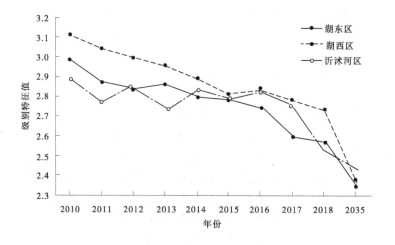

图 3-2 级别特征值变化曲线

3.3.1.2 结果分析

由表 3-6 和图 3-2、图 3-3 可以看出,三个分区级别特征值总体呈现逐渐减小的变化趋势,表明其水安全状况逐年转好。以下分别分析三个分区的评价结果。

1. 湖东区

湖东区级别特征值曲线总体呈现下降趋势,2010~2015 年下降,2015~2016 年上升,2016~2035 年下降。从隶属级别角度看,2010~2018 年湖东区水安全状况均为Ⅲ级,级别没有变化,2035 年为Ⅱ级。就排序而言,曲线总体呈下降趋势,仅在 2016 年有小幅度上

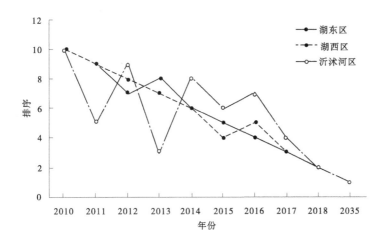

图 3-3　排序变化曲线

升。2010~2018 年中,2018 年级别特征值最小,水安全状况最优,2010 年级别特征值最大,水安全状况最差;规划水平年 2035 年的级别特征值均小于实测年份,表明未来水安全状况有转优的趋势。

2. 湖西区

湖西区级别特征值曲线与湖西区类似,总体呈现下降趋势,2010~2012 年下降,2012 年、2013 年上升,2013~2016 年下降,2016 年、2017 年上升,2017~2035 年下降。从隶属级别角度看,2010~2018 年、2035 年湖西区水安全状况均为Ⅲ级,级别没有变化。就排序而言,曲线总体呈下降趋势,2013 年、2017 年有小幅度上升。2010~2018 年中,2018 年级别特征值最小,水安全状况最优,2010 年级别特征值最大,水安全状况最差;规划水平年 2035 年的级别特征值均小于实测年份,表明未来水安全状况有转优的趋势。

3. 沂沭河区

沂沭河区级别特征值曲线与湖东区、湖西区差别较大,呈现波浪式下降趋势,2010~2017 年曲线呈现在均值附近上下波动,共有 4 个下降段和 3 个上升段,2017~2035 年曲线呈现大幅度的下降趋势。从隶属级别角度看,2010~2018 年沂沭河区水安全状况均为Ⅲ级,级别没有变化,2035 年为Ⅱ级。就排序而言,曲线呈现波浪式下降趋势,2012 年、2014 年、2016 年为上升年份。2010~2018 年中,2018 年级别特征值最小,水安全状况最优,2010 年级别特征值最大,水安全状况最差;规划水平年 2035 年的级别特征值均小于实测年份,表明未来水安全状况有转优的趋势。

从三个分区的级别特征值曲线来看,湖西区在 2010~2018 年的级别特征曲线在其他两个分区特征曲线的上方,即级别特征值最大,表明湖西区在 2010~2018 年的水安全状况劣于其他两个分区;湖东区在 2012 年、2014 年、2015~2017 年、2035 年级别特征值最小,表明在上述年份,湖东区的水安全状况优于其他两个分区;沂沭河区在 2010 年、2011 年、2013 年、2018 年级别特征值最小,表明在上述年份,沂沭河区的水安全状况优于其他两个分区,在 2035 年的级别特征值最大,表明规划水平年 2035 年沂沭河区的水安全状况最差。

综上所述,2010~2018 年湖东区、湖西区、沂沭河区水资源均为中等安全,这与山东省淮河流域水资源禀赋条件和社会经济状况密不可分。山东省淮河流域存在水资源量少且时空分布不均衡、人口密度大、农业产业为主以及工业发展相对缓慢等问题,造成其中等的水安全状况。然而,由于最严格水资源管理制度、河湖长制、水生态文明建设以及山东省新旧动能转化等政策的实施,造成各分区水安全状况有逐年转优的变化趋势。为了进一步提高各分区水安全状况,需要进一步探究各评价指标对评价结果的影响程度,以便有针对性地提出改善措施。

3.3.2 水安全关键影响因素分析

本章通过求解流域水安全状况平均构成分析流域水安全的关键影响要素。指标的权重和数值是影响评价结果的两个重要方法,所以为了分析各分区水安全状况的构成,首先依据式(3-18)求出指标 i 在第 j 年对于不同级别的相对隶属度,再对其进行归一化处理;然后,采用式(3-27)求解指标 i 在第 j 年的级别特征值;最后,对 2010~2018 年、2035 年指标 i 的级别特征值求算数平均,并与其对应的权重相乘即得水安全状况平均构成,见表 3-7,据此绘制三个分区的雷达图见图 3-4~图 3-6。在图中,评价指标的值越大,表明其对评价结果的影响越大;反之亦然。图中数字 1 表示第一个指标层指标"人口自然增长率",数字 2 表示第二个指标层指标"人均 GDP",以此类推。

表 3-7　三个分区的水安全状况平均构成

指标层	湖东区	湖西区	沂沭河区
人口自然增长率(‰)	0.098 8	0.117 7	0.120 2
人均 GDP(万元/人)	0.059 2	0.088 7	0.073 5
城镇化率(%)	0.129 4	0.113 2	0.114 9
第三产业增加值比例(%)	0.097 2	0.097 5	0.087 9
人均水资源量(m³/人)	0.197 3	0.196 7	0.165 6
用水总量与控制指标的比值	0.085 2	0.106 8	0.067 6
万元 GDP 用水量(m³/万元)	0.083 2	0.148 1	0.087 2
人均日生活用水量[L/(人·d)]	0.047 4	0.045 0	0.044 4
万元工业增加值用水量(m³/万元)	0.056 8	0.056 7	0.053 8
农田灌溉水有效利用系数	0.116 4	0.128 2	0.125 9
工业水重复利用率(%)	0.084 8	0.115 1	0.121 8
城镇供水管网漏损率(%)	0.168 0	0.185 3	0.144 9
水资源开发利用率(%)	0.176 9	0.163 9	0.134 8

续表 3-7

指标层	湖东区	湖西区	沂沭河区
防洪标准达标率(%)	0.086 9	0.090 4	0.076 5
洪涝灾害损失占 GDP 的比例(%)	0.135 2	0.130 7	0.153 2
水利工程投资占 GDP 的比例(%)	0.153 8	0.143 8	0.153 6
水功能区水质达标率(%)	0.123 5	0.134 6	0.114 8
万元 GDP 废水排放量(m³/万元)	0.060 4	0.069 2	0.069 9
入河废污水中 COD 浓度(t/万 t)	0.100 1	0.099 1	0.133 2
水生生物多样性指数	0.099 1	0.111 3	0.094 5
城市污水处理率(%)	0.050 6	0.060 0	0.048 1
城市再生水利用率(%)	0.058 6	0.091 4	0.166 0
现代水管理体系健全程度	0.133 3	0.133 3	0.133 3
水利管理的智慧化水平	0.141 7	0.141 7	0.141 7

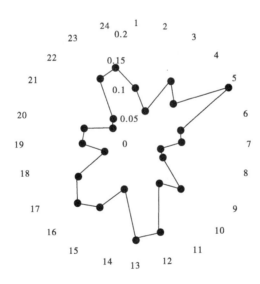

图 3-4　湖东区水安全状况平均构成雷达图

通过表 3-7,可得出三个分区影响水安全的关键因素。

3.3.2.1　湖东区

湖东区水安全状况平均构成排在前 8 位的指标由大到小排列为人均水资源量、水资源开发利用率、城镇供水管网漏损率、水利工程投资占 GDP 的比例、水利管理的智慧化水平、洪涝灾害损失占 GDP 的比例、现代水管理体系健全程度及城镇化率,上述指标是导致

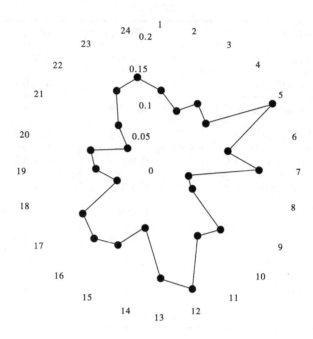

图 3-5　湖西区水安全状况平均构成雷达图

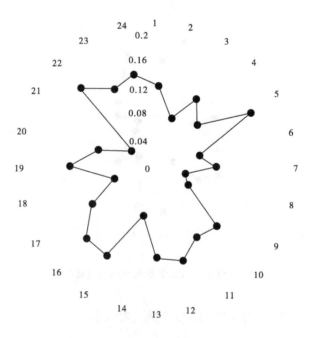

图 3-6　沂沭河区水安全状况平均构成雷达图

湖东区水安全综合评价结果的主要因素。由此看出,影响湖东区水安全状况的主要原因在于:①流域水资源量有限,导致人均水资源量小且开发利用率较高,同时由于输水管道年久失修导致输水过程中水量损失,故对水资源系统安全和供水安全造成威胁。②洪涝灾害损失占 GDP 的比例大的原因在于水利工程的防洪标准过低,流域防洪能力较弱,进而造成较大的洪涝灾害损失;水利工程投资占 GDP 的比例小,表明流域水利工程的修建工作无法满足流域防洪减灾的要求,上述两个方面影响了流域防洪减灾安全。③水利管理的智慧化水平和现代水管理体系健全程度不高,导致了无法实现水资源的高效管理,难以满足水生态环境的可持续发展,由于各类涉水灾害的预报预警不及时,导致较大的灾害损失,水利执法力度不够等问题,故对水管理安全造成威胁。

　　针对上述主要影响指标,提出如下提高湖东区水安全状况的措施:①普及污水回用技术和海绵城市建设,增加再生水、雨水等非常规水利用量,提高工业重复用水率、农田灌溉水有效利用系数等,减少新鲜用水量和管道漏损量,进而提高人均水资源量、降低水资源开发利用率和城镇供水管网漏损率;②增加水利工程投资,提高湖东区水利工程的防洪标准,加强防洪减灾工程的修建、加固和提标工作,进而提高流域的防洪减灾能力;③提高水利管理的智慧化水平,健全现代水管理体系,形成全方位的治水兴水格局,实现水生态文明建设。

3.3.2.2　湖西区

　　湖西区水安全状况平均构成排在前 8 位的指标由大到小排列为人均水资源量、城镇供水管网漏损率、水资源开发利用率、万元 GDP 用水量、水利工程投资占 GDP 的比例、水利管理的智慧化水平、水功能区水质达标率、现代水管理体系健全程度,上述指标是导致湖西区水安全综合评价结果的主要因素。由此看出,影响湖西区水安全状况的原因在于:①流域水资源量有限,导致人均水资源量小且开发利用率较高,同时由于输水管道年久失修导致输水过程中的水量损失,故对水资源系统安全和供水安全造成威胁;②水资源利用效率较低,工、农业及生活用水等节水水平不高,导致万元 GDP 用水量过大,故对水资源系统安全造成威胁;③水利管理的智慧化水平和现代水管理体系健全程度不高,导致了无法实现水资源的高效管理,难以满足水生态环境的可持续发展,由于各类涉水灾害的预报预警不及时导致较大的灾害损失,水利执法力度不够等问题,故对水管理安全造成威胁;④水利工程投资占 GDP 的比例小,表明政府对流域水利工程的修建工作重视程度不够,无法满足社会对水利工程的需求,故对防洪减灾安全造成威胁;⑤水功能区水质达标率影响了流域的水生态环境安全。

　　针对上述主要影响指标,提出如下提高湖西区水安全状况的措施:①普及污水回用技术和海绵城市建设,增加再生水、雨水等非常规水利用量,提高工业重复用水率、农田灌溉水有效利用系数等,减少新鲜用水量和管道漏损量,进而提高人均水资源量、降低水资源开发利用率、城镇供水管网漏损率和万元 GDP 用水量;②提高水利管理的智慧化水平,健全现代水管理体系,形成全方位的治水兴水格局,实现水生态文明建设;③严格控制污水排放量及其污染物质的含量,保障流域水生态环境安全,提高水功能区水质达标率。

3.3.2.3　沂沭河区

　　沂沭河区水安全状况平均构成排在前 8 位的指标由大到小排列为城市再生水利用

率、人均水资源量、水利工程投资占 GDP 的比例、洪涝灾害损失占 GDP 的比例、城镇供水管网漏损率、水利管理的智慧化水平、水资源开发利用率、现代水管理体系健全程度,上述指标是导致沂沭河区水安全综合评价结果的主要因素。由此看出,影响沂沭河区水安全状况的主要原因在于:①流域水资源量有限,导致人均水资源量小且开发利用率较高,由于输水管道年久失修导致输水过程中水量损失,城市再生水利用率低增加了新鲜供水量,上述问题对水资源系统安全和供水安全造成威胁。②洪涝灾害损失占 GDP 的比例大的原因在于水利工程的防洪标准过低,流域防洪能力较弱,进而造成较大的洪涝灾害损失;水利工程投资占 GDP 的比例小,表明流域水利工程的修建工作无法满足流域防洪减灾的要求,上述两个方面影响了流域防洪减灾安全。③水利管理的智慧化水平和现代水管理体系健全程度不高,导致无法实现水资源的高效管理,难以满足水生态环境的可持续发展,由于各类涉水灾害的预报预警不及时导致较大的灾害损失,水利执法力度不够等问题,故对水管理安全造成威胁。

针对上述主要影响指标,提出如下提高沂沭河区水安全状况的措施:①普及污水回用技术和海绵城市建设,增加再生水、雨水等非常规水利用量,提高工业重复用水率、农田灌溉水有效利用系数等,减少新鲜用水量和管道漏损量,进而提高人均水资源量和城市再生水利用率、降低水资源开发利用率和城镇供水管网漏损率;②增加水利工程投资,提高沂沭河区水利工程的防洪标准,加强防洪减灾工程的修建、加固和提标工作,进而提高流域防洪减灾能力;③提高水利管理的智慧化水平,健全现代水管理体系,形成全方位的治水兴水格局,实现水生态文明建设。

3.4　基于水安全的流域高质量发展模式研究

通过对山东省淮河流域三个分区 2010~2018 年的水安全综合评价,可以看出整个流域的水安全状况为中等,即基本安全,并根据流域水安全状况平均构成分析确定了影响三个分区水安全状况的主要因素,有针对性地提出改善措施。本节将依托于 3.3 节水安全综合评价结果,以流域现状发展模式为基础,进一步深入探讨提升流域水安全的改善策略和发展模式。针对调控的重点不同,提出社会经济调控、技术调控、生态环境调控及水利管控共四种发展模式,利用可变模糊优选模型对四种发展模式进行评价,提出提升湖东区、湖西区和沂沭河区水安全的高质量发展模式。

3.4.1　模式分析

以流域 2018 年的水安全状况作为基本情况,在对现状进行有效分析的基础上,根据调控重点,提出如下四种发展模式。

3.4.1.1　模式 A:社会经济调控模式

大力推进社会经济发展,战略化优化和调整产业结构,降低人口自然增长率和提高城市化率。

主要影响因素:人口自然增长率、人均 GDP、城镇化率及第三产业增加值比例。

3.4.1.2　模式 B:技术调控模式

推进工业技术革新,提高技术创造力,转变用水方式,提高用水效率,提升污水处理能力。

主要影响因素:用水总量与控制指标的比值、万元 GDP 用水量、人均日生活用水量、万元工业增加值用水量、农田灌溉水利用系数、工业水重复用水率、城镇供水管网漏损率、水资源开发利用率、城市污水处理率及城市再生水利用率。

3.4.1.3　模式 C:生态环境调控模式

加大水环境保护力度,从源头控制污染排放。

主要影响因素:水功能区水质达标率、万元 GDP 废水排放量、入河废污水中 COD 浓度及水生生物多样性指数。

3.4.1.4　模式 D:水利管控模式

加大管控力度,完善制度体系,实现水利智慧化管理。

主要影响因素:人均水资源量、防洪标准达标率、洪涝灾害损失占 GDP 的比例、水利工程投资占 GDP 的比例、现代水管理体系健全程度、水利管理的智慧化水平。

三个分区 2018 年现状、4 种发展模式及其模式组合的详细指标情况如表 3-8～表 3-10 所示,不同发展模式及其组合将主要影响因素的指标变更为 2035 年数据,其他指标与 2018 年相同。

3.4.2　基于可变模糊评价模型的模式优选

通过可变模糊评价模型评价分析四种发展模式,进而确定高质量发展模式。同第 3.3.1 节水安全综合评价,计算出三个分区不同发展模式的级别特征值。以湖东区为例,详细说明其计算过程。

首先,计算各指标的可变集合的吸引(为主)域矩阵 I_{ab} 与范围矩阵 I_{cd} 以及点值 M 的矩阵,与 3.3.1 小节内容相同,在此不再赘述;然后,根据式(3-15)～式(3-18)计算不同发展模式对各个级别水安全状况的相对隶属度 $\mu_A(u)$,如下:

$$\mu_A(u) = \begin{bmatrix} 0 & 0.739\,2 & \cdots & 0.565 & 0 \\ 0.406\,3 & 0.260\,8 & \cdots & 0.435 & 0.17 \\ 0.687\,4 & 0 & \cdots & 0 & 0.84 \\ 0.093\,7 & 0 & \cdots & 0 & 0.33 \\ 0 & 0 & \cdots & 0 & 0 \end{bmatrix} \tag{3-28}$$

最后,取 $p=2$,$\alpha=1$,且认为各指标等权重的情况下,根据式(3-23)～式(3-27)计算不同发展模式对各个级别水安全状况的级别特征值。湖东区、湖西区和沂沭河区的级别特征值、隶属等级及排序列入表 3-11 中。

由表 3-11 可以看出,三个分区现状年 2018 年的级别特征值最大,排在最后一位,表明现状为最差模式;A+B+C+D 发展模式的级别特征值最小,排在第一位,表明四个发展模式组合为最优模式。针对不同分区的评价结果如下。

表 3-8 湖东区水安全发展模式对比

指标层	现状	A	B	C	D	A+B	A+C	A+D	B+C	B+D	C+D	A+B+C	A+B+D	B+C+D	A+B+C+D
人口自然增长率(‰)	9.312	5	9.312	9.312	9.312	5	5	5	9.312	9.312	9.312	5	5	9.312	5
人均GDP(万元/人)	6.87	8	6.87	6.87	6.87	8	8	8	6.87	6.87	6.87	8	8	6.87	8
城镇化率(%)	57.1	59	57.1	57.1	57.1	59	59	59	57.1	57.1	57.1	59	59	57.1	59
第三产业增加值比例(%)	44.3	50	44.3	44.3	44.3	50	50	50	44.3	44.3	44.3	50	50	44.3	50
人均水资源量(m³/人)	297.7	297.7	297.7	297.7	300	297.7	297.7	300	297.7	300	300	297.7	300	300	300
用水总量与控制指标的比值	0.775	0.775	0.85	0.775	0.775	0.85	0.775	0.775	0.85	0.85	0.775	0.85	0.85	0.85	0.85
万元GDP用水量(m³/万元)	28.2	28.2	27.6	28.2	28.2	27.6	28.2	28.2	27.6	27.6	28.2	27.6	27.6	27.6	27.6
人均日生活用水[L/(人·d)]	73.9	73.9	80	73.9	73.9	80	73.9	73.9	80	80	73.9	80	80	80	80
万元工业增加值用水量(m³/万元)	12.60	12.60	9.71	12.60	12.60	9.71	12.60	12.60	9.71	9.71	12.60	9.71	9.71	9.71	9.71
农田灌溉水有效利用系数	0.7274	0.7274	0.7517	0.7274	0.7274	0.7517	0.7274	0.7274	0.7517	0.7517	0.7274	0.7517	0.7517	0.7517	0.7517
工业水重复利用率(%)	85.8	85.8	91.7	85.8	85.8	91.7	85.8	85.8	91.7	91.7	85.8	91.7	91.7	91.7	91.7
城镇供水管网漏损率(%)	14.4	14.4	8	14.4	14.4	8	14.4	14.4	8	8	14.4	8	8	8	8
水资源开发利用率(%)	61.4	61.4	60.0	61.4	61.4	60	61.4	61.4	60	60	61.4	60	60	60	60
防洪标准达标率(%)	82.6	82.6	82.6	82.6	85.0	82.6	82.6	85	82.6	85	85	82.6	85	85	85
洪涝灾害损失占GDP的比例(%)	0.432	0.432	0.432	0.432	0.307	0.432	0.432	0.307	0.432	0.307	0.307	0.432	0.307	0.307	0.307
水利工程投资占GDP的比例(%)	0.1588	0.1588	0.1588	0.1588	0.5	0.1588	0.1588	0.5	0.1588	0.5	0.5	0.1588	0.5	0.5	0.5
水功能区水质达标率(%)	80.3	80.3	80.3	92.9	80.3	80.3	92.9	80.3	92.9	80.3	92.9	92.9	80.3	92.9	92.9
万元GDP废水排放量(m³/万元)	5.49	5.49	5.49	5.00	5.49	5.49	5	5.49	5	5.49	5	5	5.49	5	5
入河废污水中COD浓度(t/万t)	0.174	0.174	0.174	0.154	0.174	0.174	0.154	0.174	0.154	0.174	0.154	0.154	0.174	0.154	0.154
水生生物多样性指数	2.79	2.79	2.79	3.00	2.79	2.79	3	2.79	3	2.79	3	3	2.79	3	3
城市污水处理率(%)	96.4	96.4	98.3	96.4	96.4	98.3	96.4	96.4	98.3	98.3	96.4	98.3	98.3	98.3	98.3
城市再生水利用率(%)	50.3	50.3	60.0	50.3	50.3	60	50.3	50.3	60	60	50.3	60	60	60	60
现代水管理体系健全程度	一般健全	一般健全	一般健全	一般健全	健全	一般健全	一般健全	健全	一般健全	健全	健全	一般健全	健全	健全	健全
水利管理的智慧化水平	中	中	中	中	高	中	中	高	中	高	高	中	高	高	高

表 3-9 湖西区水安全发展模式对比

指标层	现状	A	B	C	D	A+B	A+C	A+D	B+C	B+D	C+D	A+B+C	A+B+D	B+C+D	A+B+C+D
人口自然增长率(‰)	8.532	6	8.532	8.532	8.532	6	6	6	8.532	8.532	8.532	6	6	8.532	6
人均 GDP(万元/人)	3.58	5	3.58	3.58	3.58	5	5	5	3.58	3.58	3.58	5	5	3.58	5
城镇化率(%)	48.2	50	48.2	48.2	48.2	50	50	50	48.2	48.2	48.2	50	50	48.2	50
第三产业增加值比例(%)	40.4	50	40.4	40.4	40.4	50	50	50	40.4	40.4	40.4	50	50	40.4	50
人均水资源量(m³/人)	261.0	261.0	261.0	261.0	300	261.0	261.0	300	261.0	300	300	261.0	300	300	300
用水总量与控制指标的比值	0.881	0.881	0.85	0.881	0.881	0.85	0.881	0.881	0.85	0.85	0.881	0.85	0.85	0.85	0.85
万元 GDP 用水量(m³/万元)	77.0	77.0	50.0	77.0	77.0	50.0	77.0	77.0	50.0	50.0	77.0	50.0	50.0	50.0	50.0
人均日生活用水量[L/(人·d)]	71.7	71.7	80	71.7	71.7	80	71.7	71.7	80	80	71.7	80	80	80	80
万元工业增加值用水量(m³/万元)	11.04	11.04	10.03	11.04	11.04	10.03	11.04	11.04	10.03	10.03	11.04	10.03	10.03	10.03	10.03
农田灌溉水有效利用系数	0.6291	0.6291	0.68	0.6291	0.6291	0.68	0.6291	0.6291	0.68	0.68	0.6291	0.68	0.68	0.68	0.68
工业水重复利用率(%)	76.8	76.8	90	76.8	76.8	90	76.8	76.8	90	90	76.8	90	90	90	90
城镇供水管网漏损率(%)	21.2	21.2	8.0	21.2	21.2	8	21.2	21.2	8	8	21.2	8	8	8	8
水资源开发利用率(%)	62.9	62.9	60	62.9	62.9	60	62.9	62.9	60	60	62.9	60	60	60	60
防洪标准达标率(%)	80.6	80.6	80.6	80.6	85	80.6	80.6	85	80.6	85	85	80.6	85	85	85
洪涝灾害损失占 GDP 的比例(%)	0.390	0.390	0.390	0.390	0.328	0.39	0.39	0.328	0.39	0.328	0.328	0.39	0.328	0.328	0.328
水利工程投资占 GDP 的比例(%)	0.0071	0.0071	0.0071	0.0071	0.5	0.0071	0.0071	0.5	0.0071	0.5	0.5	0.0071	0.5	0.5	0.5
水功能区水质达标率(%)	83.9	83.9	83.9	92.6	83.9	83.9	92.6	83.9	92.6	83.9	92.6	92.6	83.9	92.6	92.6
万元 GDP 废水排放量(m³/万元)	8.14	8.14	8.14	5	8.14	8.14	5	8.14	5	8.14	5	5	8.14	5	5
入河废污水中 COD 浓度(t/万t)	0.147	0.147	0.147	0.127	0.147	0.147	0.127	0.147	0.127	0.147	0.127	0.127	0.147	0.127	0.127
水生生物多样性指数	2.48	2.48	2.48	3	2.48	2.48	3	2.48	3	2.48	3	3	2.48	3	3
城市污水处理率(%)	97.1	97.1	98.8	97.1	97.1	98.8	97.1	97.1	98.8	98.8	97.1	98.8	98.8	98.8	98.8
城市再生水利用率(%)	20.8	20.8	50	20.8	20.8	50	20.8	20.8	50	50	20.8	50	50	50	50
现代水管理体系健全程度	一般健全	一般健全	一般健全	一般健全	健全	一般健全	一般健全	健全	一般健全	健全	健全	一般健全	健全	健全	健全
水利管理的智慧化水平	中	中	中	中	高	中	中	高	中	高	高	中	高	高	高

表3-10 沂沭河区水安全发展模式对比

指标层	现状	A	B	C	D	A+B	A+C	A+D	B+C	B+D	C+D	A+B+C	A+B+D	B+C+D	A+B+C+D
人口自然增长率（‰）	12.730	5	12.730	12.730	12.730	5	5	5	12.730	12.730	12.730	5	5	12.730	5
人均GDP（万元/人）	4.71	8	4.71	4.71	4.71	8	8	8	4.71	4.71	4.71	8	8	4.71	8
城镇化率（%）	52.8	55.0	52.8	52.8	52.8	55	55	55	52.8	52.8	52.8	55	55	52.8	55
第三产业增加值比例（%）	48.7	50.0	48.7	48.7	48.7	50	50	50	48.7	48.7	48.7	50	50	48.7	50
人均水资源量（m³）	486.6	486.6	486.6	486.6	300	486.6	486.6	300	486.6	300	300	486.6	300	300	300
用水总量与控制指标的比值	0.832	0.832	0.850	0.832	0.832	0.85	0.832	0.832	0.85	0.85	0.832	0.85	0.85	0.85	0.85
万元GDP用水量（m³/万元）	34.2	34.2	29.5	34.2	34.2	29.5	34.2	34.2	29.5	29.5	34.2	29.5	29.5	29.5	29.5
人均日生活用水量[L/（人·d）]	71.4	71.4	80	71.4	71.4	80	71.4	71.4	80	80	71.4	80	80	80	80
万元工业增加值用水量（m³/万元）	10.67	10.67	7.34	10.67	10.67	7.34	10.67	10.67	7.34	7.34	10.67	7.34	7.34	7.34	7.34
农田灌溉用水有效利用系数	0.647 3	0.647 3	0.684 2	0.647 3	0.647 3	0.684 2	0.647 3	0.647 3	0.684 2	0.684 2	0.647 3	0.684 2	0.684 2	0.684 2	0.684 2
工业水重复利用率（%）	75.7	75.7	90	75.7	75.7	90	75.7	75.7	90	90	75.7	90	90	90	90
城镇供水管网漏损率（%）	13.5	13.5	8.2	13.5	13.5	8.2	13.5	13.5	8.2	8.2	13.5	8.2	8.2	8.2	8.2
水资源开发利用率（%）	38.9	38.9	60.0	38.9	38.9	60	38.9	38.9	60	60	38.9	60	60	60	60
防洪标准达标率（%）	83.5	83.5	83.5	83.5	85	83.5	83.5	85	83.5	85	85	83.5	85	85	85
洪涝灾害损失占GDP的比例（%）	0.480	0.480	0.480	0.480	0.330	0.48	0.48	0.330	0.48	0.330	0.330	0.48	0.330	0.330	0.330
水利工程投资占GDP的比例（%）	0.070 2	0.070 2	0.070 2	0.070 2	0.5	0.070 2	0.070 2	0.5	0.070 2	0.5	0.5	0.070 2	0.5	0.5	0.5
水功能区水质达标率（%）	80.1	80.1	80.1	95.6	80.1	80.1	95.6	80.1	95.6	80.1	95.6	95.6	80.1	95.6	95.6
万元GDP废水排放量（m³/万元）	9.01	9.01	9.01	8.0	9.01	9.01	8	9.01	8	9.01	8.0	8	9.01	8	8
入河废污水中COD浓度（t/万t）	0.296	0.296	0.296	0.190	0.296	0.296	0.190	0.296	0.190	0.296	0.190	0.190	0.296	0.190	0.190
水生生物多样性指数	2.94	2.94	2.94	3.0	2.94	2.94	3.0	2.94	3	2.94	3.0	3	2.94	3	3
城市污水处理率（%）	97.6	97.6	98.2	97.6	97.6	98.2	97.6	97.6	98.2	98.2	97.6	98.2	98.2	98.2	98.2
城市再生水利用率（%）	8.0	8.0	50	8.0	8.0	50	8.0	8.0	50	50	8.0	50	50	50	50
现代水管理体系健全程度	一般	一般	一般	一般	健全	一般	一般	健全	一般	健全	健全	一般	健全	健全	健全
水利管理的智慧化水平	中	中	中	中	高	中	中	高	中	高	高	中	高	高	高

表 3-11　三个分区不同发展模式的级别特征值

模式			现状	A	B	C	D	A+B	A+C	A+D	B+C	B+D	C+D	A+B+C	A+B+D	B+C+D	A+B+C+D
湖东区	级别特征值		2.5647	2.554	2.5216	2.5369	2.4715	2.5132	2.527	2.4611	2.4948	2.4234	2.4417	2.487	2.4144	2.3937	2.3839
	隶属级别		Ⅲ	Ⅲ	Ⅲ	Ⅲ	Ⅲ	Ⅲ	Ⅲ	Ⅲ	Ⅲ	Ⅲ	Ⅲ	Ⅲ	Ⅲ	Ⅲ	Ⅲ
	排序		15	14	11	13	7	10	12	6	9	4	5	8	3	2	1
湖西区	级别特征值		2.7291	2.7004	2.572	2.6927	2.5919	2.5458	2.6662	2.5629	2.5401	2.3952	2.5565	2.5148	2.3653	2.3626	2.333
	隶属级别		Ⅲ	Ⅲ	Ⅲ	Ⅲ	Ⅲ	Ⅲ	Ⅲ	Ⅲ	Ⅲ	Ⅲ	Ⅲ	Ⅲ	Ⅲ	Ⅲ	Ⅲ
	排序		15	14	10	13	11	7	12	9	6	4	8	5	3	2	1
沂沭河区	级别特征值		2.5413	2.53	2.4257	2.5016	2.5373	2.4219	2.491	2.5137	2.3872	2.4256	2.4963	2.3842	2.4036	2.3851	2.3619
	隶属级别		Ⅲ	Ⅲ	Ⅱ	Ⅲ	Ⅲ	Ⅱ	Ⅱ	Ⅲ	Ⅱ	Ⅱ	Ⅱ	Ⅱ	Ⅱ	Ⅱ	Ⅱ
	排序		15	13	8	11	14	6	9	12	4	7	10	2	5	3	1

3.4.2.1　湖东区

1. 单一发展模式的比较

对于 A、B、C、D 四个单一发展模式而言,级别特征值由小到大(发展模式由优到劣)依次为 D、B、C、A,表明湖东区第一即最优发展模式为水利管控模式,第二为技术调控模式,第三为生态环境调控模式,第四即最差为社会经济调控模式。模式 A 至模式 C 的隶属级别为Ⅲ级,即基本安全,模式 D 的级别为Ⅱ级,即安全。

2. 两两组合发展模式的比较

对于 A+B、A+C、A+D、B+C、B+D、C+D 六个两两组合发展模式而言,级别特征值由小到大(发展模式由优到劣)依次为 B+D、C+D、A+D、B+C、A+B、A+C,表明湖东区最优发展模式为水利管控与技术调控的组合模式,其次为生态环境调控与水利管控的组合模式,最差为社会经济调控与生态环境调控的组合模式。模式 A+B、A+C 的隶属级别为Ⅲ级,即基本安全,模式 A+D、B+C、B+D、C+D 的级别为Ⅱ级,即安全。

3. 三三组合发展模式的比较

对于 A+B+C、A+B+D、B+C+D 三个三三组合发展模式而言,级别特征值由小到大(发展模式由优到劣)依次为 B+C+D、A+B+D、A+B+C,表明湖东区最优发展模式为技术调控、生态环境调控与水利管控的组合模式,其次为社会经济调控、技术调控与水利管控的组合模式,最差为社会经济调控、技术调控与生态环境调控的组合模式。三三组合发展模式的隶属级别均为Ⅱ级,即安全。

4. 不同发展模式的比较

除四个模式组合(A+B+C+D)的其他发展模式而言,组合模式个数多的方案,其评价结果不一定优于组合模式个数少的方案。例如,模式 D 的评价结果为第 7 位,优于 A+B、A+C、B+C、A+B+C 四种情况;模式 B 的评价结果优于 A+C;模式 A+D、B+D、C+D 的评价结果优于 A+B+C。

3.4.2.2　湖西区

1. 单一发展模式的比较

对于 A、B、C、D 四个单一发展模式而言,级别特征值由小到大(发展模式由优到劣)依次为 B、D、C、A,表明湖西区第一即最优发展模式为技术调控模式,第二为水利管控模式,第三为生态环境调控模式,第四即最差为社会经济调控模式。模式 A 至模式 D 的隶属级别为Ⅲ级,即基本安全。

2. 两两组合发展模式的比较

对于 A+B、A+C、A+D、B+C、B+D、C+D 六个两两组合发展模式而言,级别特征值由小到大(发展模式由优到劣)依次为 B+D、B+C、A+B、C+D、A+D、A+C,表明湖东区最优发展模式为组合水利管控与技术调控的模式,其次为组合技术调控和生态环境调控的模式,最差为组合社会经济调控与生态环境调控的模式。除模式 B+D 的隶属级别为Ⅱ级,即安全,其他 5 个模式隶属级别均为Ⅲ级,即基本安全。

3. 三三组合发展模式的比较

对于 A+B+C、A+B+D、B+C+D 三个三三组合发展模式而言,级别特征值由小到大(发展模式由优到劣)依次为 B+C+D、A+B+D、A+B+C,表明湖西区最优发展模式为组合技术调控、生态环境调控与水利管控的模式,其次为组合社会经济调控、技术调控与水利管控的模式,最差为组合社会经济调控、技术调控与生态环境调控的模式。模式 B+C+D、A+B+D 的隶属级别均为Ⅱ级,即安全,A+B+C 的隶属级别均为Ⅲ级,即基本安全。

4. 不同发展模式的比较

除四个模式组合(A+B+C+D)外的其他发展模式而言,组合模式个数多的方案,其评价结果不一定优于组合模式个数少的方案。例如,模式 B、D 的评价结果优于 A+C;模式 B+D 的评价结果优于 A+B+C。

3.4.2.3　沂沭河区

1. 单一发展模式的比较

对于 A、B、C、D 四个单一发展模式而言,级别特征值由小到大(发展模式由优到劣)依次为 B、C、A、D,表明沂沭河区第一即最优发展模式为技术调控模式,第二为生态环境调控模式,第三为社会经济调控模式,第四即最差为水利管控模式。除模式 B 的隶属级别为Ⅱ级,即安全外,其他均为Ⅲ级,即基本安全。

2. 两两组合发展模式的比较

对于 A+B、A+C、A+D、B+C、B+D、C+D 六个两两组合发展模式而言,级别特征值由小到大(发展模式由优到劣)依次为 B+C、A+B、B+D、A+C、C+D、A+D,表明沂沭河区最优发展模式为组合技术调控与生态环境调控的模式,其次为组合社会经济调控和技术调控的模式,最差为组合社会经济调控与水利管控的模式。除模式 A+D 的隶属级别为Ⅲ级,即基本安全,其他 5 个模式隶属级别均为Ⅱ级,即安全。

3. 三三组合发展模式的比较

对于 A+B+C、A+B+D、B+C+D 三个三三组合发展模式而言,级别特征值由小到大(发展模式由优到劣)依次为 A+B+C、B+C+D、A+B+D,表明沂沭河区最优发展模式为组合社会经济调控、技术调控与生态环境调控的模式,其次为组合技术调控、生态环境调控与水利管控的模式,最差为组合社会经济调控、技术调控与水利管控的模式。三种组合模式的隶属级别均为Ⅱ级,即安全。

4. 不同发展模式的比较

除四个模式组合(A+B+C+D)外的其他发展模式而言,组合模式个数多的方案,其评价结果不一定优于组合模式个数少的方案。例如,模式 B 的评价结果优于 A+C、A+D、C+D;模式 C 的评价结果优于 A+D;模式 B+C 的评价结果优于 A+B+D。

综上所述,由于三个分区的水资源条件、自然地理条件等的差异性,导致其最优发展模式各不相同。对于湖东区而言,排在前两位的发展模式为水利管控模式和技术调控模式;对于湖西区而言,为技术调控模式和水利管控模式;对于沂沭河区而言,为技术调控模式和生态环境调控模式。由此可见,技术调控模式(模式 B)、水利管控模式(模式 D)及生态环境调控模式(模式 C)在三个分区的名次均靠前,故是高质量的发展模式。

3.4.3　结果分析

通过评价结果可知,对于三个分区而言较优的发展模式为模式 B、模式 C 和模式 D,现状模式和模式 A 为最不可取的发展模式。

3.4.3.1　现状模式

2018 年山东省淮河流域三个分区水安全状况等级均为基本安全,但其中仍存在许多问题和隐患。人口自然增长率过大增大了对水资源的需求,加之山东省淮河流域水资源量本身偏低,且时间上分布不均、空间上分布失衡,有限的水资源量和过度增长的人口压力相互交织,使人均水资源量处于不安全状况的同时会给水资源和水生态环境带来很大压力。此外,万元 GDP 用水量、万元工业增加值用水量、城镇供水管网漏损率、洪涝灾害损失占 GDP 的比例、万元 GDP 废水排放量偏高,农田灌溉水有效利用系数、工业水重复利用率、水利工程投资占 GDP 的比例、水功能区水质达标率、城市再生水利用率、现代水管理体系健全程度、水利管理的智慧化水平偏低等因素使得山东省淮河流域水安全状况仍有很大的优化空间,因此保持原状并不是最理想的发展模式。

3.4.3.2　模式 A:经济调控模式

通过大力发展社会经济、调整产业结构,提高人均 GDP、城镇化率、第三产业增加值比例,并控制人口自然增长率,进而促进水安全状况的改善。但同时高速经济发展也会带来诸多问题及风险,如城镇化的进程和高速经济发展将会增大对水资源的需求,使供需矛盾更加尖锐,同时排放的工业及生活废污水也会增加,加重水生态环境的负担。由此可见,虽然经济调控模式可以提高人民生活水平,提高人均 GDP,但同时会给生态环境带来较大压力,因此经济发展与生态维护的平衡发展才是最重要的,单纯靠推动经济发展提升水安全状况是不可行的。

3.4.3.3　模式 B:技术调控模式

通过推进技术创新,加强节水、污水处理回用等相关技术,采用优良的工艺方法提高生活洁具普及率、工业水重复利用率、农田灌溉水利用系数、城市污水处理率、污水处理回用率,进而有效减少用水总量与控制指标的比值、万元 GDP 用水量、万元工业增加值用水量、万元 GDP 废水排放量、水资源开发利用率。革新技术虽然可以在理想的情况下提高用水效率从而达到节水的期望,但对污染治理更多面向的是治污流程的末端,对污染物的源头排放控制较少,这样虽然也能控制污染、提高水生态环境质量,但可能由于对源头把控的关注度不够,因此对于水安全的管理及其水生态环境的管控有待加强。

3.4.3.4　模式 C:生态环境调控模式

依托水生态文明建设,改善流域的水生态环境,通过加大保护生态力度。对于调控方式,一方面控制排污口污染物质的排放,通过一系列控制污染物排放的措施,缓解水生态环境污染的压力,提升水体自身修复能力,同时减轻后续污水处理等流程的压力,以期达到较好的水体质量提升,改善水生态环境;另一方面,采取先进的污水处理措施,对已受污染的河段、湖泊和水库等水体进行综合合理治理。通过如上措施,实现水功能区水质达标率、水生生物多样性指数的提升以及万元 GDP 废水排放量、入河废污水中 COD 浓度的下降,在促使水生态环境质量优化的前提下,确保水生态环境和社会经济双方协调发展的有序建立。

3.4.3.5　模式 D:水利管控模式

通过健全现代水管理体系,能够完善水资源高效管理机制,对水资源进行合理开发、科学配置和有效保护;使得经济发展、产业布局充分考虑流域水资源、水生态环境的承载能力,实现可持续发展;能够完善水权水市场制度,充分发挥市场在水资源配置中的作用;能够完善水利政策法规体系,使水利执法专业力量强;能够提高社会资本进入水利工程建设领域的积极性;能够强化民众可持续发展与水安全问题意识,充分调动公众的水安全问题解决积极性。通过提高水利管理的智慧化水平,能够完善水利信息采集站网,开发功能强大的涉水业务应用系统和应急系统,提高应对各类涉水灾害的应急能力,有效降低灾害所造成的损失。

从以上分析可知,三个分区的评价结果中,现状模式的级别特征值均为最大,且现状模式中还有很多指标有进一步的优化空间,故现状模式是最劣模式。社会经济模式仅考虑通过社会经济的发展推动水安全状况的转优,缺乏对水资源、水生态环境和防洪减灾等因素的考虑,因此在湖东区和湖西区均排在最后一位,在沂沭河区排在倒数第二位;综合来说,针对山东省淮河流域,社会经济模式应排在四种发展模式的最后一位。技术调控模式在湖西区和沂沭河区均排在第一位,水利管控模式在湖东区排在第一位,由此可见,技术调控模式和水利管控模式在四个发展模式中排在前两位。生态环境调控模式在湖东区和湖西区排在第三位,在沂沭河区排在第二位,综合来说,针对山东省淮河流域,生态环境调控模式应排在四种发展模式的第三位。因此,在山东省淮河流域后续的水安全保障措施中可以将重点放在技术调控模式和水利管控模式所包含的各指标中。

第 4 章　水资源综合开发利用关键技术研究

4.1　南四湖水资源优化配置

4.1.1　南四湖流域水资源系统概化

水资源系统具有巨大的复杂性,在进行水资源优化配置时,首先要根据水资源系统特性和规律对系统进行适当的概化和抽象,形成水资源系统网络概化图。水资源系统网络概化图是为分析水资源供、用、耗、排水之间的相互联系,对水资源调配中的主要因素进行概化,将流域或区域的行政分区、水资源分区与地表水、地下水之间按地理关系和水力联系进行相互联结后形成的系统节点网络图。

南四湖流域是一个复杂的系统,流域内不仅有大量区间径流的汇入,而且引水口众多,用水区域分散,再加上干流各类工程众多,因此将南四湖流域这个复杂系统进行概化,有利于研究的便利和模型的建立。在对南四湖流域进行实地勘察和查阅文献资料的基础上,利用有向线段和节点构建出南四湖流域水资源系统网络概化图。

4.1.1.1　供水系统概化

由于水资源系统的构成相对复杂,组成要素包括点、线和面信息,为此在水资源调配分析过程中可以把复杂的水资源系统概化为三大子系统:水源系统、传输系统、利用系统。水源系统包括水资源配置需要描述的所有水源,如地表水源、地下水源、外调水源及非常规水源等。水源系统里面包括了水库调蓄、再生水回用等。传输系统包括所有连接调蓄工程及最终用水户之间的河道、渠道和管道。所有的渠道、河道等在水量传输的过程中,有部分渗漏补给地下水。利用系统包括所有用水户的各类用水,包括生活、农业、工业、城镇公共和生态用水。其中,农业灌溉用水在利用过程中会有一部分退水经处理后可以再回用,另外有一部分回渗地下水。

图 4-1 为南四湖流域河流水系和用户分布情况,其中四个大型水库两个大型湖泊(南四湖上级湖、下级湖),主要包括湖西菏泽、湖西济宁、湖东济宁、湖东枣庄和湖东泰安等计算单元。

在分析南四湖流域多种水源构成状况的基础上,综合多次流域水系调研、引提水工程、南水北调受水区影响等因素,绘制了地表水、地下水、长江水、引黄水等多水源的水资源配置网络图,如图 4-2 所示。

为将不同的水资源系统有机地联系起来,实现对水资源系统网络的描述,提出了用水资源系统网络来描述水资源系统。水资源系统网络是由很多节点及节点间的弧组成的一个复杂关系网络。对于网络中的节点通常将其概括为四种:水源、用水单元、交汇节点、渠道/河道。水源通常可以包括大型水库、地下水源、中小型水库及塘坝、回用水源,以及其

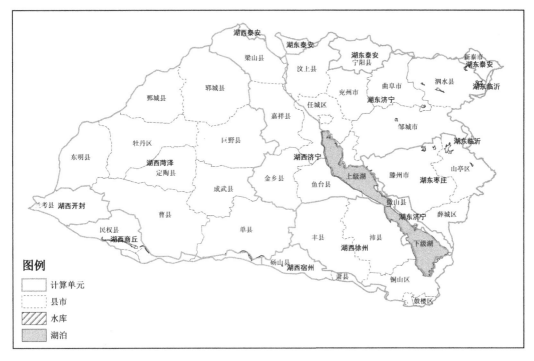

图 4-1 南四湖流域湖泊水库及计算单元示意图

他水源等。其中,前两种在网络中都有具体的节点,而后面的几种水源概化在每个用水单元内部。用水单元通常可以是一个行政分区,水资源分区套行政分区,或者一个需要特殊关注的用水单元(特大型灌区、水电站等)。交汇节点包括入境节点、中间节点、出境节点。出入境节点主要是为方便出入境水量的控制,而中间节点主要是为了更加真实地描述现实水资源网络或者未来更加清楚地描述各类关系而增加的。渠道/河道是连接水源中水源、节点、用水单元之间的纽带。渠道/河道可以分为地表水供水渠道/河道、外调水供水渠道、退水渠道。前面两种渠道主要用来描述供水关系,而最后一种渠道主要用来描述用水单元用水过程中的退水。

这些网络关系都是通过关系型数据表类存储和管理的,该描述方式可以把模型中需要的网络关系通过模型的输入数据来实现,而不用把水资源网络关系固化到模型中去,从而从根本上实现模型的通用性。

4.1.1.2 需水部门分类

与需水预测的分类相对应,南四湖流域的需水用户有五类,即生活、农业、工业、城镇公共和生态环境用水。

1. 生活用水

此处的生活用水指居民生活用水,包括饮用、盥洗、冲厕和洗澡等。生活用水包括城镇居民生活用水和农村居民生活用水两类。生活用水重要性最高,依据《中华人民共和国水法》的规定,应优先满足。生活需水一般不考虑气候变化的影响,即只考虑其年内变化而不考虑年际间的变化;同时生活需水在不同规划水平年有变化,而在某一规划水平年则认为是不变的。

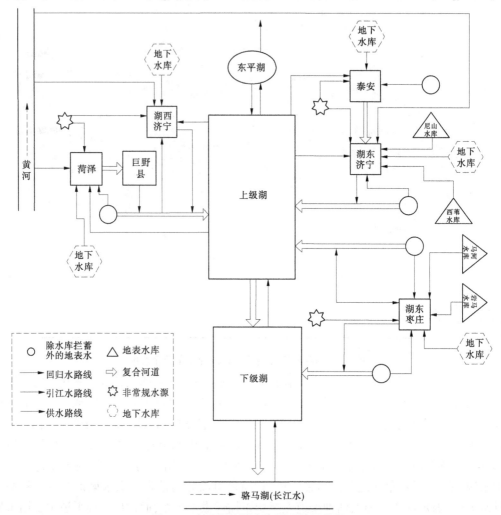

图 4-2 南四湖流域水资源系统概化图

2. 农业用水

农业用水即第一产业用水,包括农田灌溉用水量和林牧渔畜业用水量,其中,农田灌溉用水量所占比例最大,且受当地气候影响在年内和年际之间都有显著变化,所以要求农业用水对不同规划水平年要给出相应的需水系列。

3. 工业用水

工业用水一般指工、矿企业在生产过程中,用于制造、加工、冷却、空调、净化、洗涤等方面的用水,包括厂内生活用水。工业发展与用水量之间存在两种不同的反馈关系:一方面,工业的发展使工业用水增加,在有限水资源供给下,对其他用水主体的用水行为造成消极影响;另一方面,工业发展提高了工业增加值对流域 GDP 总量的贡献能力,也客观上促进工业生产技术与工艺的更新换代,工业用水的重复利用率得到提高,进而对其他用水主体的用水行为造成积极影响。

4.城镇公共用水

与山东省水资源公报相一致,城镇公共用水包括建筑业用水和服务业用水两部分。服务业用水量的大小反映了地区第三产业的发展程度。

5.生态用水

生态需水是指为维持生态与环境功能和进行生态环境建设所需要的最小需水量,是特定区域内生态需水的总称,包括生物体自身的需水和生物体赖以生存的环境需水。因为用水总量控制指标中已把河道内生态需水量扣除,所以本次生态用水仅按河道外生态需水进行计算,一般指城镇公共绿地及环境卫生用水等。本书中生态用水不区分城市和农村。

针对生活、农业、工业、城镇公共和生态用水五个用水户的供水优先级,首先要满足居民生活用水;其次为生态用水,这是由于在我国水生态文明建设、河湖长制、"两山"重要思想等政策和思想指导下,对生态环境质量要求越来越高,而生态用水关乎生态环境的优劣,因此生态用水仅次于生活用水;工业和第三产业的发达程度被认为是一个城市或地区经济发达程度的重要标志,同时第三产业随着经济水平的发展和人们生活水平的不断提升而日益成为未来经济发展的重点和主流,因此将工业用水和包含第三产业用水的城镇公共用水并列排在生态用水之后;农业用水历来是用水大户,山东省是农业大省,农业用水比例大,但是用水存在许多弊端,如浪费严重、水资源利用效率低等,农业用水存在很大的节水空间,因此农业用水的顺序排在最后一位。综上所述,供水的优先次序为生活用水>生态用水>工业用水=城镇公共用水>农业用水。

4.1.1.3 供水水源分析

流域水资源优化配置中,水源的明确和划分对水资源优化配置十分重要。根据流域水资源供需平衡分析可知,南四湖流域的水源可以分为当地地表水、地下水、引黄水、引江水和非常规水等五类水源。

1.地下水源

地下水源可分深层地下水和浅层地下水两种。通常所指的地下水实际上均属于浅层地下水范畴。另外,在山前地带还具有一定量的山前侧渗补给量。这一部分与山区地表径流有一定的重复,使用时应予以扣除。

1)深层地下水

深层地下水补给十分缓慢,通常视为一种静态资源,开采以后在很长时间内难以回充补给,造成地下水环境问题。这类水源不宜作为长期稳定的供水水源。目前,有些地区由于水资源严重不足,为使经济得到应有的发展,被迫大量提取深层地下水。随着水资源条件的逐步改善,深层地下水要限制开采,直至停止开采。

2)浅层地下水

浅层地下水是一种再生资源,它有多种补给来源,其中降水入渗补给占主要部分。平原地区地下水的补给还包括了地表水体入渗补给和山区地下水对平原地区的侧渗补给。地表水体的补给又可分为河道渗漏补给、渠系渗漏补给、灌溉渗漏补给等。在计算浅层地下水补给量时,上述各项因素均应分别计算。与补给作用相反的是潜水蒸发,是一种无效消耗,随着地下水埋深的增加呈指数递减。

2. 当地地表水源

地表水源供水可分为当地可利用地表径流供水、地表水库供水、地表水节点供水、河网水供水、上游单元退水供水等。

1) 当地可利用地表径流供水

当地可利用地表径流主要指所在分区内的大中小型水利工程及湖泊洼淀可以提供的能被直接利用的地表径流,带有概化的性质。这类工程一般均缺乏较为精确的工程特性数据,其集水面积及调节库容只能根据大比例尺的地形图来估算,实测水文记录没有或较少,其水文特性只能通过参照当地的水文手册选择相应的水文参数虚拟确定几个代表不同来水保证率的典型年来概括。由于所依据的原始资料的限制,这类工程的可利用径流实际上只能以典型年法来确定,最终给出的是相应于几个不同保证率下的可利用量。为适应长系列调节计算需要,可以根据当地的降水系列,逐年确定所在年份的来水保证率,据此选定相应的当地可利用地表径流,从而构成相应的系列。一般来说,平原地区的当地可利用地表径流在总可利用水资源量中所占比例较小,用上述构成方法进行供需平衡计算是可行的。

由于当地可利用地表径流是指遍布系统所在地域面上产流中的可利用部分,而农业需水在地域上是最为分散的,所以规定当地可利用地表径流只能满足当地农业需水要求。

2) 地表水库供水、地表水节点供水

地表水库通常建在山区出口,控制山区的径流。这部分径流是平原地区地表水资源的主体部分,需要重点研究其利用方式。山区径流应按主要河系来划分,并根据水文站的实测记录,通过还原、扣损等手段整理出相应于不同规划水平年的入流系列。

对每个要考虑其调蓄作用的大中型水库,均有其相应的入流系列,这部分供水统称为地表水库供水。当入境径流的无水库控制部分所占比例不宜忽略时,也应整理出其概化的入流系列,参与供需平衡的长系列计算,这部分供水称为地表水节点供水。

3) 河网水供水

河网水是指单元内众多河流渠道中存贮的水量。与上述地表水资源的利用相应,需要专门考虑地表水调蓄作用的工程。除规定的大中型水库外,还包括以下两类:①河网调蓄库容:平原地区河网调蓄作用不容忽视,可以对上游的余水(包括可再生利用的多余污水)和流域引水起一定调蓄作用,以减轻系统调蓄能力的不足。由于河网调蓄在面上是散布的,故规定它只满足农业需水要求且其调蓄水量仅用于下一个时段。②田间蓄水:用于存蓄流域引水工程在冬天非灌溉季节的引水,满足在汛前的灌溉季节的农业需水。

4) 上游单元退水供水

为了考虑单元之间的退水、供水关系,通过引入单元退水节点,上游单元的退水进入该节点后,可以给下游单元供水,即上游单元退水供水,也可以直接退到末节点。

3. 流域调水供水

流域调水供水是指由所研究地域以外的其他流域可能调入的水量。对这部分水量要求按工程项目分类以不同规划水平年的系列来水形式给出,对重大外流域引水工程,对其调入水量进行单独划分,具有非常重要的意义。对于本项目,流域调水水源为引黄水源和引江水源。

4. 非常规水源

非常规水源是指区别于传统意义上的地表水、地下水的(常规)水资源,主要有雨水、再生水(经过再生处理的污水和废水)、海水、空中水、矿井水、苦咸水等,这些水源的特点是经过处理后可以再生利用。本项目的非常规水源为污水处理回用水和雨水。

污水主要来自工业和城市生活,其产污率为 75% ~ 80%。污水处理回用水则主要取决于污水处理厂的处理能力,后者随规划水平年不同而变化。污水处理回用主要以工业冷却水、城市环境用水、城市居民中水道的发展和农业灌溉为主。当然,可提供用于城市、农业灌溉的污水处理标准是不一样的。

针对本项目而言,每个计算分区的当地地表水、地下水、非常规水作为各自分区的独立水源,引黄水与引江水为南四湖流域的公共水源,引黄水供给湖东济宁、湖西济宁和湖西菏泽共 3 个分区,引江水供给湖东济宁、湖东枣庄和湖西菏泽共 3 个分区。

4.1.1.4　计算单元划分

1. 计算单元划分原则

对于一个较大的水资源系统,其所在地域内的自然地理情况、社会经济情况、水资源情况会有很大差异,不同地区的来需水要求也会不尽相同。如果不考虑系统内部的差异性,将整个系统作为一个计算单元来研究,则供需平衡计算成果所反映的面上总体情况,一般来说是偏于理想的,甚至会严重失真。衡量系统的总体情况应当建立在分析其内部差异性的基础上。在实际工作中,不仅需要阐明系统的总体情况,通常还要着重分析系统内某些地区的局部情况,要求按地域把整个系统划分成若干计算单元,在对每个计算单元逐个进行供需平衡计算以后,再综合概括得到所要分析的特定地区和整个系统的总体计算成果,该过程得到的结果比较真实合理。

在划分计算单元后,将不再探讨每个计算单元所在地域内部的差异,即认为各计算单元内部是均匀一致的。但实际情况是每个计算单元内部也是存在差异的,差异性是绝对的,均匀性是相对的。所以,考虑系统内部的差异性要有一定的限度,应服从所研究问题的要求与深度。当范围小时,分区范围也可减小;当范围大时,分区范围也可加大。从这个意义上讲,划分有限个单元来反映系统内部的差异只具有相对的意义。

2. 划分单元后对供需平衡问题的处理

在对系统划分为若干个计算单元的同时,也要对系统的需水要求、供水水源和供水区做相应的处理,概括归纳如下:

(1)各项需水要求均以计算单元来划分。

(2)分单元提出当地可利用地表径流,分单元确定河网调蓄库容及田间调蓄能力,规定这部分调蓄水量只能满足所在单元的农业需水要求。

(3)明确每个地表水库、地下水库、外调水等对单元的供水关系。

(4)单元计算经处理后可再生利用的污水量。

经分析,南四湖流域计算单元分为湖西菏泽、湖西济宁和湖东泰安、湖东济宁、湖东枣庄。

4.1.1.5　水传输系统

1.河道与渠道

水源工程通过河道与渠道将水输送给用户,各种蓄水、用水的多余水量以及排泄量,也通过河道向外排放。实际上,水是通过渠系河网进行传输的,而非单一的一条线路。由于前述分区问题已将各区概化,因而其内部的差异,河网渠系不予考虑。

2.多水源传输系统

为有效地描述系统中不同水量的行为,将工程、分区及节点之间水的传输关系大致划分为四类,即地表水河流渠道关系、地下水库之间的侧渗补给与排泄关系、外流域调水的河流渠道关系以及弃水河流渠道作为弃水量与污水排放水量的通道关系。

1)地表水传输系统

地表水传输系统的水源以地表水源为主,还包括地表河网调蓄水量和可用的上游弃水量等。

2)外调水传输系统

由于外调水工程的重要性,以及其水源利用价值,研究其应用特性是极为必要的。外调水传输系统与地表水传输系统概念相同,但不重合,并仅传输外调水源。

3)地下水的侧渗补给与排泄关系

描述地下水库之间的排泄与补给关系。当地下水当年补给量与地下水库容之和,在一定量的开采后大于地下水库容时,多余水量将以此关系向其他地下水库传输。

4)弃水及污水传输系统

南四湖流域的弃水及污水传输系统主要以各工程及分区的弃水为主。上游区域的多余污水处理水和灌溉回归水也经弃水河渠道向下游传输。

基于上述对水源组成、需水部门、水利工程、传输系统的概化原则的描述,考虑到资料的可获得性和系统仿真的实际需求,选择三级区套地市行政区作为基本计算单元,并结合水系的具体特性对流域水资源系统进行概化。下面以没有大型水库的基本计算单元为例说明其概化过程,见图4-3。

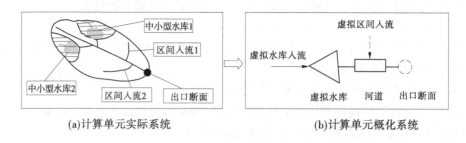

(a)计算单元实际系统　　　　　　　　(b)计算单元概化系统

图 4-3　计算单元概化过程

其中,中小型水库进行合并形成虚拟水库,其入流也同时进行合并;另外,计算单元中除流入水库等蓄水工程的水系外,也存在一些细小支流,这些支流合并成虚拟区间入流。对于有大型水库的计算单元与常规概化方法一致,单独予以考虑。图4-2中的计算单元供、用、耗、排概化关系如图4-4所示。

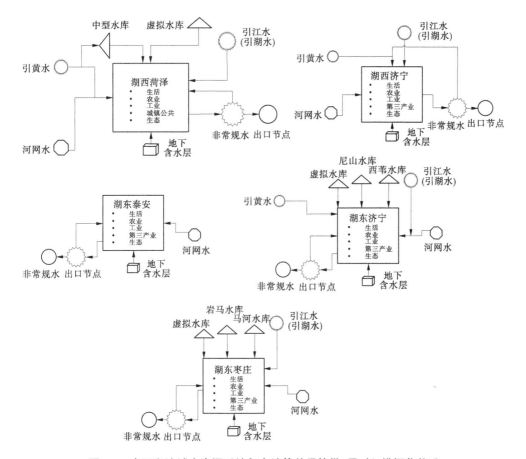

图 4-4　南四湖流域水资源系统每个计算单元的供、用、耗、排概化关系

4.1.2　水资源优化配置模型构建

4.1.2.1　目标函数

流域水资源优化配置模型作为对现实系统的模拟,需要从全局出发,在多目标的约束下,进行统筹优化。随着流域内经济、社会发展、生态保护与水资源联系日益紧密,围绕经济—社会—生态—水资源系统,建立以社会效益、经济效益和环境效益为目标的多目标水资源优化配置模型,最终目标是追求综合效益最大化。

$$Z = \mathrm{opt}[f_1(x), f_2(x), f_3(x)] \tag{4-1}$$

1. 经济效益目标

以流域供水带来的直接经济效益作为经济目标的表达,即用供水效益与成本之差的最大值来表示经济效益目标函数。

$$\max f_1(x) = \sum_{k=1}^{K} \sum_{j=1}^{J(k)} \Big[\sum_{i=1}^{I(k)} (b_{ij}^k - c_{ij}^k) x_{ij}^k \alpha_i^k + \sum_{c=1}^{C} (b_{cj}^k - c_{cj}^k) x_{cj}^k \alpha_c^k \Big] \beta_j^k \omega_k \tag{4-2}$$

式中:x_{ij}^k 为独立水源 i 向 k 子区 j 用户的供水量,万 m^3;x_{cj}^k 为公共水源 c 向 k 子区 j 用户的供水量;b_{ij}^k 为独立水源 i 向 k 子区 j 用户的单位供水量效益系数,元/m^3;b_{cj}^k 为公共水源 c

向 k 子区 j 用户的单位供水效益系数，元/m³；c_{ij}^k 为独立水源 i 向 k 子区 j 用户供水的费用系数，元/m³；c_{cj}^k 为公共水源 c 向 k 子区 j 用户供水的费用系数，元/m³；α_i^k 为 k 子区独立水源 i 的供水次序系数；β_j^k 为 k 子区 j 用户用水公平系数；ω_k 为 k 子区的权重系数。

2. 社会效益目标

满足人畜饮水安全，振兴工业，发展现代农业，社会效益最大。由于社会效益不容易度量，而流域缺水量的大小或缺水程度会直接影响社会的发展和稳定，故以区域缺水量的大小或缺水程度刻画社会效益目标。

$$\min f_2(x) = \sum_{k=1}^{K} \sum_{j=1}^{J(k)} \left[D_j^k - \left(\sum_{i=1}^{I(k)} x_{ij}^k + \sum_{c=1}^{C} x_{cj}^k \right) \right] \tag{4-3}$$

式中：D_j^k 为 k 子区 j 用户的需水量，万 m³。

3. 环境效益目标

流域用水的同时必定造成排污，以可代表流域代表性污染成分的排污量的最小值（例如 COD）描述环境效益目标。

$$\min f_3(x) = \sum_{k=1}^{K} \sum_{j=1}^{J(k)} \left[0.01 \cdot d_j^k p_j^k \left(\sum_{i=1}^{I(k)} x_{ij}^k + \sum_{c=1}^{C} x_{cj}^k \right) \right] \tag{4-4}$$

式中：d_j^k 为 k 子区 j 用户单位废水排放量中 COD 的含量，mg/L；p_j^k 为 k 子区 j 用户的污水排放系数。

4.1.2.2　约束条件

最严格水资源管理制度所划定的"三条红线"，其目标是使水资源利用总量最低、用水效率最高和污染物排放量最低。"三条红线"的限制作用可以从目标函数的约束条件中得到体现，用于约束目标函数，在"三条红线"的约束下追求流域综合效益最大化。

1. 取用水总量控制约束

流域供水水源有当地地表水、地下水和外调水（引黄水和引江水），各水源的可供水量应该要低于其相应的可开采量。

$$\sum_{k=1}^{K} \sum_{j=1}^{J(k)} x_{ij}^k \leqslant w_{ST} + w_{GT} + w_{DT} \tag{4-5}$$

式中：x_{ij}^k 为水源 i 向 k 子区 j 用户的可供水量，万 m³；w_{ST} 为流域当地地表水可利用量红线控制指标；w_{GT} 为流域地下水可开采量红线控制指标；w_{DT} 为外调水可利用量红线控制指标。

2. 用水效率约束

生活、工业、农业等用水效率都应小于设计的用水效率控制指标，即

$$Q_i \leqslant Q_{id} \tag{4-6}$$

式中：Q_i 为实际用水效率；Q_{id} 为确定的不同水平年用水效率控制指标。

3. 水功能区限制纳污约束

流域内污染物排放总量要低于相应的流域排污纳污控制红线控制指标。

$$\sum_{k=1}^{K} \sum_{j=1}^{J(k)} \left[0.01 \cdot d_j^k p_j^k \left(\sum_{i=1}^{I(k)} x_{ij}^k + \sum_{c=1}^{C} x_{cj}^k \right) \right] \leqslant W_0 \tag{4-7}$$

式中：W_0 为流域允许的 COD 排放总量红线控制指标，t。

4. 部门用水量约束

各水源提供给各分区各用户的水量不大于该用户的用水量,即

$$\sum_{i=1}^{I(k)} x_{ij}^k + \sum_{c=1}^{C} x_{cj}^k \leq D_j^k \tag{4-8}$$

式中:D_j^k 为 k 子区 j 用户的最大需水量,万 m^3。

5. 变量非负约束

各个分区的任何用水户的用水量不为负数,所能提供的水量能满足每个用水户的需要,即

$$x_{ij}^k \geq 0 \tag{4-9}$$

4.1.2.3　参数确定

1. 供水次序系数与用水公平系数

1) 供水次序系数

供水次序系数指反映水源之间供水的优先程度,将各个水源的优先程度转化到 $[0,1]$ 区间上的系数。本项目要将当地地表水、地下水、引黄水、引江水和非常规水等五类水源进行排序,然后采用下式计算其供水次序系数:

$$\alpha_i^k = \frac{1 + n_{max}^k - n_i^k}{\sum_{i=1}^{n} (1 + n_{max}^k - n_i^k)} \tag{4-10}$$

式中:α_i^k 为 k 子区 i 水源供水次序系数;n_i^k 为 k 子区 i 水源供水次序序号;n_{max}^k 为 k 子区水源供水序号的最大值。

根据流域水资源供需平衡分析可知,南四湖流域的水源可以分为当地地表水、地下水、引黄水、引江水和非常规水等五类水源,其中非常规水源为再生水和雨水。针对本项目而言,每个计算分区的当地地表水、地下水、非常规水作为各自分区的独立水源,引黄水与引江水为南四湖流域的公共水源,供水水源的供水原则一般为:①先用小工程的水,后用大工程的水;②先用自流水,后用蓄水和提水;③先用地表水,后用地下水。

对于非常规水的利用,在我国、山东省及各地市都明确指出了利用方式。在我国《节水型社会建设“十三五”规划》中,明确指出“加大雨洪资源、海水、中水、矿井水、微咸水等非常规水源开发利用力度,实施再生水利用、雨洪资源利用、海水淡化工程,把非常规水源纳入区域水资源统一配置”。对于再生水,“促进再生水利用。工业生产、农业灌溉、城市绿化、道路清扫、车辆冲洗、建筑施工及生态景观等领域优先使用再生水”。对于雨水,“推动雨水集蓄与利用。结合海绵城市建设,新建小区、城市道路、公共绿地要完善雨洪资源利用设施,增加对雨洪径流的滞蓄能力,推进雨洪资源化利用”。针对再生水利用率的问题,要求缺水城市再生水利用率达到20%以上;对于严重缺水的山东省而言,要求达到30%以上。《山东省水安全保障总体规划》要求“火力发电再生水使用比例不低于50%,一般工业冷却循环再生水使用比例不低于20%,城市绿化、环境卫生、景观生态用水原则上全部使用再生水。到2030年,全省再生水利用率达到40%以上”。根据各地市《水安全保障总体规划》的要求,济宁、枣庄、菏泽、泰安的城市再生水利用率分别达到50%、50%、40%、40%。

基于"科学利用地表水,积极利用外调水,控制开采地下水"的原则,对不同用水对象其供水水源供水的优先级别有差异。本项目用水户分为生活、农业、工业、城镇公共和生态五种用水类型,其中生活用水、城镇公共用水优先使用新鲜水源;工业和生态用水优先使用非常规水。

针对南四湖流域的用水户而言,生活用水和城镇公共用水的供水优先次序为当地地表水、引黄水、引江水、地下水、非常规水;工业用水的供水优先次序为非常规水、当地地表水、引黄水、引江水、地下水;农业用水的供水优先次序为当地地表水、引黄水、地下水、非常规水;生态用水的供水优先次序为非常规水、当地地表水。同时,引江水主要供给工业用水,少量供给生活用水。经式(4-10)计算,南四湖各分区各水源供水次序系数见表4-1(不考虑非常规水)和表4-2(考虑非常规水)。

表 4-1　南四湖流域 2035 年各分区供水次序系数(不考虑非常规水)

供水对象	计算分区	当地地表水	地下水	引黄水	引江水
生活和城镇	湖东济宁	0.40	0.10	0.30	0.20
	湖东泰安	0.50	0.17	0	0.33
	湖东枣庄	0.50	0.17	0	0.33
	湖西济宁	0.40	0.10	0.30	0.20
	湖西菏泽	0.40	0.10	0.30	0.20
工业	湖东济宁	0.40	0.10	0.30	0.20
	湖东泰安	0.50	0.17	0	0.33
	湖东枣庄	0.50	0.17	0	0.33
	湖西济宁	0.40	0.10	0.30	0.20
	湖西菏泽	0.40	0.10	0.30	0.20
农业	湖东济宁	0.50	0.17	0.33	0
	湖东泰安	0.67	0.33	0	0
	湖东枣庄	0.67	0.33	0	0
	湖西济宁	0.50	0.17	0.33	0
	湖西菏泽	0.50	0.17	0.33	0
生态	湖东济宁	1.00	0	0	0
	湖东泰安	1.00	0	0	0
	湖东枣庄	1.00	0	0	0
	湖西济宁	1.00	0	0	0
	湖西菏泽	1.00	0	0	0

表 4-2　南四湖流域 2035 年各分区供水次序系数（考虑非常规水）

供水对象	计算分区	当地地表水	地下水	引黄水	引江水	非常规水
生活和城镇	湖东济宁	0.33	0.13	0.27	0.20	0.07
	湖东泰安	0.50	0.33	0	0	0.17
	湖东枣庄	0.40	0.20	0	0.30	0.10
	湖西济宁	0.40	0.20	0.30	0	0.10
	湖西菏泽	0.33	0.13	0.27	0.20	0.07
工业	湖东济宁	0.27	0.07	0.20	0.13	0.33
	湖东泰安	0.33	0.17	0	0	0.50
	湖东枣庄	0.30	0.10	0	0.20	0.40
	湖西济宁	0.30	0.10	0.20	0	0.40
	湖西菏泽	0.27	0.07	0.20	0.13	0.33
农业	湖东济宁	0.40	0.20	0.30	0	0.10
	湖东泰安	0.50	0.33	0	0	0.17
	湖东枣庄	0.50	0.33	0	0	0.17
	湖西济宁	0.40	0.20	0.30	0	0.10
	湖西菏泽	0.40	0.20	0.30	0	0.10
生态	湖东济宁	0.33	0	0	0	0.67
	湖东泰安	0.33	0	0	0	0.67
	湖东枣庄	0.33	0	0	0	0.67
	湖西济宁	0.33	0	0	0	0.67
	湖西菏泽	0.33	0	0	0	0.67

2）用水公平系数

用水公平系数是反映各用水部门得到供水的优先程度，根据用水资源开发利用的原则和流域用水部门的重要性，按照"先生活、再生态、后生产"的原则。在水量有限的情况下，最先满足生活饮用水，然后统筹安排生态用水和生产用水。根据前述需水部门分析可知，各用水部门用水的先后次序为生活用水>生态用水>工业用水＝城镇公共用水>农业用水。经式（4-10）计算，其用水公平系数分别为：城镇生活 0.25、农村生活 0.25、生态 0.19、工业 0.13、城镇公共 0.13、农业 0.06。

2. 用水效益系数与供水费用系数

1）用水效益系数

农业、工业和城镇公共用水的效益系数，可根据万元产值需水量的倒数确定。缺乏资料的计算分区，通过参考国内相似城市的用水效益情况酌情确定。

生活用水效益系数一般难以有明确的数值，为使其在计算过程中的供应量得到保证，一般效益系数赋予较大值。生态用水与生活用水关系紧密,一般生态用水效益系数的取值可参考生活用水的效益系数。

南四湖流域2035年各用水部门用水效益系数见表4-3。

表4-3　南四湖流域2035年各用水部门用水效益系数　　　（单位:元/m³）

计算分区	生活用水	农业用水	工业用水	城镇公共用水	生态用水
湖东济宁	50 000	30	1 304	40 378	50 000
湖东泰安	50 000	47	980	13 054	50 000
湖东枣庄	50 000	42	1 244	16 439	50 000
湖西济宁	50 000	20	1 702	24 673	50 000
湖西菏泽	50 000	15	808	5 360	50 000

2) 供水费用系数

供水费用系数确定的依据是水费收费标准。居民生活、工业、城镇公共的供水费用系数参考各地市2018年水资源公报的水价,并在此基础上提高10%;农业供水费用系数结合山东省政府办公厅《关于印发山东省农业水价综合改革实施方案的通知》有关要求、各地市2018年水资源公报以及农业水价的调查确定;生态供水费用系数参照居民生活用水价格,并扣除其中的污水处理费确定。南四湖流域2035年供水费用系数见表4-4。

表4-4　南四湖流域2035年供水费用系数　　　（单位:元/m³）

计算分区	生活用水	农业用水	工业用水	城镇公共用水	生态用水
湖东济宁	2.77	0.25	3.28	3.81	1.97
湖东泰安	2.83	0.26	3.08	3.08	2.13
湖东枣庄	2.64	0.26	4.51	4.51	1.87
湖西济宁	2.71	0.25	3.38	3.85	1.92
湖西菏泽	3.00	0.31	3.67	3.65	2.15

3. 用户需水量

与水资源公报统一口径,本项目用水户划分为生活、农业、工业、城镇公共和生态用水。在基准方案和节水方案情景下,各用水部门的需水量见表4-5和表4-6。

表4-5　南四湖流域各计算分区不同部门的需水量(基准方案)　　　（单位:万m³）

水资源分区	城镇生活用水	农村生活用水	农业用水		工业用水	城镇公共用水	生态用水
			50%	75%/95%			
湖东济宁	12 953.3	7 707.8	114 732.3	135 603.9	43 367.9	2 590.7	2 899.8
湖东泰安	1 482.4	1 259.8	15 719.1	19 874.5	4 313.0	296.5	663.0
湖东枣庄	8 048.4	3 577.0	35 113.8	44 763.3	24 156.3	1 609.7	3 457.5
湖西济宁	6 537.4	3 890.0	82 861.9	98 244.5	9 860.7	1 307.5	4 111.8
湖西菏泽	17 249.7	12 800.3	196 447.6	230 779.0	30 996.1	3 449.9	7 178.6

表 4-6　南四湖流域各计算分区不同部门的需水量(节水方案)　　(单位:万 m³)

水资源分区	城镇生活用水	农村生活用水	农业用水		工业用水	城镇公共用水	生态用水
			50%	75%/95%			
湖东济宁	12 953.3	7 707.8	113 169.6	133 743.6	41 199.5	2 590.7	2 899.8
湖东泰安	1 482.4	1 259.8	15 613.0	19 738.0	3 881.7	296.5	663.0
湖东枣庄	8 048.4	3 577.0	33 009.5	41 983.1	22 884.9	1 609.7	3 457.5
湖西济宁	6 537.4	3 890.0	81 697.0	96 857.8	9 367.6	1 307.5	4 111.8
湖西菏泽	17 249.7	12 800.3	192 603.4	226 193.8	29 446.3	3 449.9	7 178.6

4. 权重系数

分区权重系数与效益目标权重系数都是用来反映重要性程度的。分区权重系数 ω_k 为 k 分区在整个流域中的重要性程度;效益目标权重系数 λ_i 表示第 i 个目标在综合目标中的重要性程度。常用的权重计算方法有德尔菲法、二元对比法和层次分析法等。根据实际的研究情况,本书选择运用层次分析法。

层次分析法(Analytic Hierarchy Process, AHP)是美国匹兹堡大学教授、运筹学学者 T. L. Saaty 于 20 世纪 70 年代提出的一种多准则决策方法。它将决策的问题看作受多种因素影响的大系统,这些相互关联、相互制约的因素可以按照它们之间的隶属关系排成从高到低的若干层次,然后对各因素两两比较重要性,再利用数学方法,对各因素层层排序,最后对排序结果进行分析,辅助进行决策。同时,这一方法有深刻的理论基础,且表现形式简单,易于理解,该方法得到了较为广泛的应用。具体步骤如下:

(1)明确问题。弄清要研究问题的范围、所包含的因素及其因素之间的相互关系、需要得到的答案等。

(2)建立层次结构模型。在深入分析所面临的问题后,将问题中所包含的因素划分为不同层次,建立递推层次结构。

(3)采用 T. L. Saaty 标度法,邀请专家构造判断矩阵。任何系统分析都是以一定的信息为基础的,AHP 的信息基础主要是人们对每一层次各个元素之间的相对重要性给出判断。这些判断用数值表示出来,写成矩阵,即所谓的判断矩阵。判断矩阵的构造方法是将同一目标、同一准则或同一领域下的因素进行两两比较并按 T. L. Saaty 标度法的 1~9 比例标度对重要程度赋值(见表 4-7),比较结果即等级标度,填入两两比较判别表格第 i 行、第 j 列栏目中的 a_{ij},表示第 i 行因素 A_i 比第 j 列因素 A_j 的相对重要程度。由此构成行比列的判断矩阵 H,如表 4-8 所示。

表 4-7　Satty 标度法判断矩阵标度及其含义(假设是 A_1 与 A_2 的重要性比较)

等级标度	相对重要性判断的含义
1	A_1 与 A_2 同等重要
3	根据经验和判断,A_1 比 A_2 重要一些
5	根据经验和判断,A_1 比 A_2 明显的重要

续表 4-7

等级标度	相对重要性判断的含义
7	在实际中显出 A_1 比 A_2 重要得多
9	A_1 比 A_2 是极端重要
2、4、6、8	介乎于以上相邻奇数判断之间的折中情况
倒数	若 A_1 与 A_2 重要性之比为 a_{ij}，那么 A_1 与 A_2 的重要性之比是 $a_{ij} = 1/a_{ij}$

表 4-8　判断矩阵

项次	第 1 列 A_1	第 2 列 A_2	第 3 列 A_3	…	第 N 列 A_N
第 1 行	$a_{11}=1$	a_{12}	a_{13}	…	a_{1N}
第 2 行	a_{21}	$a_{22}=1$	a_{23}	…	a_{2N}
第 3 行	a_{31}	a_{32}	$a_{33}=1$	…	a_{3N}
⋮	…	…	…	…	⋮
第 N 行	a_{N1}	a_{N2}	a_{N3}	…	$a_{NN}=1$

显然,表格中对角线上的等级标度应等于 1。如果判断结果为,A_i 比 A_j 的等级标度等于 5,那么反过来 A_j 比 A_i 的等级标度 a_{ji} 是其倒数,即 1/5。所以,只需对每两个因素做一次比较即可。

(4)计算判断矩阵的特征根和特征向量。

①判断矩阵元素按行相乘:

$$M_i = \prod_{i=1}^{n} a_{ij} \qquad (4-11)$$

②所得乘积分别开 n 次方:

$$\overline{W}_i = \sqrt[n]{M_i} \qquad (4-12)$$

③将方根向量正规化,即得到特征向量 W 的第 i 个分量:

$$W_i = \frac{\overline{W}_i}{\sum_{i=1}^{n} \overline{W}_i} \qquad (4-13)$$

④计算判断矩阵最大特征根 λ_{max}:

$$\lambda_{max} = \sum_{i=1}^{n} \frac{(BW)_i}{n\overline{W}_i} \qquad (4-14)$$

式中:n 为判断矩阵的阶数。

(5)判断矩阵的一致性检验。

一般来说,如果判断是严格准确一致的话,则比较表格中各 a_{ij} 值之间应存在如下递推关系:$a_{ij} = \dfrac{A_i}{A_j} = \dfrac{A_i}{A_k} = \dfrac{A_k}{A_j} = a_{ik} \cdot a_{kj} = \dfrac{a_{ik}}{a_{jk}}$,其中:$k = 1,2,3,\cdots,n$。

对于构造判断矩阵,是两两因素相比,每一个因素都不止与一个因素有比较关系,两两因素相比的结果,是否能使全部因素在相互比较关系中都能取得上式的一致性,这在构造矩阵时并未得到保证。所以,应对判断矩阵进行一致性检验。一致性检验的步骤如下:

①计算一致性指标 CI。

$$CI = (\lambda_{max} - n)/(n - 1) \tag{4-15}$$

②查找相应的平均随机一致性指标 RI 值。

RI 的取值见表 4-9。

表 4-9　平均随机一致性指标 RI

矩阵阶数	1	2	3	4	5	6	7
RI	0	0	0.52	0.89	1.12	1.26	1.36
矩阵阶数	8	9	10	11	12	13	14
RI	1.41	1.46	1.49	1.52	1.54	1.56	1.58

③计算随机性一致比率 CR。

$$CR = CI/RI \tag{4-16}$$

当 $R \leqslant 0.10$ 时,判断矩阵具有满意的一致性;否则,应该对判断矩阵做适当修正。

根据层次分析法的计算步骤,求解效益目标权重系数与分区权重系数。对于效益目标权重系数,本模型中有 3 个效益目标函数,分别为经济效益目标函数、社会效益目标函数和生态环境效益目标函数,经层次分析求得三者权重系数分别为 $\lambda_1 = 0.3$、$\lambda_2 = 0.4$、$\lambda_3 = 0.3$。对于分区权重系数结果见表 4-10。

表 4-10　南四湖流域各计算分区权重系数

计算分区	权重
湖东济宁	0.3
湖东泰安	0.05
湖东枣庄	0.11
湖西济宁	0.14
湖西菏泽	0.4

4.1.2.4　最严格水资源管理控制指标

1. 水资源优化配置和最严格水资源管理制度的关系

最严格水资源管理制度的核心内容是"三条红线",其具体内容分别与水资源管理中供、用、排三个方面相关,并且这三者关系并不是相互孤立的,如何把水资源配置模型应用于该流域以及在"三条红线"之下,即达到用水总量控制、用水效率控制和污染物排放控制等要求,是本章水资源配置研究的基础,也是未来水资源管理模式的基本范式。

水资源配置方案是基于水资源开发利用、节约用水和保护、供需水预测等分析制订的总体布局和实施方案,与最严格水资源管理制度中的"开发利用红线"、"用水效率控制红线"和"水功能区限制纳污控制红线"有着密切的关系,而水资源配置方案的有效实施要靠水资源制度的保障,两者具体关系见图4-5。

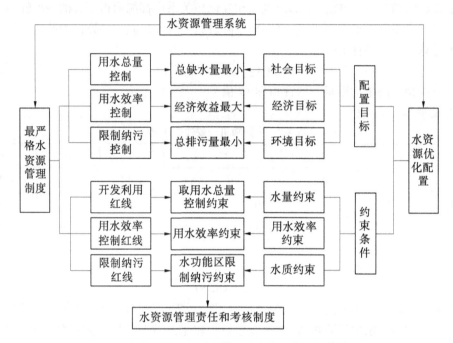

图4-5 水资源优化配置和最严格水资源管理制度的关系

鉴于最严格水资源管理制度与水资源优化配置之间的关系,在水资源优化配置中,以《山东省水资源综合利用中长期规划》、山东省及各地市的《水安全保障总体规划》、《水利发展"十三五"规划》以及山东省17市用水总量控制目标等为依据,确定各地市的用水总量(含不同水源各自用水量控制指标)、用水效率和水功能区限制纳污量控制指标,配置时应以控制指标作为约束。同时,参考流域内各地市水源类型和水资源供需平衡特点,在用水总量控制的范围内允许相邻区域水源适当调剂,以满足需水要求。

2.“三条红线”控制指标体系的初步构建

水资源开发利用红线的控制指标包括地区或流域的用水总量、行业部门用水总量等;用水效率控制红线的评价指标有人均生活用水量、万元GDP用水量、万元工业增加值用水量、亩均灌溉用水量、农田灌溉水有效利用系数、工业用水重复利用率等;水功能区限制纳污红线则以水功能区水质达标率、各污染物的允许纳污量等作为评价指标。从最严格水资源管理制度的内容来看,“三条红线”的具体内容主要是围绕用水过程的三个环节“取水、用水、排水”来进行约束。因此,选取用水总量控制、用水效率控制和水功能区限制纳污控制作为三个控制目标,在确定控制目标的前提下,通过控制目标的具体内容,细分控制指标,将整个指标体系分成控制目标和控制指标两个层次分明的序列。

用水总量控制红线反映了我国水资源管理方式开始由供水管理向需水管理转变,用水总量控制目标主要是在节水的基础上,对区域或行业用水进行定量化,由此来核算取水和用水规模;用水效率控制红线体现出用水总量和用水效率之间的一个联动效应,用水总量控制可以推进生产工艺方式改进,进而提高用水效率,用水效率控制可以减少产品的用水量,因此用水效率控制目标可以分为用水定额和用水效率两个方面;水功能区限制纳污控制红线作为一个综合性指标作用在于对水生态环境进行保护,该控制目标可以包括主要污染物入河总量和水功能区水质达标率。水资源管理"三条红线"控制指标体系见表 4-11。

表 4-11　水资源管理"三条红线"控制指标体系

控制目标	控制指标
用水总量控制	地区用水总量控制(万 m³)
	行业部门用水总量控制(万 m³)
	取水许可总量(万 m³)
	地表水用水量(万 m³)
	地下水用水量(万 m³)
	外调水用水量(万 m³)
用水效率控制	人均生活用水量(m³/人)
	万元 GDP 用水量(m³/万元)
	万元工业增加值用水量(m³/万元)
	工业用水重复率(%)
	农田灌溉水有效利用系数
	亩均灌溉用水量(m³/万元)
水功能区限制纳污控制	主要污染物入河总量(t)
	工业废水达标排放率(%)
	城市生活污水处理率(%)
	水功能区水质达标率(%)

3. 南四湖流域"三条红线"控制指标体系构建

在"三条红线"控制指标体系初步构建的基础上,结合南四湖流域水资源利用现状以及相关资料的可获得性,遵循准确性、代表性和可操作等原则,结合各个地市水资源管理控制目标的相关文件,选取合适并有代表性的指标构建南四湖流域最严格水资源管理"三条红线"控制指标体系,见表 4-12。

表 4-12　南四湖流域水资源管理"三条红线"控制指标体系

控制目标	控制指标
用水总量控制	地表水用水量(万 m³)
	地下水用水量(万 m³)
	外调水用水量(万 m³)
	用水总量控制(万 m³)

续表 4-12

控制目标	控制指标
用水效率控制	万元 GDP 用水量（m^3/万元）
	万元工业增加值用水量（m^3/万元）
	农田灌溉水有效利用系数
水功能区限制纳污控制	COD 最大允许污染排放量（t）

4.南四湖流域"三条红线"控制指标的确定方法

1）用水总量控制指标确定方法

依据山东省、济宁市、泰安市、枣庄市及菏泽市的《水安全保障总体规划》，南四湖流域用水总量控制指标见表 4-13。

表 4-13　南四湖流域用水总量控制指标　　　　　（单位:万 m^3）

计算分区	控制指标				
	地表	地下	引黄	引江	合计
湖东济宁	89 505	65 200	6 000	8 400	169 105
湖东泰安	11 061	10 930	0	1 300	23 291
湖东枣庄	23 050	32 052	0	15 430	70 532
湖西济宁	44 395	32 000	34 000	1 600	111 995
湖西菏泽	24 899	125 502	93 099	7 500	251 000

2）用水效率控制指标确定方法

水资源用水效率红线控制目标包括万元 GDP 用水量、万元工业增加值用水量和农田灌溉水有效利用系数三个控制指标。依据山东省、济宁市、泰安市、枣庄市及菏泽市的《水安全保障总体规划》，南四湖流域用水效率控制指标见表 4-14。

表 4-14　南四湖流域用水效率控制指标

计算分区	控制指标		
	万元 GDP 用水量（m^3/万元）	万元工业增加值用水量（m^3/万元）	农田灌溉水有效利用系数
湖东济宁	36. 22	10. 36	0. 68
湖东泰安	33. 68	11. 83	0. 663 5
湖东枣庄	19. 66	7. 93	0. 7
湖西济宁	36. 22	10. 36	0. 68
湖西菏泽	59. 48	10. 73	0. 68

3）水功能区限制纳污控制指标确定方法

水功能区限制纳污控制指标的确定过程主要是依据水功能区性质、地区或流域的社会经济发展需求以及水资源环境保护的相关法律法规。水功能区限制纳污红线指标属于数量化指标,根据本书研究需要,选择 COD 污染物入河总量作为水功能区限制纳污控制指标。

计算污染物入河总量的一般过程,首先是要计算水功能区污染物的纳污能力,然后确定纳污考核的水功能区名单,构建模型计算各水功能区的纳污能力大小。根据水功能区纳污能力以及水功能区的性质,对于只需维持现状的水体,直接将现状水平年的污染物入河量作为规划水平年的指标值;而对于需要将污染物入河量控制在纳污能力以内或不允许有污染物入河的情况,则要求在规划水平年必须控制在符合要求的范围内,即指标值定为纳污能力值或零。

依据山东省、济宁市、泰安市、枣庄市及菏泽市的《水安全保障总体规划》等相关规划确定控制指标,其指标见表 4-15。

表 4-15　南四湖流域水功能区限制纳污控制指标

控制指标	控制分区	指标值
COD 污染物入河总量(t)	湖东济宁	5.84
	湖东泰安	0.96
	湖东枣庄	4.39
	湖西济宁	2.93
	湖西菏泽	5.07

5. 水资源优化配置模型的求解

20 世纪 60 年代遗传算法(GA)提出后,相继出现了多种群智能优化算法,如蚁群算法(ACO)、粒子群算法(PSO)、人工鱼群算法(AFSA)、混合蛙跳算法(SFLA)、萤火虫算法(FA)、鲸鱼优化算法(WOA)、灰狼优化算法(GWO)、果蝇优化算法(FOA)等,它们均是模拟动物群体的觅食行为及自然界生物进化过程演变出来的。群智能优化算法的出现为优化问题求解提供了方便。其中,果蝇优化算法(FOA)是近几年提出的新型群智能优化算法,与其他算法相比,FOA 原理简单,参数少,计算量小,便于实现,具较强的全局寻优能力,收敛速度较快;不足之处在于收敛过快,易陷入局部最优。在此,为了弥补 FOA 的不足,结合模拟退火算法和 FOA,用前者对后者进行扰动,避免 FOA 提早收敛。

1)果蝇优化算法(FOA)计算步骤

FOA 由潘文超(台湾)于 2011 年提出,通过模拟果蝇群体觅食行为来寻求优化问题的最优解的一种方法。该算法有如下 7 个计算步骤:

(1)初始化果蝇群体初始位置 (X_0, Y_0),群体规模 size,最大迭代次数 M,维数 D。

(2)果蝇个体利用嗅觉随机搜寻食物,给定搜索距离为 L,则果蝇的位置变为

$$\left.\begin{aligned} X_i &= X_0 + L \\ Y_i &= Y_0 + L \end{aligned}\right\} \tag{4-17}$$

(3)由于无法事先知道食物位置,因此可通过估计果蝇个体与原点之间的距离 $Dist_i = \sqrt{X_i^2 + Y_i^2}$,再计算味道浓度判断值 $S_i = 1/Dist_i$,来求解食物位置。

(4)将 S_i 代入味道浓度判断函数中,求得果蝇个体的味道浓度值,即 $Smell_i = f(S_i)$。

（5）寻找果蝇种群中味道浓度最佳的果蝇 $[bestSmell, bestindex] = \min(Smell_i)$，该式子适用于求最小值问题。

（6）保留最佳果蝇味道浓度值 $bestSmell$ 与对应位置坐标，果蝇群体利用视觉向该位置飞行。

（7）迭代寻优，重复步骤（2）～（5），判断当前的最佳味道浓度是否优于前一次迭代的最佳味道浓度，并且判断当前迭代次数是否小于 M，若是，执行步骤（6）；否则，结束并输出最优值。

2）模拟退火-果蝇优化算法（SA-FOA）计算步骤

果蝇移动的搜索距离 L 会影响其寻优的结果，L 大有利于跳出局部极值进而寻求全局最优，并且提高收敛效率，但其局部搜索能力将下降；L 过小则可能会陷入局部极值，且存在收敛效率低的问题。在算法进行的过程中，对 L 大小的需求不同。在算法迭代初期，需要较大的 L 能够提高收敛速度；在迭代后期，需要较小的 L 避免错过最优值。因此，将模拟退火算法（SA）融入 FOA 中，变固定的 L 数值为迭代递减数值，有助于寻求最优解。其计算过程如下：

（1）设置初始参数，包括初始温度 T_0，终止温度 T_s，退火衰减因子 a，最大迭代次数 M，种群规模 size，果蝇群体初始位置 (X_0, Y_0)。

（2）设搜索距离 $L = L_0 - \dfrac{L_0(G-1)}{G_{\max}}$，其中，$G_{\max}$ 为最大觅食代数，G 为当前觅食代数，L_0 为初始搜索距离，则果蝇群体的位置变为

$$\left.\begin{array}{l} X_i = X_0 + L \\ Y_i = Y_0 + L \end{array}\right\}$$

（3）计算味道浓度判定值 $S_i = 1/\sqrt{X_i^2 + Y_i^2}$。

（4）将 S_i 代入味道浓度判断函数中，求得果蝇个体的味道浓度值，即 $Smell_i = f(S_i)$。

（5）寻找果蝇种群中味道浓度最佳的果蝇，其 S_i 即为当前最小值，并保留该最小值所对应的位置坐标 (X_i, Y_i)。

（6）用 $L = L_0 - \dfrac{L_0(G-1)}{G_{\max}}$ 再对当前位置 (X_i, Y_i) 进行扰动，求得新的位置坐标，记为 (X_i', Y_i')，其中，$X_i' = X_i + L$，$Y_i' = Y_i + L$，求出此时的 $S(i)'$。

（7）计算味道浓度差值 $\Delta s = S(i)' - S_i$。依据 SA 的准则，若 $\Delta s \leq 0$，则 $S(i)'$ 被接受，保存此时的坐标位置；若 $\Delta s > 0$，则依概率 $P = \exp(-\Delta s/T_k)$ 收敛，T_k 为当前时刻的温度值。如果此时所求 $P > rand$，那么新最小值被接受，保留 (X_i', Y_i')，替代 (X_i, Y_i)，(X_i', Y_i') 为下次寻优的初始位置；否则，(X_i, Y_i) 保持不变，开始进行下一次寻优。

（8）重复步骤（2）～（7），直到 $T_k < T_s$。

4.1.3　水资源优化配置结果分析

根据对规划年 2035 年南四湖流域供需水的分析以及模型参数的确定，通过优化计算可以得到规划水平年南四湖流域在基准方案和节水方案下不同保证率（$P = 50\%$、75%、95%）的

水资源优化配置结果。南四湖流域规划年 2035 年基准方案和节水方案在不同保证率下水资源优化配置结果见表 4-16~表 4-21 和图 4-6~图 4-11,需水满足程度见表 4-22。

表 4-16　南四湖流域规划年 2035 年 50%保证率下水资源优化配置结果(基准方案)

（单位:万 m³）

计算分区		湖东济宁	湖东泰安	湖东枣庄	湖西济宁	湖西菏泽	合计
城镇生活	地表水	12 953	1 482	8 048	6 537	4 920	33 940
	地下水	0	0	0	0	0	0
	引黄水	0	0	0	0	12 330	12 330
	引江水	0	0	0	0	0	0
农村生活	地表水	7 708	1 260	3 577	3 890	12 800	29 235
	地下水	0	0	0	0	0	0
	引黄水	0	0	0	0	0	0
	引江水	0	0	0	0	0	0
农业	地表水	28 385	4 346	0	20 288	0	53 019
	地下水	65 200	10 930	29 683	28 574	125 502	259 889
	引黄水	6 000	0	0	34 000	53 823	93 823
	引江水	0	0	0	0	0	0
工业	地表水	34 968	3 013	6 357	8 261	0	52 599
	地下水	0	0	2 369	0	0	2 369
	引黄水	0	0	0	0	23 496	23 496
	引江水	8 400	1 300	15 430	1 600	7 500	34 230
城镇公共	地表水	2 591	297	1 610	1 307	0	5 805
	地下水	0	0	0	0	0	0
	引黄水	0	0	0	0	3 450	3 450
	引江水	0	0	0	0	0	0
生态	地表水	2 900	663	3 457	4 112	7 179	18 311
	地下水	0	0	0	0	0	0
	引黄水	0	0	0	0	0	0
	引江水	0	0	0	0	0	0
合计	地表水	89 505	11 061	23 049	44 395	24 899	192 909
	地下水	65 200	10 930	32 052	28 574	125 502	262 258
	引黄水	6 000	0	0	34 000	93 099	133 099
	引江水	8 400	1 300	15 430	1 600	7 500	34 230

表 4-17 南四湖流域规划年 2035 年 75% 保证率下水资源优化配置结果 (基准方案)

（单位：万 m³）

计算分区		湖东济宁	湖东泰安	湖东枣庄	湖西济宁	湖西菏泽	合计
城镇生活	地表水	12 953	1 482	8 048	6 537	4 920	33 940
	地下水	0	0	0	0	0	0
	引黄水	0	0	0	0	12 330	12 330
	引江水	0	0	0	0	0	0
农村生活	地表水	7 708	1 260	3 577	3 890	12 800	29 235
	地下水	0	0	0	0	0	0
	引黄水	0	0	0	0	0	0
	引江水	0	0	0	0	0	0
农业	地表水	28 385	4 346	0	20 288	0	53 019
	地下水	65 200	10 930	29 683	32 000	125 502	263 315
	引黄水	6 000	0	0	34 000	53 823	93 823
	引江水	0	0	0	0	0	0
工业	地表水	34 968	3 013	6 357	8 261	0	52 599
	地下水	0	0	2 369	0	0	2 369
	引黄水	0	0	0	0	23 496	23 496
	引江水	8 400	1 300	15 430	1 600	7 500	34 230
城镇公共	地表水	2 591	297	1 610	1 307	0	5 805
	地下水	0	0	0	0	0	0
	引黄水	0	0	0	0	3 450	3 450
	引江水	0	0	0	0	0	0
生态	地表水	2 900	663	3 457	4 112	7 179	18 311
	地下水	0	0	0	0	0	0
	引黄水	0	0	0	0	0	0
	引江水	0	0	0	0	0	0
合计	地表水	89 505	11 060	23 049	44 395	24 899	192 909
	地下水	65 200	10 930	32 052	32 000	125 502	265 684
	引黄水	6 000	0	0	34 000	93 099	133 099
	引江水	8 400	1 300	15 430	1 600	7 500	34 230

表 4-18 南四湖流域规划年 2035 年 95% 保证率下水资源优化配置结果 (基准方案)

（单位:万 m^3 ）

计算分区		湖东济宁	湖东泰安	湖东枣庄	湖西济宁	湖西菏泽	合计
城镇生活	地表水	5 584	227	5 590	527	0	11 928
	地下水	7 370	1 256	2 459	6 010	0	17 095
	引黄水	0	0	0	0	17 250	17 250
	引江水	0	0	0	0	0	0
农村生活	地表水	1 396	97	2 396	226	0	4 115
	地下水	6 312	1 163	1 181	3 664	0	12 320
	引黄水	0	0	0	0	12 800	12 800
	引江水	0	0	0	0	0	0
农业	地表水	0	0	0	0	0	0
	地下水	5 600	1 940	22 097	14 846	66 185	110 668
	引黄水	6 000	0	0	34 000	48 501	88 501
	引江水	0	0	0	0	0	0
工业	地表水	0	0	0	0	0	0
	地下水	17 621	388	2 117	4 316	0	24 442
	引黄水	0	0	0	0	11 098	11 098
	引江水	8 400	2 200	16 000	1 600	7 500	35 700
城镇公共	地表水	2 591	0	1 610	0	0	4 201
	地下水	0	297	0	1 307	0	1 604
	引黄水	0	0	0	0	3 450	3 450
	引江水	0	0	0	0	0	0
生态	地表水	2 900	663	3 457	4 112	5 586	16 718
	地下水	0	0	0	0	1 592	1 592
	引黄水	0	0	0	0	0	0
	引江水	0	0	0	0	0	0
合计	地表水	12 471	987	13 053	4 865	5 586	36 962
	地下水	36 903	5 044	27 854	30 143	67 777	167 721
	引黄水	6 000	0	0	34 000	93 099	133 099
	引江水	8 400	2 200	16 000	1 600	7 500	35 700

表 4-19　南四湖流域规划年 2035 年 50%保证率下水资源优化配置结果(节水方案)

（单位:万 m³）

计算分区		湖东济宁	湖东泰安	湖东枣庄	湖西济宁	湖西菏泽	合计
城镇生活	地表水	12 953	1 482	8 048	6 537	12 099	41 119
	地下水	0	0	0	0	0	0
	引黄水	0	0	0	0	5 151	5 151
	引江水	0	0	0	0	0	0
	非常规水	0	0	0	0	0	0
农村生活	地表水	7 708	1 260	3 577	3 890	12 800	29 235
	地下水	0	0	0	0	0	0
	引黄水	0	0	0	0	0	0
	引江水	0	0	0	0	0	0
	非常规水	0	0	0	0	0	0
农业	地表水	45 716	6 153	7 462	26 193	0	85 524
	地下水	61 454	9 460	25 547	21 504	124 367	242 332
	引黄水	6 000	0	0	34 000	68 236	108 236
	引江水	0	0	0	0	0	0
	非常规水	0	0	0	0	0	0
工业	地表水	20 537	1 870	2 353	6 467	0	31 227
	地下水	0	0	0	0	0	0
	引黄水	0	0	0	0	16 262	16 262
	引江水	8 400	1 300	15 430	1 600	7 500	34 230
	非常规水	12 262	712	5 102	1 301	5 684	25 061
城镇公共	地表水	2 591	296	1 610	1 307	0	5 804
	地下水	0	0	0	0	0	0
	引黄水	0	0	0	0	3 450	3 450
	引江水	0	0	0	0	0	0
	非常规水	0	0	0	0	0	0
生态	地表水	0	0	0	0	0	0
	地下水	0	0	0	0	0	0
	引黄水	0	0	0	0	0	0
	引江水	0	0	0	0	0	0
	非常规水	2 900	663	3 457	4 112	7 179	18 311
合计	地表水	89 505	11 061	23 051	44 394	24 899	192 909
	地下水	61 454	9 460	25 547	21 504	124 367	242 332
	引黄水	6 000	0	0	34 000	93 099	133 099
	引江水	8 400	1 300	15 430	1 600	7 500	34 230
	非常规水	15 162	1 375	8 559	5 413	12 863	43 372

表 4-20　南四湖流域规划年 2035 年 75%保证率下水资源优化配置结果（节水方案）

（单位：万 m³）

计算分区		湖东济宁	湖东泰安	湖东枣庄	湖西济宁	湖西菏泽	合计
城镇生活	地表水	12 953	1 482	8 048	6 537	12 099	41 119
	地下水	0	0	0	0	0	0
	引黄水	0	0	0	0	5 151	5 151
	引江水	0	0	0	0	0	0
	非常规水	0	0	0	0	0	0
农村生活	地表水	7 708	1 260	3 577	3 890	12 800	29 235
	地下水	0	0	0	0	0	0
	引黄水	0	0	0	0	0	0
	引江水	0	0	0	0	0	0
	非常规水	0	0	0	0	0	0
农业	地表水	45 716	6 153	7 462	26 193	0	85 524
	地下水	65 200	10 930	32 052	32 000	125 502	265 684
	引黄水	6 000	0	0	34 000	68 236	108 236
	引江水	0	0	0	0	0	0
	非常规水	0	0	0	0	0	0
工业	地表水	20 537	1 870	2 353	6 467	0	31 227
	地下水	0	0	0	0	0	0
	引黄水	0	0	0	0	16 262	16 262
	引江水	8 400	1 300	15 430	1 600	7 500	34 230
	非常规水	12 262	712	5 102	1 301	5 684	25 061
城镇公共	地表水	2 591	296	1 610	1 307	0	5 804
	地下水	0	0	0	0	0	0
	引黄水	0	0	0	0	3 450	3 450
	引江水	0	0	0	0	0	0
	非常规水	0	0	0	0	0	0
生态	地表水	0	0	0	0	0	0
	地下水	0	0	0	0	0	0
	引黄水	0	0	0	0	0	0
	引江水	0	0	0	0	0	0
	非常规水	2 900	663	3 457	4 112	7 179	18 311
合计	地表水	89 505	11 061	23 050	44 394	24 899	192 909
	地下水	65 200	10 930	32 052	32 000	125 502	265 684
	引黄水	6 000	0	0	34 000	93 099	133 099
	引江水	8 400	1 300	15 430	1 600	7 500	34 230
	非常规水	15 162	1 375	8 559	5 413	12 863	43 372

表 4-21　南四湖流域规划年 2035 年 95% 保证率下水资源优化配置结果 (节水方案)

（单位：万 m³）

计算分区		湖东济宁	湖东泰安	湖东枣庄	湖西济宁	湖西菏泽	合计
城镇生活	地表水	7 904	483	7 865	2 490	0	18 742
	地下水	5 050	999	183	4 047	0	10 279
	引黄水	0	0	0	0	17 250	17 250
	引江水	0	0	0	0	0	0
	非常规水	0	0	0	0	0	0
农村生活	地表水	1 976	207	3 577	1 067	5 586	12 413
	地下水	5 732	1 053	0	2 823	0	9 608
	引黄水	0	0	0	0	7 214	7 214
	引江水	0	0	0	0	0	0
	非常规水	0	0	0	0	0	0
农业	地表水	0	0	0	0	0	0
	地下水	17 943	2 991	27 671	18 681	67 777	135 063
	引黄水	6 000	0	0	34 000	54 812	94 812
	引江水	0	0	0	0	0	0
	非常规水	0	0	0	0	0	0
工业	地表水	0	0	0	0	0	0
	地下水	8 178	0	0	4 593	0	12 771
	引黄水	0	0	0	0	10 373	10 373
	引江水	8 400	2 200	16 000	1 600	7 500	35 700
	非常规水	12 262	712	5 102	1 301	5 684	25 061
城镇公共	地表水	2 591	296	1 610	1 307	0	5 804
	地下水	0	0	0	0	0	0
	引黄水	0	0	0	0	3 450	3 450
	引江水	0	0	0	0	0	0
	非常规水	0	0	0	0	0	0
生态	地表水	0	0	0	0	0	0
	地下水	0	0	0	0	0	0
	引黄水	0	0	0	0	0	0
	引江水	0	0	0	0	0	0
	非常规水	2 900	663	3 457	4 112	7 179	18 311
合计	地表水	12 470	987	13 052	4 865	5 586	36 959
	地下水	36 902	5 043	27 854	30 144	67 777	167 721
	引黄水	6 000	0	0	34 000	93 099	133 099
	引江水	8 400	2 200	16 000	1 600	7 500	35 700
	非常规水	15 162	1 375	8 559	5 413	12 863	43 372

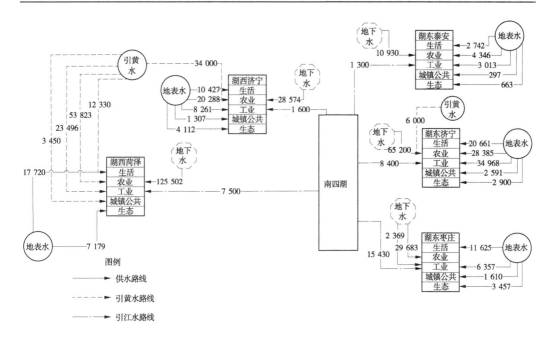

图 4-6　规划年 2035 年 50%保证率下水资源优化配置图(基准方案)　(单位:万 m³)

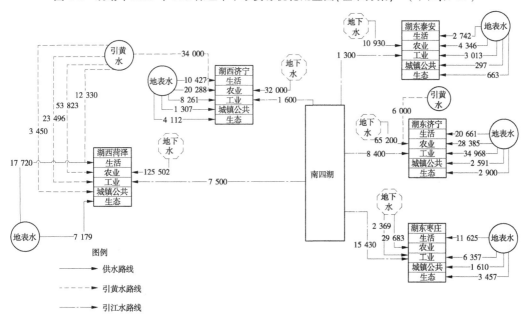

图 4-7　规划年 2035 年 75%保证率下水资源优化配置图(基准方案)　(单位:万 m³)

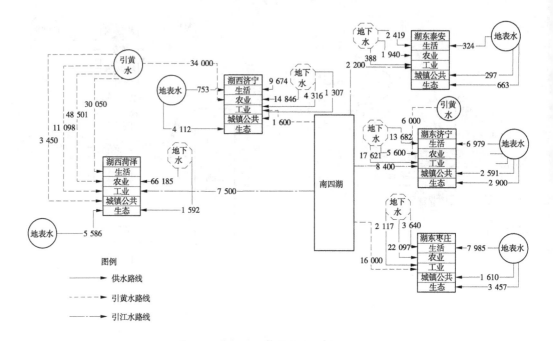

图4-8　规划年2035年95%保证率下水资源优化配置图(基准方案)　(单位:万 m³)

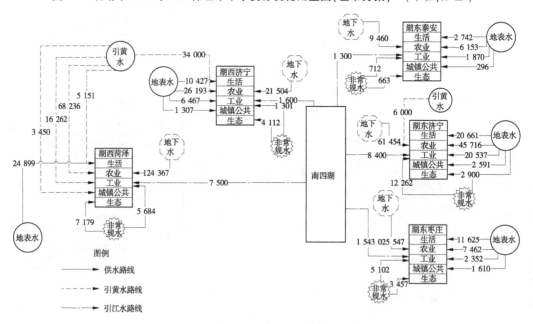

图4-9　规划年2035年50%保证率下水资源优化配置图(节水方案)　(单位:万 m³)

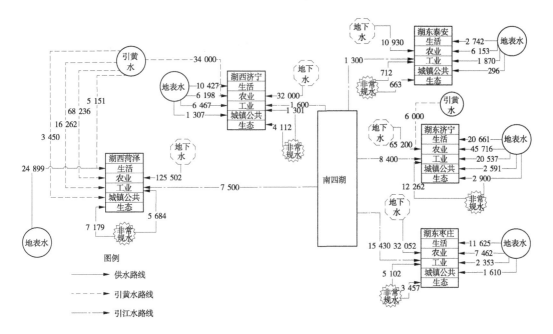

图 4-10 规划年 2035 年 75% 保证率下水资源优化配置图(节水方案) (单位:万 m³)

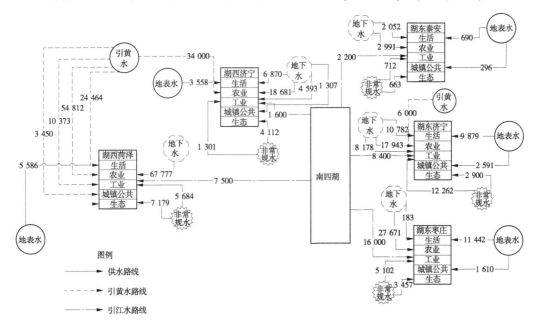

图 4-11 规划年 2035 年 95% 保证率下水资源优化配置图(节水方案) (单位:万 m³)

根据表 4-16~表 4-22 做以下分析。

表 4-22　南四湖流域规划年 2035 年不同方案不同保证率下需水满足程度　　（单位：万 m³）

计算分区	基准方案 50%					基准方案 75%					基准方案 95%				
	生活	农业	工业	城镇公共	生态	生活	农业	工业	城镇公共	生态	生活	农业	工业	城镇公共	生态
湖东济宁	0	-15 147	0	0	0	0	-36 019	0	0	0	0	-124 004	-17 347	0	0
湖东泰安	0	-443	0	0	0	0	-4 598	0	0	0	0	-17 934	-1 725	0	0
湖东枣庄	0	-5 431	0	0	0	0	-15 080	0	0	0	0	-22 666	-6 039	0	0
湖西济宁	0	0	0	0	0	0	-11 956	0	0	0	0	-49 398	-3 944	0	0
湖西菏泽	0	-17 122	0	0	0	0	-51 454	0	0	0	0	-116 093	-12 398	0	0

计算分区	节水方案 50%					节水方案 75%					节水方案 95%				
	生活	农业	工业	城镇公共	生态	生活	农业	工业	城镇公共	生态	生活	农业	工业	城镇公共	生态
湖东济宁	0	0	0	0	0	0	-16 828	0	0	0	0	-109 801	-12 360	0	0
湖东泰安	0	0	0	0	0	0	-2 655	0	0	0	0	-16 747	-970	0	0
湖东枣庄	0	0	0	0	0	0	-2 469	0	0	0	0	-14 312	-1 783	0	0
湖西济宁	0	0	0	0	0	0	-4 665	0	0	0	0	-44 177	-1 874	0	0
湖西菏泽	0	0	0	0	0	0	-32 456	0	0	0	0	-103 604	-5 889	0	0

4.1.3.1　基准方案结果分析

当保证率为 50% 时,湖西济宁可满足需水要求,当地地表水、引黄水、引江水按照可供水量供给,地下水有剩余,剩余量为 3 426 万 m³;湖东济宁、湖东泰安、湖东枣庄、湖西菏泽无法满足需水要求,仅农业用水短缺,缺水量分别为 15 147 万 m³、443 万 m³、5 431 万 m³、17 122 万 m³。除湖西菏泽生活用水由当地地表水和引黄水供给外,其他 4 个分区均由当地地表水供给,总供水量为 75 505 万 m³,其中地表水供水量为 63 175 万 m³,引黄水供水量为 12 330 万 m³;农业是需水大户,湖东济宁、湖西济宁由当地地表水、地下水和引黄水联合供给,湖东泰安由当地地表水和地下水联合供给,湖东枣庄由地下水供给,湖西菏泽由地下水和引黄水联合供给,农业供水总量为 406 731 万 m³,其中地表水供水量为 53 019 万 m³、地下水供水量为 259 889 万 m³、引黄水供水量为 93 823 万 m³,由此可见,3 个供水水源的供水量由多到少依次为地下水、引黄水、地表水。工业用水量仅次于农业用水量,湖东济宁、湖东泰安、湖西济宁的工业用水由当地地表水和引江水供给,湖东枣庄由当地地表水、地下水和引江水供给,湖西菏泽由引黄水和引江水供给,总供水量为 112 694 万 m³,其中地表水供水量为 52 599 万 m³、地下水供水量为 2 369 万 m³、引黄水供水量为

23 496 万 m³、引江水供水量为 34 230 万 m³，由此可见，4 个供水水源的供水量由多到少依次为地表水、引江水、引黄水、地下水。除湖西菏泽城镇公共用水由引黄水供给，其他分区均由当地地表水供给，供水总量为 9 255 万 m³，其中地表水供水量为 5 805 万 m³，引黄水供水量为 3 450 万 m³，由此可见，2 个供水水源的供水量由多到少依次为当地地表水、引黄水。生态用水均由地表水供水，供水总量为 18 311 万 m³。

当保证率为 75% 时，由于需水量增大，导致 5 个分区均无法满足需水要求，均为农业缺水，缺水量分别为 36 019 万 m³、4 598 万 m³、15 080 万 m³、11 956 万 m³、51 454 万 m³。各分区的生活用水、工业用水、城镇公共用水和生态用水的供水水源和供水量与保证率为 50% 时相同。农业用水的供水量增加，当地地表水、地下水、引黄水的供水量与保证率 50% 相比，地下水供水量增加，当地地表水、引黄水的供水量相同，农业总供水量为 410 157 万 m³，其中，地表水供水量为 53 019 万 m³，地下水供水量为 263 315 万 m³，引黄水供水量为 93 823 万 m³。

当保证率为 95% 时，由于需水量进一步增大，导致 5 个分区均无法满足需水要求，农业和工业缺水，农业缺水量分别为 124 004 万 m³、17 934 万 m³、22 666 万 m³、49 398 万 m³、116 093 万 m³，工业缺水量分别为 17 347 万 m³、1 725 万 m³、6 039 万 m³、3 944 万 m³、12 398 万 m³，缺水总量分别为 141 351 万 m³、19 659 万 m³、28 705 万 m³、53 342 万 m³、128 491 万 m³。各分区不同用水户的供水水源和供水量与保证率为 50% 时均不相同。湖东济宁、湖东泰安、湖东枣庄、湖西济宁的生活用水由当地地表水供给(保证率为 50%、75%)变为由地表水和地下水共同供给，湖西菏泽的生活用水由当地地表水和引黄水供给(保证率为 50%、75%)变为由引黄水供给，生活总供水量中当地地表水为 16 041 万 m³，地下水为 29 415 万 m³，引黄水为 30 050 万 m³；5 个分区的农业用水由地下水或者地下水和引黄水供给，地表水不再供给农业用水，农业总供水量中地下水为 110 668 万 m³，引黄水为 88 501 万 m³；5 个分区的工业用水由地下水和引江水或者地下水和引黄水供给，地表水不再供给工业用水，工业总供水量中地下水为 24 442 万 m³，引黄水为 11 098 万 m³，引江水为 35 700 万 m³；湖东济宁、湖东枣庄的城镇公共用水由当地地表水供给，湖东泰安、湖西济宁由地下水供给，湖西菏泽由引黄水供给，城镇公共总供水量中当地地表水为 4 200 万 m³，地下水为 1 604 万 m³，引黄水为 3 450 万 m³；除湖西菏泽外，其他 4 个分区生态用水的供水水源和供水量与保证率为 50% 时相同，均由当地地表水供给，湖西菏泽由当地地表水和地下水供给，生态总供水量中当地地表水为 16 718 万 m³，地下水为 1 592 万 m³。

4.1.3.2　节水方案结果分析

当保证率为 50% 时，流域 5 个分区均可满足需水量供给；当地地表水、引黄水、引江水、非常规水按照可供水量供给，地下水有剩余，湖东济宁、湖东泰安、湖东枣庄、湖西济宁、湖西菏泽剩余量分别为 3 746 万 m³、1 470 万 m³、6 505 万 m³、10 496 万 m³、1 135 万 m³。除湖西菏泽生活用水由当地地表水和引黄水供给外，其他 4 个分区均由当地地表水供给，总供水量为 75 505 万 m³，其中地表水供水量为 70 354 万 m³、引黄水供水量为 5 151 万 m³；农业是需水大户，湖东济宁、湖西济宁由当地地表水、地下水和引黄水联合供给，湖东泰安、湖东枣庄由当地地表水和地下水联合供给，湖西菏泽由地下水和引黄水联合供给，农业供水总量为 436 092 万 m³，其中地表水供水量为 85 524 万 m³、地下水供水量为 242 332 万 m³、引黄水供水量为 108 236 万 m³，由此可见，3 个供水水源的供水量由多到少依次为地下水、引黄水、当地地表水。工业用水量仅次于农业用水量,湖东济宁、湖东泰安、湖东枣庄、湖西济宁的工业用水由当地地表水、引江水和非常规水供给,湖西菏泽由引黄水、引江水和非常规水供给,总供水量为 10 670 万 m³,其中地表水供水量为 31 227 万 m³、引黄水供水量为 16 262 万 m³、引江水供水量为 34 230 万 m³、非常规水为 25 061 万 m³,由此可见,4 个供水水源的供水量由多到少依次为引江水、当地地表水、非常规水、引黄水。除湖西菏泽城镇公共用水由引黄水供给外,其他分区均由地表水供给,供水总量为 9 254 万 m³,其中地表水供水量为 5 804 万 m³、引黄水供水量为 3 450 万 m³,由此可见,2 个供水水源的供水量由多到少依次为地表水、引黄水。生态用水均由非常规水供给,供水总量为 18 311 万 m³。

当保证率为 75% 时,由于需水量增大,5 个分区均无法满足需水要求,湖东济宁、湖东泰安、湖东枣庄、湖西济宁、湖西菏泽均为农业缺水,缺水量分别为 16 828 万 m³、2 655 万 m³、2 469 万 m³、4 665 万 m³、32 456 万 m³。各分区的生活用水、工业用水、城镇公共用水和生态用水的供水水源和供水量与保证率为 50% 时相同。农业用水的供水量增加,当地地表水、地下水、引黄水的供水量与保证率 50% 相比,地下水供水量增加,地表水、引黄水的供水量相同,农业总供水量为 459 444 万 m³,其中,地表水供水量为 85 524 万 m³、地下水供水量为 265 684 万 m³、引黄水供水量为 108 236 万 m³。

当保证率为 95% 时,由于需水量进一步增大,导致 5 个分区均无法满足需水要求,农业和工业缺水,农业缺水量分别为 109 801 万 m³、16 747 万 m³、14 312 万 m³、44 177 万 m³、103 604 万 m³,工业缺水量分别为 12 360 万 m³、970 万 m³、1 783 万 m³、1 874 万 m³、5 889 万 m³,缺水总量分别为 122 161 万 m³、17 717 万 m³、16 095 万 m³、46 051 万 m³、109 493 万 m³。与基准方案相比,各分区的农业、工业缺水量及其总缺水量均减少。各分区城镇公共和生态用水的供水水源和供水量与保证率为 50% 时相同,其他均不同。湖东济宁、湖东泰安、湖东枣庄、湖西济宁的生活用水由当地地表水供给(保证率为 50%、75%)变为由地表水和地下水共同供给,湖西菏泽生活用水的供水水源没有变化,由当地地表水和引黄水供给,但供水量发生变化,生活总供水量中当地地表水为 31 156 万 m³、地下水为 19 887 万 m³、引黄水为 24 464 万 m³;5 个分区的农业用水由地下水或者地下水和引黄水供给,地表水不再供给农业用水,农业总供水量中地下水为 135 063 万 m³、引黄水为 94 813 万 m³;湖东济宁、湖西济宁的工业用水由地下水、引江水和非常规水供给,湖东泰安、湖东枣庄由引江水和非常规水供给,湖西菏泽由引黄水、引江水和非常规水供给,工业总供水量中地下水为 12 771 万 m³、引黄水为 10 373 万 m³、引江水为 35 700 万 m³、非常规水为 25 061 万 m³。

4.2　滨湖平原区反向调节雨洪利用技术

4.2.1　基于风险效益评价的南四湖上级湖汛限水位分期调整研究

4.2.1.1　多目标模糊识别决策法

设有对模糊概念 A 做识别的 n 个样本组成的集合:

$$X = \{x_1, x_2, \cdots, x_n\}$$

(4-18)

样本 j 的特性用 m 各指标(目标)特征值表示,即

$$X_j = (x_{1j}, x_{2j}, \cdots, x_{mj})^T \tag{4-19}$$

则样本集可用 $m \times n$ 阶指标特征值矩阵表示:

$$X = (x_{ij}) \tag{4-20}$$

x_{ij} 为样本 j 指标 i 的特征值; $i = 1, 2, \cdots, m$; $j = 1, 2, \cdots, n$。

样本集依据 m 个指标按 c 个级别的指标标准特征值进行识别,则有 $m \times c$ 阶指标标准特征值矩阵:

$$Y = (y_{ih}) \tag{4-21}$$

y_{ih} 为级别 h 指标 i 的标准特征值; $h = 1, 2, \cdots, c$。

根据相对隶属度函数定义,建立对模糊概念 A 进行识别的参考连续统,确定参考连续统上关于 A 的两个极点,然后在参考连续统上定义对 A 的相对隶属度。

通常有两种不同的指标类型:①指标标准特征值 y_{ih} 随级别 h 的增大而减小;②指标标准特征值 y_{ih} 随级别 h 的增大而增大。

对于①类指标,确定小于、等于指标的 c 级标准特征值对 A 的相对隶属度为 0(左极点),等于、大于指标的 1 级标准特征值对 A 的相对隶属度为 1(右极点)。

对于②类指标,确定大于、等于指标的 c 级标准特征值对 A 的相对隶属度为 1(右极点),小于、等于指标的 1 级标准特征值对 A 的相对隶属度为 0(左极点)。

对以上两类指标,其特征值介于 1 级与 c 级标准特征值之间者,对 A 的相对隶属度按线性变化确定,则得指标对 A 的相对隶属函数公式:

$$r_{ij} = \begin{cases} 0 & (x_{ij} \leqslant y_{ic} \text{ 或 } x_{ij} \geqslant y_{ic}) \\ \dfrac{x_{ij} - y_{ic}}{y_{i1} - y_{ic}} & (y_{i1} > x_{ij} > y_{ic} \text{ 或 } y_{i1} < x_{ij} < y_{ic}) \\ 1 & (x_{ij} \geqslant y_{i1} \text{ 或 } x_{ij} \leqslant y_{i1}) \end{cases} \tag{4-22}$$

式中: r_{ij} 为样本 j 指标 i 的特征值对 A 的相对隶属度; y_{i1}、y_{ic} 分别为指标 i 的 1 级、c 级标准值。

类似地,可得指标 i 级别 h 标准值 y_{ih} 对 A 的相对隶属函数公式

$$s_{ih} = \begin{cases} 0 & (y_{ih} = y_{ic}) \\ \dfrac{y_{ih} - y_{ic}}{y_{i1} - y_{ic}} & (y_{i1} > y_{ih} > y_{ic} \text{ 或 } y_{i1} < y_{ih} < y_{ic}) \\ 1 & (y_{ih} = y_{i1}) \end{cases} \tag{4-23}$$

式中: s_{ih} 为级别 h 指标 i 的标准值对 A 的相对隶属度。

用指标相对隶属函数式(4-22)、式(4-23)把指标特征值矩阵式(4-20)、指标标准特征值矩阵式(4-21)变换为对 A 的相应的相对隶属度矩阵:

$$R = (r_{ij}) \tag{4-24}$$

$$S = (s_{ih}) \tag{4-25}$$

由矩阵 R 知样本 j 的 m 个指标相对隶属度:

$$r_j = (r_{1j}, r_{2j}, \cdots, r_{mj})^T \tag{4-26}$$

将 r_j 中指标 $1, 2, \cdots, m$ 的相对隶属度 $r_{1j}, r_{2j}, \cdots, r_{mj}$ 分别与矩阵 S 中的第 $1, 2, \cdots, m$ 行

的行向量即式(4-28)逐一地进行比较,可得指标 i 所处的级别区间 $[a_{ij}, b_{ij}]$, $i = 1, 2, \cdots,$ m。于是 r_j 落入矩阵 S 的级别区间下限 a_j 与级别区间上限 b_j 可按下式确定:

$$a_j = \min_i a_{ij} \tag{4-27}$$

$$b_j = \max_i b_{ij} \tag{4-28}$$

设样本集各级别对 A 的相对隶属度矩阵为

$$U = (u_{hj}) \tag{4-29}$$

u_{hj} 为样本 j 级别 h 对 A 的相对隶属度,由于样本 j 的 m 个指标相对隶属度全部落入矩阵 S 的级别区间 a_j、b_j 范围内,故矩阵 U 应满足约束条件:

$$\sum_{h=a_j}^{b_j} u_{hj} = 1 \tag{4-30}$$

由矩阵 S 知对 A 级别 h 的 m 个指标标准特征值的相对隶属度:

$$s_h = (s_{1h}, s_{2h}, \cdots, s_{mh})^T \tag{4-31}$$

根据相对隶属函数定义,参考连续统上确定的左、右极点有:

$$s_{i1} = 0, s_{ic} = 0 \tag{4-32}$$

一般地,样本集的 m 个指标对识别的影响程度不同,故指标应具有不同的权重,设指标权向量为

$$\omega = (\omega_1, \omega_1, \cdots, \omega_m), \sum_{i=1}^{m} \varphi_i = 1 \tag{4-33}$$

权向量的确定采用二元比较法。样本 j 与级别间的差别用权距离表示:

$$d_{hj} = \left\{ \sum_{i=1}^{m} \left[\omega_i (r_{ij} - s_{ih}) \right]^p \right\}^{1/p} \quad (h = a_j, \cdots, b_j) \tag{4-34}$$

式中: d_{hj} 为样本 j 与级别 h 间的广义权距离。

为求解样本 j 与级别 h 对 A 的最优相对隶属度,建立目标函数:

$$\min\left\{ F(u_{hj}) = \sum_{h=a_j}^{b_j} u_{hj}^2 d_{hj}^\alpha \right\} \tag{4-35}$$

式中: α 为优化准则参数,取 1 或 2。

根据目标函数式(4-35)、约束式(4-30)构造拉格朗日函数,令 λ_j 为拉格朗日乘子,则

$$L(u_{hj}, \lambda_j) = \sum_{h=a_j}^{b_j} u_{hj}^2 d_{hj}^\alpha - \lambda_j \left(\sum_{h=a_j}^{b_j} u_{hj} - 1 \right) \tag{4-36}$$

解

$$\frac{\partial L(u_{hj}, \lambda_j)}{\partial u_{hj}} = 0, \frac{\partial L(u_{hj}, \lambda_j)}{\partial \lambda_j} = 0 \tag{4-37}$$

得样本 j 级别 h 对 A 的最优相对隶属函数公式:

$$u_{hj} = \left(d_{hj}^\alpha \sum_{k=a_j}^{b_j} d_{kj}^{-\alpha} \right)^{-1} \quad (d_{hj} \neq 0, a_j \leq h \leq b_j) \tag{4-38}$$

考虑特殊情况,得样本 j 级别 h 对 A 的最优相对隶属函数公式的完整形式为

$$u_{hj} = \begin{cases} 0 & (h < a_j \text{ 或 } h > b_j) \\ \left(d_{hj}^{\alpha} \sum_{k=a_j}^{b_j} d_{kj}^{-\alpha}\right)^{-1} & (d_{hj} \neq 0, a_j \leqslant h \leqslant b_j) \\ 1 & (d_{hj} = 0) \end{cases} \quad (4\text{-}39)$$

模型(4-39)中优化准则参数 α、距离参数 p 的取值同样有四种搭配,不宜取 α、p 均等于 1 的线性模型。

为克服最大隶属度原则的缺点,采用级别特征值作为判断与识别的新指标:

$$H(u) = \sum_{h=1}^{c} u_{hj} \cdot h \quad (4\text{-}40)$$

利用式(4-40)得样本集的级别特征值向量:

$$\boldsymbol{H} = (H_1, H_1, \cdots, H_n) \quad (4\text{-}41)$$

选择最小级别特征值对应的方案为优选决策方案。

4.2.1.2　南四湖汛限水位调整的风险效益综合评价

根据南四湖流域降雨和入湖径流资料,在总结降雨径流年内分布规律的基础上,利用系统聚类法、K 均值法、变点分析法和 Fisher 最优分割法等,将南四湖流域的汛期划分为三个期,分别为前汛期(6 月 1~30 日)、主汛期(7 月 1 日至 8 月 20 日)和后汛期(8 月 21 日至 9 月 30 日)。

根据南四湖汛限水位调整的风险效益分析成果,建立综合评价指标体系。其中,风险指标选择 20 年一遇坝前高水位和 50 年一遇坝前高水位,效益指标选择和多年平均弃水量,共组成 4 个指标。评价方案共有 7 个,其中方案 0 为汛限水位的现状方案。对于方案优劣评判而言,非汛期蓄满率越大越优,其余 3 个指标越小越优,不同汛限水位方案下的指标特征值见表 4-23。风险效益指标随汛限水位变化过程见图 4-12。

表 4-23　南四湖汛限水位调整方案综合评价指标特征值

方案	后汛期汛限水位(m)	非汛期蓄满率	多年平均弃水量(亿 m³)	20 年一遇坝前高水位(m)	50 年一遇坝前高水位(m)
方案 0	34.20	3.70%	9.006	36.50	37.00
方案 1	34.25	7.41%	8.960	36.51	37.01
方案 2	34.30	7.41%	8.915	36.54	37.04
方案 3	34.35	14.81%	8.882	36.55	37.06
方案 4	34.40	18.52%	8.848	36.55	37.06
方案 5	34.45	18.52%	8.801	36.55	37.07
方案 6	34.50	25.93%	8.801	36.56	37.07

对目标特征值矩阵进行规格化处理,得到相对优属度矩阵 $\boldsymbol{R}$,采用二元比较法确定目标权向量 $\boldsymbol{\omega}$。

　　采用我国传统 5 级制识别标准($c=5$),即优(100 分)、良(80 分)、中(60 分)、可(30 分)、劣(0 分),则各目标相对优属度的标准值向量为

$$s=(1,0.8,0.6,0.3,0)$$

　　取距离参数 $p=2$,则样本 j 与级别 h 间的广义权距离 $(d_{hj})_{c\times n}$ 见表 4-24。

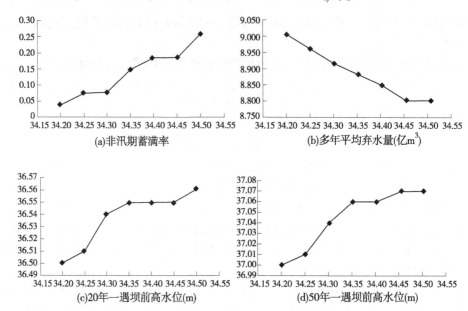

(a)非汛期蓄满率　　　　　　　　　　(b)多年平均弃水量(亿m³)

(c)20年一遇坝前高水位(m)　　　　　(d)50年一遇坝前高水位(m)

图 4-12　风险效益指标随汛限水位变化过程

表 4-24　样本 j 与级别 h 间的广义权距离 $(d_{hj})_{c\times n}$

0.354	0.290	0.333	0.339	0.316	0.336	0.354
0.292	0.215	0.235	0.245	0.231	0.262	0.292
0.255	0.168	0.140	0.159	0.164	0.211	0.255
0.269	0.197	0.059	0.105	0.158	0.214	0.269
0.354	0.307	0.180	0.204	0.261	0.303	0.354

　　取优化准则参数 $\alpha=2$,根据模糊模式识别公式、目标相对优属度矩阵 $\boldsymbol{R}$、目标权向量 $\boldsymbol{\omega}$ 与各目标相对优属度标准向量 s,得到 7 个汛限水位方案对于 1 至 5 级的相对优属度矩阵 $(u_{hj})_{c\times n}$,见表 4-25。

表 4-25　7 个汛限水位方案对于 1 至 5 级的相对优属度矩阵 $(u_{hj})_{c\times n}$

0.140	0.113	0	0	0.113	0.140
0.207	0.205	0	0.097	0.170	0.185	0.207
0.270	0.337	0.139	0.230	0.335	0.286	0.270
0.242	0.245	0.777	0.533	0.362	0.278	0.242
0.140	0.100	0.084	0.141	0.133	0.138	0.140

利用级别特征值模型：

$$H = (1,2,3,4,5)U$$

解得 7 个汛限水位方案的级别特征值向量,列于表 4-26。

表 4-26　7 个汛限水位方案的级别特征值向量

后汛期汛限水位(m)	34.20	34.25	34.30	34.35	34.40	34.45	34.50
H	3.036	3.015	3.944	3.007	3.013	3.144	3.036

级别特征值越小,则方案越优,根据表 4-26 结果显示,南四湖后汛期抬高汛限水位至 34.35 m 为最优方案,较现状抬高 15 cm,增加兴利库容 0.894 亿 m³,其次较优的方案是后汛期抬高至 34.40 m,较现状抬高 20 cm,增加兴利库容 1.194 亿 m³。

本次调整南四湖汛限水位,仅调整了后汛期(8 月 20 日至 9 月 30 日)的汛限水位,而前汛期和主汛期均保持 34.20 m 不变(见图 4-13)。从一般意义上来讲,调整后汛期汛限水位是效果最明显而冒风险最小的途径,这是由于,前汛期抬高汛限水位所增加蓄水,必然会在进入主汛期之前弃掉,而主汛期由于出现洪水的概率较大,若抬高其汛限水位则风险较大。抬高后汛期汛限水位的优势在于:一是后汛期是抓住洪水尾巴的关键时期,对提高后汛期结束后非汛期的蓄满率有重要意义;二是后汛期一般发生较大洪水的概率较小,从而降低防洪风险事件发生的可能。

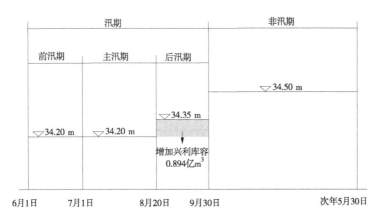

图 4-13　南四湖分期汛限水位调整方案示意图

4.2.2　滨湖区域可能用水需求与蓄水空间研究

4.2.2.1　可能用水需求分析

经过多次调研和专家咨询确定了可能采用滨湖反向调节方式进行雨洪利用的区域,如图 4-14 所示,主要包括嘉祥县、高新区(任城区、市中区)、兖州市、邹城市、滕州市、沛县、鱼台县、金乡县、巨野县等。根据水资源供需平衡分析成果,滨湖用水区的现状年(2018 年)保证率 50% 和 75% 条件下的需水量分别为 26.29 亿 m³/年、30.63 亿 m³/年;规划年(2035 年)保证率 50% 和 75% 条件下的需水量分别为 27.52 亿 m³/年、31.08 亿 m³/年(见表 4-27)。满足这些用水需求,有地下水、引黄水、区域河湖供水以及南四湖供水,显然这些需求仅依靠滨湖反向调节是无法满足的。在本书中,旨在获得不受需求约束下的滨湖反向调节方式的最大可供水量,对于调节计算而言,需水过程的形状比数量大小更加重要。为此,可以选择上述任何一个过程,作为滨湖反向调节雨洪利用的模型用水需求输入。

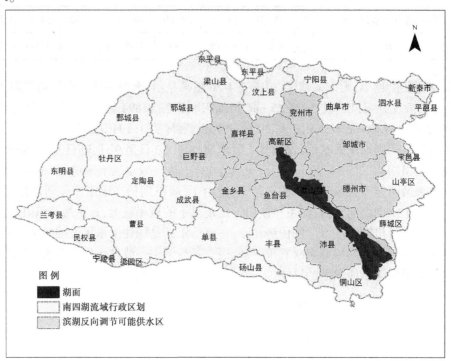

图 4-14　滨湖反向调节的可能供水区示意图

表 4-27　不同水平年在 50% 和 75% 保证率下的滨湖区反向调节可能用水需求

滨湖用水区	2018 年需水量(万 m³)		2035 年需水量(万 m³)	
	50%	75%	50%	75%
微山县	20 938.99	23 710.73	21 088.45	23 538.59
嘉祥县	30 408.11	35 896.31	30 762.23	35 606.62
任城区	31 224.15	35 603.11	30 221.24	34 101.15
兖州市	37 815.75	45 128.34	29 806.70	33 310.12
邹城市	29 818.67	33 557.42	36 966.77	40 301.86
滕州市	37 815.75	45 128.34	51 579.09	58 246.76
鱼台县	21 362.07	25 078.10	21 676.82	24 962.21
金乡县	26 292.56	30 950.40	24 888.99	29 004.15
巨野县	27 183.74	31 263.99	28 174.91	31 738.02
合计	262 859.79	306 316.74	275 165.2	310 809.48

4.2.2.2　可能蓄水空间调查评价

《山东省采煤塌陷地认定指导意见》(鲁煤搬迁〔2017〕18 号)有关规定,采煤造成上方地表垂直沉降幅度超过 10 mm 的区域为采煤塌陷区,采煤塌陷区内减产、绝产的农用地和受影响的建设用地及未利用地为采煤塌陷地。根据采煤塌陷地破坏程度,划定轻度塌陷为地表下沉幅度小于或等于 1 m 的区域(未积水区),中度塌陷为地表下沉幅度大于1 m、小于或等于 3 m 的区域(季节性积水区),重度塌陷为地表下沉幅度大于 3 m 的区域(常年积水区)。

根据《山东省采煤塌陷地综合治理专项规划(2019~2030 年)》、《济宁市采煤塌陷地治理规划(2016~2030 年)》,现状年(2018 年)济宁市累计形成采煤塌陷地 41 100.11 hm²,按照每年新增 2.48 万亩(约 1 653.33 hm²)的速度持续增长,预计 2035 年采煤塌陷地面积为 69 206.72 hm²,按照轻度、中度、重度塌陷面积比例为 31∶34∶35 来估算,2035 年中度、重度采煤塌陷地面积分别为 23 530.28 hm²、24 222.352 hm²;若中度、重度采煤塌陷地平均水深分别按照 2 m、3 m 来估算,对应的库容分别为 470.61 km²、726.67 km²,则滨湖区域利用煤炭塌陷地可蓄水总量约为 11.97 亿 m³。煤矿塌陷地分布如图 4-15 所示。

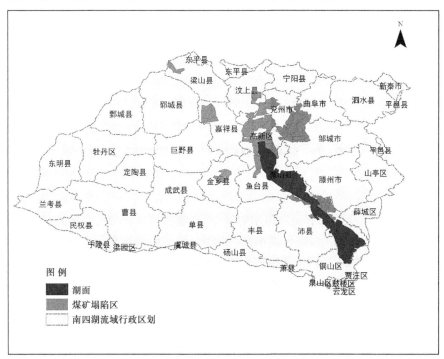

图 4-15　南四湖流域主要煤矿塌陷区分布图

根据《济宁基础水信息》,济宁市现有中小型水库总库容约 3.78 亿 m³,总兴利库容约2.29 亿 m³。因此,滨湖反向调节可能利用的蓄水容积在 14.26 亿 m³ 左右。

4.2.3　滨湖反向调节雨洪利用技术研究

滨湖反向调节雨洪利用模型,本质上是湖泊流域洪水资源配置调度模型,它采用水库预报调度原理,通过把上级湖"预泄"洪水,反向调节泵给滨湖平原区蓄水体,然后分配给潜在用户,为沿湖周边地区提供必要的生产用水,并有效降低湖泊行洪风险、充分利用汛期湖泊弃水。滨湖反向调节雨洪利用模型旨在回答解决什么时候开始抽,抽多少的问题?它是一个模拟和优化相结合的模型,具体包括模拟规则和优化模型两部分,模型结构如图 4-16 所示。

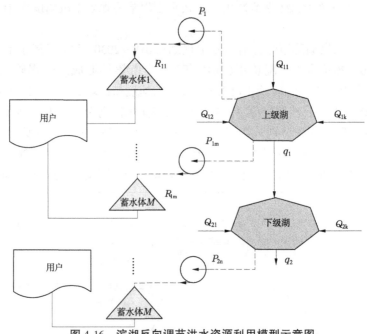

图 4-16　滨湖反向调节洪水资源利用模型示意图

4.2.3.1　模型构建

1.模型规则

为充分分析滨湖反向调节雨洪利用的效益,规定:①时间尺度,全年逐日;②起调时段为 6 月 1 日(汛期开始);③为保证湖泊防洪安全,泵站启动水位为低于汛限水位某一深度的湖泊水位(对应库容为 V_c);④末库容 V_e 与初始库容 V_0 相等。具体规则包括抽水泵站运行规则和区域蓄水体供水规则两部分。

1)泵站运行规则

(1)如果湖泊洪水资源可利用量 $S+Q\Delta t<S_c$,此时湖泊不具备洪水资源利用条件,泵站停止运行,泵站时段抽水量 $W_p=0$。其中,S 为湖泊时段初库容,Q 为时段湖泊入流量,即图 4-16 中 Q_1 至 Q_k 的所有入流之和,Δt 为计算时段长,S_c 为启动库容。

(2)如果湖泊洪水资源可利用量 $S+Q\Delta t \geqslant S_c$,并且 $S+Q\Delta t<S_{ub}$(S_{ub} 为湖泊汛限水位或正常高水位对应的库容),那么泵站抽水 $P_w=aP_c$,$W_p=P_w\Delta t$,其中 $a=\dfrac{(S+Q\Delta t)-S_c}{S_{ub}-S_c}$,$P_c$ 为泵站抽水能力。

(3)如果湖泊洪水资源可利用量 $S+Q\Delta t \geqslant S_{ub}$,那么泵站抽水 $P_w=P_c$,即按照抽提能力抽水运行,泵站运行规则如图 4-17 所示。

2）区域蓄水体供水规则

（1）如果区域蓄水体可利用水量 $SR_0 + P_w\Delta t$，满足 $0 \leqslant SR_0 + P_w\Delta t < W_d$，那么供水量 $W_s = SR_0 + P_w\Delta t$，其中，SR_0 为区域蓄水体的时段初库容，W_d 为时段河道外需水。

（2）如果区域蓄水体可利用水量 $SR_0 + P_w\Delta t$，满足 $W_d \leqslant SR_0 + P_w\Delta t \leqslant W_d + SR_c$，那么可供水量 $W_s = W_d$，其中，SR_c 为区域蓄水体最大容积。

（3）如果区域蓄水体可利用水量 $SR_0 + P_w\Delta t$ $SR_0 + P_w\Delta t \geqslant W_d + SR_c$，那么 $W_s = W_d$，蓄水体弃水 $W_q = SR_0 + P_w\Delta t - W_d - SR_c$。

区域蓄水体供水规则如图 4-18 所示。

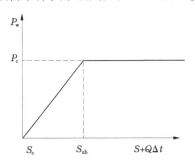

图 4-17　泵站启停运行规则　　　　图 4-18　区域蓄水体供水规则

2. 优化模型

决策变量为湖泊抽水临界库容 S_c，抽水能力 P_c，区域外蓄水体积 SR_c。

1）目标函数

（1）区域缺水量最小。

$$\min \sum_{t=1}^{T} \sum_{i=1}^{m} \left(W_{d_{i,t}} - W_{s_{i,t}} \right) \tag{4-42}$$

（2）区域蓄水体弃水量最小。

$$\min \sum_{t=1}^{T} \sum_{i=1}^{m} W_{q_{i,t}} \tag{4-43}$$

2）约束条件

（1）时段抽水量不大于抽水能力。

$$W_{p_{i,t}} \leqslant p_{c_i} \tag{4-44}$$

（2）供水量不大于区域河道外需水量。

$$W_{s_{i,t}} \leqslant W_{d_{i,t}} \tag{4-45}$$

所有变量非负。

3. 模型求解

滨湖反向调节雨洪利用模型是一个模拟与优化相结合的复杂非线性多目标优化模型，常规方案求解十分困难，多目标遗传算法（NSGA-Ⅱ）是目前使用最为广泛的算法，它降低了非劣排序遗传算法的复杂性，具有运行速度快、收敛性好等优点，已在多个水资源工程中得到成功应用。本研究采用 NSGA－Ⅱ进行求解,它可以比较方便地分析泵站启动水位、泵站抽水能力、区域蓄水体容积、区域洪水资源供水量之间的动态博弈关系。

4.2.3.2　模型应用

首先根据湖泊水量平衡方程、逐日湖泊水位和二级坝下泄流量,推算逐日净入湖水量,年均入上级湖水量 14.77 亿 m³。逐年入湖过程如图 4-19 所示。

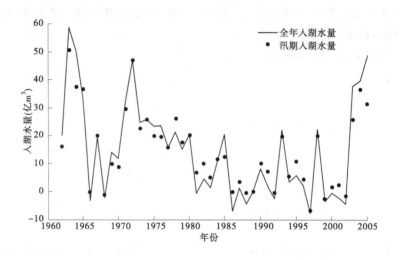

图 4-19　推算的南四湖入湖径流过程

从模型建立过程可知潜力挖掘的多少取决于:①泵站抽水能力 P_c;②泵站抽水时机即湖泊启动抽水位 H_c(对应蓄水量 S_c);③区域蓄水体积 SR_c;④河道外需水量 W_d。前已述及模型中输入的需水过程远远大于实际情况,故决定河道外可供水量的制约因素在于前面三个因素。为直观分析泵站抽水能力 P_c、湖泊启动抽水位 H_c 和区域蓄水体积 SR_c 对河道外供水的制约关系,分别进行如下模拟:

(1)设置湖泊泵水启动水位 33.7 m,上级湖开始运行水位为 33.5 m;泵站抽水能力从 0 到 150 m³/s,每隔 5 m³/s 取一个数据,区域外蓄水体容积从 0 到 15 亿 m³,每个 0.5 亿 m³ 设置一个方案进行模拟,采用 1962 年 1 月 1 日至 2005 年 12 月 31 日逐日入湖数据进行连续多方案模拟,得到在泵站启动水位为 33.7 m 不变的条件下,泵站抽水能力、区域外蓄水体容积与反向调节可供水量的关系如图 4-20 所示。从图 4-20 可以看出,随着 P_c、SR_c 的增大,可供水量并不是呈线性增加关系,而是存在一个明显的平面,从图 4-20 中可以看出大约在蓄水容积为 4.5 亿 m³、泵站抽水能力在 50 m³/s 时存在明显的拐点。

图 4-21 反映了区域蓄水体和南四湖上级湖弃水,随泵站抽水能力和启动水位的关系,从该图可以明显看出,当泵站抽水达到一定量级时,区域蓄水体存在明显的弃水现象,存在能源浪费。同时,湖泊弃水明显减少影响下游生态需水要求。

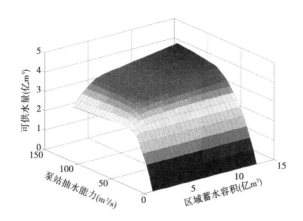

图 4-20   泵站启动水位为 33.7 m 条件下泵站抽水能力、区域蓄水容积与可供水量的关系

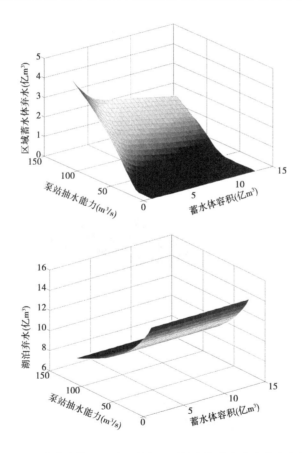

图 4-21   区域蓄水体和湖泊弃水与泵站抽水能力和蓄水体容积关系

（2）假定区域蓄水容积为 5 亿 m³，设置泵站启动的湖泊水位从 33.7 m 到 34.2 m（汛限水位）每隔 0.02 m 作为一个方案，泵站抽水能力从 0 到 150 m³/s，每隔 5 m³/s 取一个数据，形成若干个方案进行模拟分析。从图 4-22 可以看出，滨湖反向调节年均供水量最大约为 3.6 亿 m³，随泵站抽水能力和启动水位存在明显的平台效应，也大致能看出泵站

抽水能力 50 m³/s,泵站启动的湖泊水位为 33.9 m 处存在明显的拐点。

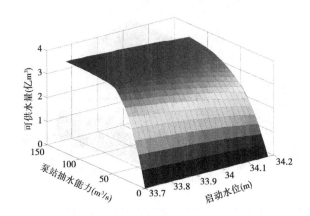

图 4-22　假定区域蓄水容积为 5 亿 m³ 条件下泵站抽水能力、启动水位与可供水量的关系

图 4-23 反映了区域蓄水体和南四湖上级湖弃水,随泵站抽水能力和启动水位的关系,从图 4-23 可以明显看出,当泵站抽水达到一定量级时,区域蓄水体存在明显的弃水现象,存在能源浪费。同时,湖泊弃水明显减少影响下游生态需水要求。

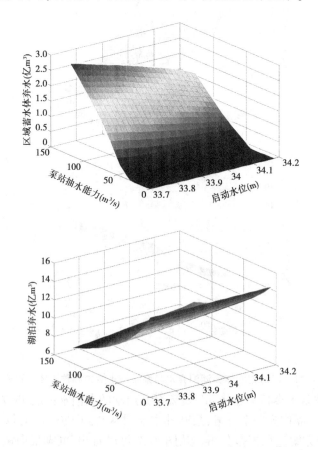

图 4-23　区域蓄水体和湖泊弃水与泵站抽水能力和启动水位关系

由上述分析可以看出,泵站启动的湖泊水位、泵站抽水能力和区域蓄水体容积存在一个比较合理的区间。

(3)采用优化模型进行分析,以区域缺水量最小和区域蓄水体弃水最小作为目标函数,采用平均加权的方式进行综合,采用多目标遗传算法优化得到泵站启动水位 33.75 m、泵站抽水能力 48 m^3/s、区域蓄水体容积 9.8 亿 m^3 时综合目标函数最小(见图 4-24)。图 4-25 为该条件下从 1962~2005 年的全年和汛期供水量,从该图可以看出滨湖反向调节具有明显年际差异性,有的年份供水量很大,达到 6.2 亿 m^3,但有的年份就直接取不到水或取到很少的水,例如枯水年组 1987~1989 年、2000~2002 年等(见表 4-26)。总体来说,年均供水量 3.63 亿 m^3,汛期多年平均供水量 1.56 亿 m^3,大约超过 1.5 年一遇以上的降水条件发生都有可能取到水。

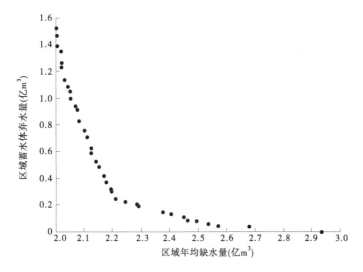

图 4-24　滨湖反向调节雨洪利用模型多年平均缺水量最小和区域弃水量最小的双目标协调关系

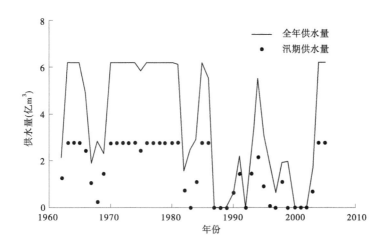

图 4-25　滨湖反向调节方式逐年供水量

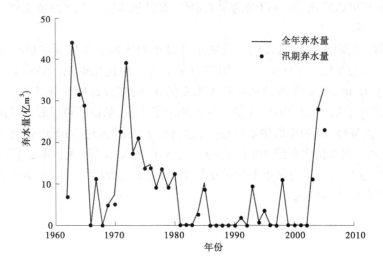

图 4-26　滨湖反向调节方式湖泊弃水量

第 5 章 防洪除涝体系建设关键技术研究

5.1 流域防洪除涝标准与社会经济发展适应性研究

5.1.1 防洪保护区情况

5.1.1.1 流域社会经济概况

本节研究城市主要涉及流域 4 市:济宁市、菏泽市、枣庄市、临沂市,结合各规划的定位、各市城市统计年鉴和总体规划,分析流域内各市的经济社会发展及规划情况,作为防洪除涝标准研究的基础支撑。

山东省沂沭泗河流域地处鲁南、鲁西南、苏、鲁、豫、皖交界处,地理位置优越、开放条件良好,具有丰富的生物和矿产资源、悠久的文化历史、秀丽的自然风光和丰富的旅游资源,在山东省经济建设中具有十分重要的地位。

山东沂沭泗河流域是山东省承载人口和经济活动的重要地区。从自然条件看,淮河流域地势平坦,大部分为平原地区,具有良好的耕作和城市建设条件,适宜承载较多的人口和经济活动。2018 年,流域总人口 3 160 万,耕地面积 250.93 万 hm²,工农业总产值7 965 亿元,分别占全省的 32%、33%、21%。该区地理位置优越,在全省经济发展中具有承南接北的作用,可以同时接受环渤海经济圈和长江三角洲的辐射。从未来的发展看,淮河流域的资源优势突出,现代工业基础比较好,交通条件便利,经济发展的潜力和空间大。随着山东省未来的人口以及经济的发展,淮河流域在承载人口和经济活动中的地位将更加重要和突出。

山东省淮河流域是我国重要的粮食生产基地。该区域是全省粮食的主产区,粮食作物主要有小麦、玉米、稻谷等,粮食播种面积超过全省的 1/3,总产量占全省总产量的近40%,有济宁、菏泽两个国家级大型商品粮生产基地。当前,随着全国人口的不断增长和经济的飞速发展,耕地面积减少的速度将呈加快趋势,粮食供需将长期处于紧平衡状态。山东省淮河流域处于华东与华北、山东半岛与中原地区以及长江流域与黄河流域、淮河流域的结合部,距离主要粮食消费区域较近,建设济宁、菏泽国家商品粮生产基地,将有利于缓解国家粮食供应区域不平衡的矛盾。

山东省淮河流域是我国重要的能源及煤化工生产基地。该区矿产资源已发现矿产60 多种,其中济宁、菏泽、枣庄 3 市预测煤炭地质储量 450 亿 t,占全省的 70% 以上,其中已探明保有地质储量 220 亿 t,煤炭产量目前占全省的 70% 以上;到 2017 年原煤产量达到1.2 亿 t,占全省的比例提高到 80%,新增发电装机容量 1 000 万 kW 左右。鲁南地区是国家规划的七大煤化工产业区之一,拥有国家水煤浆气化及煤化工工程研究中心,煤炭间接液化、新型水煤浆气化、洁净煤气发电与甲醇联产等一批关键技术及新型水煤浆气化炉等核心技术达到国际领先水平。到 2018 年主要煤化工产品年新增生产规模,合成氨 150 万t、焦炭 1 050 万 t、甲醇 400 万 t、煤制烯烃 60 万 t、醋酸 100 万 t、二甲醚 25 万 t、粗苯精制25 万 t、煤焦油综合加工 85 万 t。淮河流域接近主要的能源消费区域,运输距离较短。结合开采条件、市场服务半径以及国家的能源发展规划,将山东省淮河流域建成国家重要的能源原材料基地,不仅有条件,也符合国家能源安全与能源发展的要求。

　　山东省淮河流域交通基础设施完善,在实施国家交通安全战略中处于重要地位。区域内交通发达,目前已经形成了海运、铁路、公路、航空、内河航运纵横交错的立体运输网络。日照港吞吐量已突破 1 亿 t,成为全国第九大港口;鲁南高铁与京九、京沪、京沪二线和胶新铁路在鲁南境内相交,形成三纵两横铁路主框架;公路四通八达,以 5 条高速公路和 9 条国道为骨架,形成了 11 纵 3 横的公路交通网;区域内有临沂、济宁、菏泽新建机场,临沂机场已成为国内中型机场中较为繁忙的空港;京杭运河济宁以南段航道通过能力达到 2 500 万 t,航道规划等级为 II 级,成为沟通南北水上运输的主干道。完善的交通运输网络为国际运输和鲁南经济的腾飞创造了更加有利的条件。

　　山东省淮河流域 2018 年社会经济指标统计见表 5-1。

表 5-1　主要城市社会经济指标统计(2018)

地市	人口(万)			耕地面积 (万 hm²)	粮食播 种面积 (万 hm²)	粮食 总产量 (万 t)	工农业总产值(亿元)		
	农村	城镇	合计				工业	农业	合计
济宁	359.16	478.43	837.59	60.40	73.68	575.60	2 122.16	497.97	2 620.13
菏泽	459.26	414.34	873.60	82.83	116.02	773.35	1 458.34	282.08	1 740.42
枣庄	167.32	224.71	392.03	24.00	26.41	170.00	1 194.99	162.23	1 357.22
临沂	450.00	606.34	1 056.34	83.70	64.20	405.35	1 884.25	362.71	2 246.96
合计	1 435.74	1 723.82	3 159.56	250.93	280.31	1 924.30	6 659.74	1 304.99	7 964.73
全省	3 944.30	6 061.53	10 005.83	758.97	744.70	4 723.20	32 925.12	4 876.74	37 801.86
占全省 (%)	36.40	28.44	31.58	33.06	37.64	40.74	20.23	26.76	21.07

5.1.1.2　防洪保护区划分

　　按照确定的研究范围,合理划分防洪保护区。防洪保护区划分考虑:①暴雨、洪水特点和地形、河流条件等自然因素;②人口分布、经济发展水平等经济因素;③受洪水威胁程度、洪涝灾害及其影响范围等因素;④已建防洪工程。

　　本节报告涉及的沂沭泗水系骨干工程防洪保护区有 8 大片,保护区总面积 11 959km²,涉及临沂市、枣庄市、济宁市、菏泽市等;分别是南四湖湖西堤保护区、南四湖湖东堤保护区、泗河堤防保护区、沂河堤防保护区、沭河堤防保护区、韩庄运河堤防保护区、分沂入沭堤防保护区、邳苍分洪道堤防保护区等。

5.1.1.3　防洪保护区基本情况

1.区域概况

沂沭泗河水系位于淮河流域东北部,流域面积约 5.1 万 km²,山区占 31%、平原占 67%、湖泊占 2%。流域内有耕地 250.93 万 hm²,人口约 3 160 万,其中城镇人口约 540 万。行政区划包括山东菏泽、济宁、枣庄、临沂、日照及江苏省徐州、淮安、宿迁、连云港等地级市。沂沭泗河水系主要由沂河、沭河、泗运河组成,发源于沂蒙山区。

2.防洪保护区基本情况

南四湖湖西大堤防洪保护区、南四湖湖东堤防洪保护区、泗河堤防防洪保护区、沂河堤防防洪保护区、沭河堤防防洪保护区、韩庄运河堤防防洪保护区、分沂入沭堤防防洪保护区涉及沂沭泗流域内主要城市有济宁、菏泽、枣庄、临沂等。各保护区以及城市,社会经济发展迅速、交通便捷、能源资源丰富。

3.主要防洪城市

济宁位于山东省西南腹地,地处黄淮海平原与鲁中南山地交接地带。济宁属暖温带季风气候,面积 11 187 km²,2018 年,全市实现地区生产总值(GDP)共 4 930.58 亿元,年末常住人口 834.59 万,其中城镇人口 491.16 万、农村人口 343.43 万。济宁矿产资源丰富,已发现和探明储量的矿产有 70 多种,以煤为主。济宁市煤储量约 260 亿 t,为全国重点开发的八大煤炭基地之一。全市含煤面积 4 826 km²,占济宁市总面积的 45%,主要分布于兖州、曲阜、邹城、微山等地。

菏泽市地处鲁苏豫皖四省交界中心地带,下辖牡丹区、定陶区、曹县、成武、单县、巨野、郓城、鄄城、东明七县二区及一个省级开发区和一个省级高新区,总面积 12 239 km²。2018 年底总人口 1 018.6 万,常住人口 873.6 万,全市生产总值 3 078 亿元。境内公路四通八达,以日兰高速、济广高速、菏东高速、京九铁路纵穿南北;日菏铁路横贯东西,2021年鲁南高铁菏泽段将通车运行,规划建设的雄商高铁正开展前期工作,将密切鲁南地区与中西部地区的经济交流。境内有多条河道通至南四湖和京杭运河航道,京杭运河主要的支线航道有郓城新河、洙水河、新万福河,水运开发潜力巨大。新建菏泽牡丹机场为 4C 支线机场,将成为鲁豫两省交界地区重要的航空港,实现菏泽人民的"飞天梦"。

枣庄市总面积 4 564 km²,常住人口 392.73 万。2018 年,全市实现地区生产总值(GDP)2 402.38 亿元。2009 年成为国务院政策支持的东部地区唯一转型试点城市,2013年又被国务院列为中国老工业城市重点改造城市。枣庄市是著名的煤城,境内已发现矿产 57 种,查明资源储量的矿产 12 种。枣庄处在京沪铁路大动脉与陇海铁路大动脉的中间位置,是一个交通节点城市,位置十分显要。

临沂市位于山东省东南部,东连日照,西接枣庄、济宁、泰安,北靠淄博、潍坊,南邻江苏,总面积 17 191 km²,人口 1 179.8 万,是山东省面积最大的市。2018 年,全市实现地区生产总值(GDP)4 717.8 亿元。临沂市境内兖石、胶新铁路形成十字交叉,京沪、日东、青兰、长深、临枣五条高速公路纵横交错,高速公路、公路通车里程分别达 516 km、2.4 万 km。临沂水资源丰富,主要河流为沂河和沭河,有较大支流 1 035 条,10 km 以上河流 300 余条。

日照市位于山东省东南部黄海之滨,总面积 5 358.57 km²,截至 2018 年,常住人口 293.03 万,地区生产总值达到 2 202.17 亿元。日照市凭借优越的地理优势,大力发展矿石及钢铁运输,一跃成为全国最大的铁矿石中转港,电子信息、新材料产业等高新技术产业也蒸蒸日上。莒县位于山东省东南部,属日照市西部,总面积 1 821 km²。2018 年,莒县实现地区生产总值(GDP)410.27 亿元,年末常住人口 99.68 万,城镇化率达到46.14%。

以 2018 年为基准年,依据《2019 年统计年鉴》统计各防洪保护区的国土面积、人口、耕地等基本情况,各保护区主要保护范围及基本情况如表 5-2、表 5-3 所示。

4. 防洪保护区经济情况

截至 2018 年,防洪保护区工农业产值为 6 182.51 亿元,国民生产总值为 12 888.72 亿元,粮食产量为 1 348.61 t。以 2018 年为基准年,依据《2019 年统计年鉴》统计结果,各防洪保护区经济社会指标见表 5-4。

表 5-2　沂沭泗河流域骨干河道防洪保护区划分及主要保护范围

序号	防洪保护区	国土面积(km²)	人口(万)	耕地(万亩)	粮食总产量(万 t)	主要保护区县范围
1	南四湖湖西大堤防洪保护区(南四湖湖西防洪保护区)	4 464.16	345.66	383.06	177.08	任城区、嘉祥县、金乡县、鱼台县、江苏省丰县、沛县
2	南四湖湖东大堤防洪保护区(南四湖湖东防洪保护区)	873.78	146.54	77.35	49.64	济宁市任城区、太白湖新区、微山县、滕州市
3	泗河堤防防洪保护区	2 051.60	156.42	170.91	82.82	泗水县、曲阜市、邹城县、兖州区
4	韩庄运河堤防防洪保护区(韩庄运河南片、邳苍北片)	665.86	39.77	55.51	31.29	峄城区、台儿庄区
5	沂河堤防防洪保护区(沂沭河上片、沭西片)	5 501.74	415.90	346.15	153.39	沂源县、沂水县、沂南县、河东区、兰山区、罗庄区、郯城县
6	沭河堤防防洪保护区(沂沭河上片、沭东片)	3 615.19	237.47	248.80	124.65	沂水县、莒县、莒南县、河东区、郯城县
7	分沂入沭水道堤防防洪保护区(分沂入沭洪泛区)	151.96	10.28	12.17	6.53	河东区、临沭县、郯城县
8	邳苍分洪道堤防防洪保护区(邳苍北片)	468.28	35.36	41.39	22.38	兰陵县
9	新沭河堤防防洪保护区(新沭河西片)	373.77	23.16	28.93	11.10	临沭县

表 5-3　沂沭泗河流域骨干河道防洪保护区基本情况表（基准年 2018）

序号	名称	区段	省别	国土面积(km²)	人口(万人)	耕地(万亩)	粮食总产量(万t)	地区生产总值(亿元)
1	南四湖湖西大堤防洪保护区	湖西堤	山东	2 165.16	174.54	219.12	95.20	766.02
		湖西堤	江苏	2 299.00	171.11	163.94	81.88	919.07
2	南四湖湖东大堤防洪保护区	湖东堤 石佛—泗河	山东	203.31	36.30	17.32	10.46	166.35
		湖东堤 泗河—青山	山东	78.30	9.68	7.29	4.93	72.51
		湖东堤 青山—垤斛					岗地	
		湖东堤 垤斛—二级坝	山东	345.02	41.31	30.52	19.35	293.17
		湖东堤 二级坝—新薛河	山东	93.96	40.85	8.75	5.92	87.01
		湖东堤 新薛河—郗山	山东	116.64	13.88	10.08	6.68	100.47
		湖东堤 郗山—韩庄	山东	36.54	4.52	3.40	2.30	33.84
3	泗河河堤防洪保护区	左堤 金口坝以上	山东	907.11	65.56	72.74	31.90	440.44
		右堤 金口坝以上	山东	405.90	25.25	32.35	13.72	127.55
		右堤 金口坝—入湖口	山东	738.59	65.62	65.82	37.17	641.34
4	韩庄运河堤防防洪保护区	左堤 南四湖出口—省界	山东	450.46	30.70	37.28	20.90	146.99
		右堤 南四湖出口—省界	山东	215.40	9.07	18.22	10.40	73.46
5	沂河堤防防洪保护区	左堤 跋山水库—东汶河口	山东	327.40	21.46	9.11	4.08	50.45
		左堤 东汶河口—蒙河口	山东	478.80	26.99	24.04	7.34	82.99
		左堤 蒙河口—蒙河道口	山东	208.45	13.56	14.40	7.26	57.14
		左堤 蒙河道口—刘家道口	山东	625.35	47.07	43.20	21.78	171.42
		左堤 刘家道口—省界	山东	597.55	61.85	53.75	35.78	163.34
		右堤 跋山水库—东汶河口	山东	294.66	10.22	8.20	3.67	45.41
		右堤 东汶河口—蒙河口	山东	392.84	19.59	19.27	5.61	69.04
		右堤 蒙河口—蒙河道口	山东	429.83	20.92	23.84	8.64	69.72
		右堤 蒙河道口—刘家道口	山东	1249.40	125.11	73.43	25.79	1 207.29
		右堤 刘家道口—省界	山东	897.47	69.13	76.92	33.45	334.89

续表 5-3

序号	名称	防洪保护区	区段	省别	国土面积 (km²)	人口 (万人)	耕地 (万亩)	粮食总产量 (万t)	地区生产总值 (亿元)
6	沭河堤防防洪保护区	左堤	青峰岭水库以上	山东	241.40	10.06	11.29	2.95	43.59
			青峰岭水库—浔河口	山东	309.57	16.95	15.70	6.60	69.75
			浔河口—汤河口	山东	262.64	11.73	17.78	7.10	45.14
			汤河口—大官庄	山东	313.16	19.40	24.24	9.30	84.08
			大官庄—省界	山东	597.55	51.35	53.75	35.78	163.34
		右堤	青峰岭水库以上		241.40	10.06	11.29	2.95	43.59
			青峰岭水库—浔河口		309.57	27.52	15.70	6.60	69.75
			浔河口—汤河口	山东	617.00	36.56	42.38	20.12	151.23
			汤河口—大官庄	山东	400.22	39.34	27.65	13.94	109.71
			大官庄—省界	山东	322.68	14.50	29.03	19.32	88.20
7	分沂入沭水道堤防防洪保护区	左堤	彭家道口闸—入沭河	山东	92.20	5.84	6.79	2.95	24.99
		右堤	彭家道口闸—入沭河	山东	59.76	4.44	5.38	3.58	16.33
8	邳苍分洪道堤防防洪保护区	左堤		山东	239.02	17.74	21.50	14.31	65.34
		右堤		山东	229.26	17.62	19.89	8.07	81.28
9	新沭河堤防防洪保护区	左堤	新沭河泄洪闸—石梁河水库	山东、江苏	222.24	13.77	17.20	6.60	59.67
		右堤	新沭河泄洪闸—石梁河水库	江苏	151.53	9.39	11.73	4.50	40.69
10		汤河保护区			891.00	136.69	49.67	17.90	1 053.95
11		汤河保护区		山东	833.80	54.22	57.60	29.04	228.56

表 5-4　沂沭泗河防洪保护区社会经济基本情况（基准年 2018 年）

序号	防洪保护区名称	区段	省别	国土面积(km²)	人口(万人)	耕地(万亩)	重要工矿企业 名称	重要工矿企业 规模	重要城市 名称	重要城市 人口(万人)	粮食总产量(万t)	工农业产值(亿元) 工业	工农业产值(亿元) 农业	工农业产值(亿元) 总计	地区生产总值(亿元)
1	南四湖湖西大堤防洪保护区（南四湖湖西防洪保护区）	湖西堤	山东	2 165.16	174.54	219.12	山东鲁王集团有限公司	2.6 亿元	鱼台县	19.52	95.20	212.69	83.25	295.95	766.02
							山东胜发焦化有限公司	2 亿元	金乡县	32.89					
							济宁市迅达通讯材料有限公司	3.7 亿元	嘉祥县	29.65					
								2.6 亿元	丰县	53.22					
			江苏	2 299.00	171.11	163.94	大屯煤电（集团）有限公司	特大企业集团	沛县	71.80	81.88	269.22	170.30	439.52	919.07
							徐州电厂	130 万 kW							
							彭城电厂	60 万 kW							
							徐工集团	500 强							
		小计		4 464.16	345.66	383.06					177.08	481.91	253.55	735.47	1 685.09
		石佛—泗河	山东	203.31	36.30	17.32	兖矿集团 2 号井	700 万 t	济宁市任城区	83.71	10.46	44.00	6.11	50.11	166.35
		泗河—青山	山东	78.30	9.68	7.29	兖矿集团 3 号井	600 万 t	太白湖新区	12.79	4.93	29.30	5.65	34.95	72.51
		青山—垞斛	山东													
2	南四湖湖东大堤防洪保护区（南四湖湖东防洪保护区）	垞斛—二级坝	山东	345.02	41.31	30.52	滕州吉田香料有限公司				19.35	123.52	17.20	140.72	293.17
							滕州市官桥煤炭有限公司								
							滕州国力机床工具有限公司	11.46 亿元							
							滕州市鑫雨气体煎饼机制造厂								
							微山新安矿								

（岗地）

续表 5-4

序号	名称	区段	省别	国土面积(km²)	人口(万人)	耕地(万亩)	重要工矿企业 名称	重要工矿企业 规模	重要城市 名称	重要城市 人口(万人)	粮食总产量(万t)	工农业产值(亿元) 工业	工农业产值(亿元) 农业	工农业产值(亿元) 总计	地区生产总值(亿元)
2	南四湖湖东大堤防洪保护区（南四湖湖东防洪保护区）	二级坝—新薛河	山东	93.96	40.85	8.75	微山高庄煤矿	14.14 亿元	微山县	35.64	5.92	35.16	6.78	41.94	87.01
							微山县供电公司	2.15 亿元							
							微山付村煤业	8 亿元							
		新薛河—郗山	山东	116.64	13.88	10.08					6.68	44.52	5.50	50.02	100.47
		郗山—韩庄	山东	36.54	4.52	3.40					2.30	13.67	2.64	16.31	33.84
		小计		873.77	146.54	77.36					49.64	290.17	43.88	334.05	753.35
3	泗河堤防防洪保护区	左堤	山东	907.11	65.56	72.74	兖矿集团有限公司	500 强企业			31.90	172.48	20.15	192.63	440.44
							兖矿峰山化工有限公司	23.5 亿元							
							燕京啤酒股份有限公司	2.1 亿元							
		右堤 金口坝以上	山东	405.90	25.25	32.35	山东太阳纸业	世界造纸 50 强	兖州区	38.33	13.75	39.41	9.74	49.15	127.55
							银河德普鲁酒胶带	20.35 亿元							
							雪花生物物化工股份	27.2 亿元							
		右堤 金口坝—入湖口	山东	738.59	65.62	65.82	古城煤矿	8.87 亿元			37.17	296.80	19.72	316.52	641.34
							兖州热电厂	7.29 亿元							
		小计		2 051.60	156.43	170.91					82.82	508.69	49.61	558.3	1 209.33
4	韩庄运河堤防防洪保护区（韩庄运河邳苍北片）	左堤 南四湖出口—省界	山东	450.46	30.70	37.28	福兴集团、大兴煤矿、曹庄煤矿	5 亿元	台儿庄区	11.55	20.90	63.48	10.53	74.02	146.99
							枣庄JC皮革制品有限公司	800 万美元	邳州市	104.83					
							万通集团、山东上联水泥发展有限公司、	41.8 亿							
							山东王兆煤电集团	4×30 kW							

续表 5-4

序号	防洪保护区名称	区段	省别	国土面积（km²）	人口（万人）	耕地（万亩）	重要工矿企业 名称	规模	重要城市 名称	重要城市 人口（万人）	粮食总产量（万t）	工业	农业	总计	地区生产总值（亿元）
4	韩庄运河河堤防洪保护区（韩庄运河郯苍北片）	右堤 南四湖出口—省界	山东	215.40	9.07	18.22	京沪、陇海两大铁路以及京福、连霍高速公路				10.40	31.96	5.08	37.04	73.46
		小计		665.86	39.77	55.50					31.3	95.44	15.61	111.06	220.45
5	沂沭河河堤防洪保护区（沂沭河上片、沭西片）	左堤（沂沭河上片） 跋山水库以上	山东	327.40	21.46	9.11					4.08	21.12	7.22	28.34	50.45
		跋山水库—东汶河河口	山东	478.80	26.99	24.04			河东区	25.61	7.34	27.50	8.94	36.44	82.99
		东汶河河口—蒙河河口	山东	208.45	13.56	14.40			兰山区	106.77	7.26	21.37	4.42	25.79	57.14
		蒙河口—刘家道口	山东	625.35	47.07	43.20	经济开发区	1 299 亿元	罗庄区	28.41	21.78	64.10	13.27	77.37	171.42
		刘家道口—省界	山东、江苏	597.55	44.35	53.75			郯城县	35.00	35.78	60.40	15.28	75.68	163.34
		右堤（沭西片） 跋山水库以上		294.66	10.22	8.20					3.67	19.01	6.50	25.50	45.41
		跋山水库—东汶河河口	山东	392.84	19.59	19.27					5.61	23.17	6.98	30.15	69.04
		东汶河河口—蒙河河口	山东	429.83	20.92	23.84					8.64	21.64	9.82	31.45	69.72

续表 5-4

序号	名称	防洪保护区 区段	省别	国土面积(km²)	人口(万人)	耕地(万亩)	重要工矿企业 名称	规模	重要城市 名称	重要城市 人口(万人)	粮食总产量(万t)	工业	农业	总计	地区生产总值(亿元)
5	沂河沭河堤防防洪保护区（沂河上片、沭西片）	右堤 蒙河道口—刘家道口	山东	1 249.40	125.11	73.43					25.79	450.98	15.69	466.66	1 207.29
		刘家道口—省界	江苏	897.47	69.13	76.92					33.45	126.61	31.23	157.84	334.89
		小计 跋山水库以上		622.06	31.68	17.31					7.75	40.13	13.72	53.84	95.86
		跋山水库—东汶河口		871.64	46.58	43.31					12.95	50.67	15.92	66.58	152.03
		东汶河口—蒙河道口		638.28	34.48	38.24					15.90	43.01	14.24	57.24	126.86
		蒙河道口—刘家道口		1 874.75	172.18	116.63					47.57	515.08	28.96	544.03	1 378.71
		刘家道口—省界		1 495.02	113.48	130.67					69.23	187.01	46.51	233.51	498.23
		合计		5 501.75	398.4	346.16					153.4	835.9	119.35	955.2	2 251.69
6	沭河堤防防洪保护区（沂河上片、沭东片）	左堤 青峰岭水库以上	山东	241.40	10.06	11.29					2.95	14.98	3.85	18.83	43.59
		青峰岭水库—浔河口	山东	309.57	16.95	15.70			莒县	45.99	6.60	25.25	2.97	28.22	69.75
		浔河口—汤河口	山东	262.64	11.73	17.78	山东金沂蒙集团有限公司	中国化工500强	河东区	25.61	7.10	14.91	5.45	20.36	45.14
		汤河口—大官庄	山东	313.16	19.40	24.24	史丹利化肥有限公司	总资产43.63亿	临沐县	31.89	9.30	32.53	5.28	37.81	84.08
							山东金正大生态工程股份有限公司	总资产68亿	郯城县	35.00					
							山东常林机械集团股份有限公司	总资产40亿							
		大官庄—省界	山东	597.55	51.35	53.75					35.78	60.40	15.28	75.68	163.34

续表 5-4

序号	防洪保护区名称	区段	省别	国土面积(km²)	人口(万人)	耕地(万亩)	重要工矿企业 名称	规模	重要城市 名称	人口(万人)	粮食总产量(万t)	工农业产值(亿元) 工业	农业	总计	地区生产总值(亿元)
6	沭河堤防洪保护区(沭河上片、沭东片)	右堤 青峰岭水库以上		241.40	10.06	11.29					2.95	14.98	3.85	18.83	43.59
		青峰岭水库—浔河口	山东	309.57	27.52	15.70					6.60	25.25	2.97	28.22	69.75
		浔河口—汤河口	山东	617.00	36.56	42.38	经济开发区	总产值110亿元			20.12	55.23	13.01	68.24	151.23
		汤河口—大官庄	山东	400.22	39.34	27.65					13.94	41.02	8.49	49.51	109.71
		大官庄—省界	山东	322.68	14.50	29.03					19.32	32.61	8.25	40.86	88.20
		小计 青峰岭水库以上		482.80	20.12	22.58					5.9	29.96	7.70	37.66	87.18
		青峰岭水库—浔河口		619.14	44.47	31.4					13.2	50.50	5.94	56.44	139.5
		浔河口—汤河口		879.64	48.29	60.16					27.22	70.14	18.46	88.60	196.37
		汤河口—大官庄		713.38	58.74	51.89					23.24	73.55	13.77	87.32	193.79
		大官庄—省界		920.23	65.85	82.78					55.10	93.01	23.53	116.54	251.54
		合计		3 615.19	237.47	248.81					124.66	317.16	69.40	386.56	868.38

续表 5-4

序号	防洪保护区名称	区段	省别	国土面积(km²)	人口(万人)	耕地(万亩)	重要工矿企业 名称	重要工矿企业 规模	重要城市 名称	重要城市 人口(万人)	粮食总产量(万t)	工农业产值(亿元) 工业	工农业产值(亿元) 农业	工农业产值(亿元) 总计	地区生产总值(亿元)
7	分沂入沭水道堤防洪泛区防洪保护区	左堤 彭家道口闸—入沭河	山东	92.20	5.84	6.79					2.95	9.52	1.74	11.26	24.99
		右堤 彭家道口闸—入沭河	山东	59.76	4.44	5.38					3.58	6.04	1.53	7.57	16.33
		小计		151.96	10.28	12.17					6.53	15.56	3.27	18.83	41.32
8	郯苍分洪道堤防防洪保护区	左堤（郯苍北片）	山东	239.02	17.74	21.50					14.31	24.16	6.11	30.27	65.34
		右堤（郯苍东片）	山东	229.26	17.62	19.89					8.07	29.80	8.71	38.51	81.28
		小计		468.28	35.36	41.39			兰陵县	44.50	22.38	53.96	14.82	68.78	146.62
9	新沭河堤防防洪保护区	左堤（新沭河东片） 新沭河泄洪闸—石梁河水库	山东	222.24	13.77	17.20					6.60	23.09	3.74	26.83	59.67
		右堤（新沭河西片） 新沭河泄洪闸—石梁河水库	江苏	151.53	9.39	11.73					4.50	15.74	2.55	18.29	40.69
		小计 新沭河泄洪闸—石梁河水库		373.77	23.16	28.93					11.10	38.83	6.29	45.12	100.36
10	汾河防洪保护区		山东	891.00	136.69	49.67					17.90	385.89	8.47	394.36	1 053.95
11	汤河防洪保护区		山东	833.80	54.22	57.60					29.04	85.46	17.69	103.15	228.56
	总计			19 891.14	1 583.97	1 471.56					705.85	3 108.97	601.94	3 710.88	8 559.10

5.1.2　社会经济发展分析

5.1.2.1　区域发展定位

国家和山东省对区域社会经济战略定位进行了明确,先后下发了相关规划和指导意见,其中《西部经济隆起带发展规划》(2013~2020)规划范围主要包括枣庄、济宁、临沂、德州、聊城、菏泽6市和泰安市的宁阳县、东平县。发挥西部地区湖泊、河流、水库、湿地、森林等生态资源多样化的优势,充分利用现代水利示范省、省部合作共建"让江河湖泊休养生息示范省"等有利契机,加大生态修复、整治与保护力度,实施南水北调干线、黄河、沂沭河、环南四湖、环东平湖等重大生态保护工程,实现经济社会发展和生态环境保护的有机统一,为加快西部经济隆起创造人与自然和谐的永续发展环境。

山东省委《中共山东省委　山东省人民政府关于突破菏泽、鲁西崛起的若干意见》(鲁发〔2018〕39号文件):到2020年,突破菏泽、鲁西崛起取得重要阶段性成果……与全省同步全面建成小康社会;到2022年,发展动力更加强劲,开放型经济优势凸显,质量效益显著提高,新动能主导经济格局基本形成……城市发展更加协调,生态环境更加优美,人民群众获得感、幸福感、安全感持续增强,现代化建设新征程迈出坚实的步伐。防洪减灾体系构建和完善、与社会经济发展相适应的防洪除涝标准和工程建设将更加重要,也是区域社会经济新定位、新发展的有力保障和支撑。

《淮河生态经济带发展规划》(2018~2035年):淮河流经我国中东部地区,全长约1 000 km,是南北方的重要分界线。淮河流域地处南北气候过渡带,在我国经济社会发展全局中占有重要地位。为推进淮河流域生态文明建设,决胜全面建成小康社会并向现代化迈进,根据《国家"十三五"规划纲要》和《促进中部地区崛起"十三五"规划》,编制本规划。淮河生态经济带以淮河干流、一级支流以及下游沂沭泗水系流经的地区为规划范围,包括山东省枣庄市、济宁市、临沂市、菏泽市,规划面积24.3万 km²,2017年末常住人口1.46亿,地区生产总值6.75万亿元。

根据规划,山东省淮河流域4市是淮河生态经济带重要组成部分,生态保护和环境治理放在首要位置,建立健全跨区域生态建设和环境保护的联动机制,统筹上中下游开发建设与生态环境保护,落实最严格的水资源管理制度和环境保护制度,着力保护水资源和水环境,加强流域综合治理和森林湿地保护修复,加快形成绿色发展方式和生活方式,把淮河流域建设成为天蓝地绿水清、人与自然和谐共生的绿色发展带,为全国大河流域生态文明建设积累新经验、探索新路径。

5.1.2.2　社会经济发展预测

依据各省、市、县区《统计年鉴》《国民经济和社会发展公报》《城市总体规划》等文件,确定各省市人口、经济、耕地等指标变化情况。城市防洪保护区主要统计保护区人口及当量经济规模(当量经济规模为城市防护区人均GDP指数与人口的乘积,人均GDP指数为城市防护区人均GDP与同期全国人均GDP的比值),乡村保护区主要统计保护人口及耕地面积。具体计算时,人口自然增长率、GDP增速、耕地变化率按照2014~2018年5年平均值计算,城镇化率依据城市规划确定,山东省2035年城镇化率规划为75%。统计得到沂沭泗河流域防洪保护区2035年社会经济指标值,如表5-5所示。

表 5-5　沂沭泗河流域防洪保护区社会经济指标值（2035 年）

序号	防洪保护区名称	区段	省别	总人口（万）	城镇人口（万）	当量经济规模（万人）	乡村人口（万）	耕地（万亩）
1	南四湖湖西大堤防洪保护区	湖西堤	山东	201.76	63.98	21.73	137.78	207.15
			江苏	202.68	79.37	51.01	123.31	166.46
			小计	404.44	143.35	72.74	261.09	373.61
2	南四湖湖东大堤防洪保护区	湖东堤　石佛—泗河	山东	39.28	33.03	13.41	6.25	16.37
		泗河—青山	山东	11.19			11.19	6.89
		青山—坙斛	山东	47.77			47.77	27.79
		坙斛—二级坝	山东	60.55	57.46	38.68	3.09	8.27
		二级坝—新薛河	山东	16.05			16.05	9.24
		新薛河—郗山	山东	5.22			5.22	3.22
		郗山—韩庄	山东					
		小计		180.06	90.49	52.09	89.57	71.78
3	泗河堤防防洪保护区	左堤	山东	75.78	42.80	19.47	32.98	68.77
		右堤　金口坝以上	山东	29.18			29.18	30.58
		金口坝入—湖口	山东	75.85	58.41	51.59	17.45	52.71
		小计		180.81	101.21	71.06	79.61	152.06
4	韩庄运河、中运河堤防防洪保护区	左堤　南四湖出口—省界	山东	38.08	29.67	11.71	8.41	33.03
		右堤　南四湖出口—省界	山东	15.82			3.96	16.15
		小计		53.90	29.67	11.71	12.37	49.18

续表 5-5

序号	名称	防洪保护区		省别	总人口（万）	城镇人口（万）	当量经济规模（万）	乡村人口（万）	耕地（万亩）
5	沂河堤防防洪保护区	左堤	跋山水库以上		24.47	21.25	10.97	3.22	8.36
			跋山水库—东汶河口	山东	26.56	20.53	13.69	6.03	22.07
			东汶河口—蒙河道口以上	山东	15.37			15.37	13.22
			蒙河道口—刘家道口	山东	48.41	36.88	24.59	11.53	39.67
			刘家道口—省界	山东	45.76	33.19	22.12	12.57	49.36
		右堤	跋山水库以上		11.59			11.59	7.53
			跋山水库—东汶河口	山东	21.92	17.08	11.38	4.85	17.70
			东汶河口—蒙河道口以上	山东	48.93	43.00	28.67	5.93	21.89
			蒙河道口—刘家道口	山东	138.07	92.12	65.60	45.95	67.43
			刘家道口—省界	山东	39.14	19.22	12.81	19.92	70.64
		小计	跋山水库以上		36.06	21.25	10.97	14.81	15.89
			跋山水库—东汶河口		48.48	37.61	25.07	10.88	39.77
			东汶河口—蒙河道口以上		64.30	43.00	28.67	21.30	35.11
			蒙河道口—刘家道口		186.48	129.00	90.19	57.48	107.10
			刘家道口—省界		84.90	52.41	34.93	32.49	120.00
		合计			420.22	283.27	189.83	136.96	317.87

续表 5-5

序号	名称		区段	省别	总人口(万)	城镇人口(万)	当量经济规模(万)	乡村人口(万)	耕地(万亩)
6	沭河堤防防洪保护区	左堤	青峰岭水库以上		11.41			11.41	10.37
			青峰岭水库—浔河口		20.58			20.58	12.21
			浔河口—汤河口	山东	13.30			13.30	16.33
			汤河口—大官庄	山东	22.00	16.50	6.66	5.50	33.75
			大官庄—省界	山东	65.36	52.79	18.11	12.57	61.19
		右堤	青峰岭水库以上	山东	11.41			11.41	10.37
			青峰岭水库—浔河口	山东	41.46	36.31	16.45	5.14	12.21
			浔河口—汤河口	山东	160.36	150.00	131.01	10.36	38.92
			汤河口—大官庄	山东	44.26	36.88	24.59	7.38	25.39
			大官庄—省界	山东	6.79			6.79	33.04
		小计	青峰岭水库以上		22.82	0	0	22.82	20.74
			青峰岭水库—浔河口		62.04	36.31	16.45	25.72	24.42
			浔河口—汤河口		173.66	150.00	131.01	23.66	55.25
			汤河口—大官庄		66.26	53.38	31.25	12.88	59.14
			大官庄—省界		72.15	52.79	18.11	19.36	94.23
	合计				396.92	292.48	196.82	104.44	253.78

续表5-5

序号	防洪保护区 名称		区段	省别	总人口（万）	城镇人口（万）	当量经济规模（万）	乡村人口（万）	耕地（万亩）
7	分沂入沭水道堤防防洪保护区	左堤	彭家道口闸—入沭河	山东	6.62			5.84	8.09
		右堤	彭家道口闸—入沭河	山东	5.03			4.44	4.94
			小计		5.03			10.28	13.03
8	邳苍分洪道堤防防洪保护区	左堤		山东	20.11			20.11	19.74
		右堤		山东	19.98			19.98	18.27
			小计		40.09			40.09	38.01
9	新沭河堤防防洪保护区	左堤	新沭河泄洪闸—石梁河水库	山东、江苏	15.61			15.61	15.80
		右堤	新沭河泄洪闸—石梁河水库	江苏	10.64			10.64	10.77
		小计	新沭河泄洪闸—石梁河水库		26.25			26.26	26.57
			合计		52.5			52.5	53.14
10	祊河防洪保护区			山东	154.97	116.23	83.46	38.74	45.61
11	汤河防洪保护区			山东	61.47	46.10	18.11	15.37	52.90
	合计				1957.04	1102.80	695.82	841.02	1420.97

5.1.3　防洪除涝标准适应性分析

5.1.3.1　流域防洪形势分析

1.防洪减灾体系初步建成形势分析

随着防洪规划近期等任务完成,初步建成由防洪工程体系和防洪管理体系构成的较完善的流域防洪减灾体系。山东省淮河流域防洪规划近期工程涉及上中下游,兼顾面上,是从全流域出发统筹安排的,构成了流域防洪工程体系。规划近期工程的建设使山东省淮河流域防洪标准有了明显提高,在洪水中得到了较好的验证,在应对流域性大洪水时有了重要的防御及调控手段。经科学调度运用,能够较好地防御设计洪水,基本能够保障流域重要防洪保护区的安全。但是工程体系还有继续完善之处,流域防洪除涝形势还面临需解决的问题。

通过统筹实施沂沭泗河骨干河道东调南下工程、沂沭泗主要支流治理工程、山东省淮河流域重点平原洼地治理、湖东滞洪区建设等工程体系,可将山东省淮河流域中下游地区主要防洪保护区的防洪标准逐步提高到 50 年一遇,除涝标准达到 3~5 年一遇。尽管山东省淮河流域的防洪标准有所提高,但流域内尚有部分工程防洪除涝标准偏低,因洪致涝问题突出,工程短板依然存在。

2.经济社会发展新形势的防洪要求

随着流域经济发展、人口的不断增加、城市化进程的加快,全社会对水利发展的要求不断提高,加之山东省淮河流域特殊的自然地理条件,使得山东省淮河防洪减灾工程体系建设任务艰巨而复杂,水利发展仍将面临流域防洪安全要求不断提高、防洪能力相对不足等许多问题,加之在防洪规划实施的过程中出现了一些新的问题,与新时期对水利的新要求不相适应。

1)为适应经济社会快速发展要求,防洪减灾体系需进一步完善

部分中小河流未经系统治理,防洪工作既要考虑防御大洪水,不断完善流域防洪体系,又要着眼于防御中小洪水和突发性灾害,解决中小洪水受灾严重等问题,不断加强防洪工程措施和非工程措施建设,最大限度地降低灾害的损失。

随着流域快速发展,沂沭泗河中下游防洪保护对象及重要性发生了较大变化,《淮河流域防洪规划》确定的沂沭泗河洪水东调南下总体防洪标准为 50 年一遇,目前已实施完成。山东省高度重视该区域的经济社会发展,山东省政府提出了鲁南经济带区域发展规划,指出鲁南经济带在全省区域经济发展中的总体功能定位为重点开发区域,要加快鲁南经济带规划建设。《淮河流域综合规划(2012~2030 年)》(简称《防洪规划》)提出:规划远期(2030 年)沂沭泗河水系南四湖、韩庄运河、中运河、骆马湖、新沂河的防洪标准逐步提高到 100 年一遇。

《防洪规划》从 1998 年水利部部署编制,到 2009 年国务院批复,再到“十三五”,经历了近 20 年时间,期间流域经济发生了巨大的变化,山东省淮河流域战略地位越来越重要,对流域防洪保安提出了更高的要求。有些治理标准已经不能满足现在的防洪需要,并需要结合航道、截污导流等工程建设优化布置,避免工程的重复建设;同时非工程措施建设

相对薄弱,需要进一步完善防洪管理体系;并且国家近年来实行了河湖长制、中小河流治理、灾后薄弱环节、病险水库除险加固、山洪灾害等规划,山东省按照刘家义书记统筹解决水问题的批示要求,完成了《山东省水安全保障规划》。《防洪规划》中实施内容需要根据流域经济社会发展新要求和新形势做出优化调整。

2)保障粮食安全对水利提出新要求

粮食是民生之本,粮食安全事关经济发展和社会稳定,随着全国人口的不断增长和耕地面积的逐渐减少,我国粮食供需将长期处于紧平衡状态。山东省淮河流域是山东省粮食的主产区,目前粮食产量约占全省的40%,建有济宁、菏泽两个国家级大型商品粮生产基地,对保障山东省乃至全国粮食安全具有重要作用。但是,流域粮食生产长期受到洪涝及旱灾威胁,产量极不稳定,存在农田灌排设施不完善、灌溉技术落后、排水不畅等问题,严重影响流域粮食生产安全。因此,为保障流域粮食生产安全,需进一步加强农村水利建设,完善现有灌排设施,提高农田灌溉效率,改善粮食生产条件。同时,应加快节水型农业建设步伐,优化水资源配置,不断提高水资源利用效率和农业粮食生产的用水保障程度。

3)治水新思路提出新要求

从传统水利向现代水利转变,提高行洪排涝能力的同时,还要兼顾水资源保护和开发利用、水生态系统和水陆交通的要求;要顺应自然规律,调整治水思路,从单纯的洪水控制向洪水管理、雨洪资源科学利用转变,从注重水资源开发利用向水资源节约、保护和优化配置转变,在防洪减灾的同时,兼顾水资源、水环境,实现人水和谐。

5.1.3.2　流域洪水总体安排

1.设计洪水成果

本次研究以流域综合规划修编对沂沭泗设计洪水复核成果为依据,分析复核后采用以下成果:沂沭泗设计洪水包括沂河临沂、沭河大官庄、沂沭河、南四湖地区、邳苍地区、骆马湖以上流域洪峰及洪量设计值。沂河临沂、沭河大官庄50年一遇设计洪峰分别为22 400 m³/s、9 450 m³/s,南四湖及骆马湖出口以上50年一遇最大30 d洪量分别为103亿 m³、212亿 m³,见表5-6。

表5-6　设计洪水成果　　　　　(单位:洪峰,m³/s;洪量,亿 m³)

河流	站名	控制面积 (km²)	项目	均值	C_v	C_s/C_v	各重现期的设计洪峰及洪量		
							100 年	50 年	20 年
沂河	临沂	10 150	Q_m	5 800	0.95	2.5	26 700	22 400	16 800
			W_{3d}	5.5	0.85	2.5	22.7	19.2	14.8
			W_{7d}	9.2	0.85	2.5	37.9	32.2	24.8
			W_{15d}	13	0.8	2.5	50.6	43.3	33.8
			W_{30d}	17.8	0.8	2.5	69.2	59.3	46.3

续表 5-6

河流	站名	控制面积 (km²)	项目	均值	C_v	C_s/C_v	各重现期的设计洪峰及洪量		
							100 年	50 年	20 年
沭河	大官庄	4 350	Q_m	2 700	0.85	2.5	11 000	9 450	7 290
			W_{3d}	2.7	0.85	2.5	11.1	9.45	7.3
			W_{7d}	4	0.85	2.5	16.5	14	10.8
			W_{15d}	5.5	0.8	2.5	21.4	18.3	14.3
			W_{30d}	7	0.8	2.5	27.2	23.3	18.2
南四湖	南四湖出口	31 400	W_{7d}	17	0.8	2.5	66.1	56.6	44.2
			W_{15d}	27.3	0.8	2.5	105.9	90.6	71
			W_{30d}	31	0.8	2.5	121	103	80.6

2. 洪水总体安排

洪水调度是采用科学的降雨径流预报方法,通过工程措施,人为地改变径流的时空分布,最大限度地降低洪水造成的威胁和损失,实现防洪效益的最大化。根据沂沭泗河防洪规划和防洪工程实际状况,2005 年修订后,印发《沂沭泗河洪水调度方案》(国汛〔2012〕8 号)。

1)防洪工程状况

沂沭泗水系由沂河、沭河和泗(运)河组成。经过 70 多年的治理,已形成由水库、河湖堤防、控制性水闸、分洪河道及蓄滞洪工程等组成的防洪工程体系。目前,除南四湖部分工程外,沂沭泗河洪水东调南下续建工程已完成,骨干河道中下游防洪工程体系基本达到 50 年一遇防洪标准。

(1)沂河。

沂河发源于山东省鲁山南麓,南流至江苏省新沂市苗圩入骆马湖。沂河在彭道口向东辟有分沂入沭水道,分沂河洪水入沭河;沂河在江风口辟有邳苍分洪道,分沂河洪水入中运河。

沂河主要防洪工程包括河道堤防、分沂入沭水道、邳苍分洪道、刘家道口枢纽和江风口闸等。

沂河祊河口以下已按 50 年一遇防洪标准治理,临沂至刘家道口、刘家道口至江风口、江风口至入骆马湖口段设计流量分别为 16 000 m³/s、12 000 m³/s、8 000 m³/s。

分沂入沭水道已按 50 年一遇防洪标准治理,设计流量 4 000 m³/s。

邳苍分洪道已按 50 年一遇防洪标准治理,江风口闸下至东泇河口设计流量 4 000 m³/s、东泇河口以下设计流量 5 500 m³/s。

刘家道口枢纽是控制沂河洪水东调入海的关键工程,由刘家道口节制闸、彭道口分洪闸等组成。刘家道口节制闸控制沂河洪水南下入骆马湖,设计流量 12 000 m³/s、校核流量 14 000 m³/s;彭道口分洪闸控制沂河洪水入分沂入沭水道,设计流量 4 000 m³/s、校核流量 5 000 m³/s。江风口分洪闸是分泄沂河洪水入邳苍分洪道的控制工程,设计流量

4 000 m^3/s。

（2）沭河。

沭河发源于山东省沂山南麓，与沂河平行南下，南流至江苏省新沂市口头入新沂河。沭河上游洪水在山东省临沭县大官庄与分沂入沭水道分泄的沂河洪水汇合，向东由新沭河泄洪闸控制经新泳河、石梁河水库于江苏省连云港市临洪口入海，向南由人民胜利堰闸控制经老沭河在江苏省新沂市口头入新沂河。

沭河汤河口至入新沂河口段已按 50 年一遇防洪标准治理，汤河口至大官庄、大官庄至塔山闸、塔山闸至入新沂河口段的设计流量分别为 8 150 m^3/s、2 500 m^3/s、3 000 m^3/s。

新沭河已按 50 年一遇防洪标准治理，石梁河水库以上河段设计流量按新沭河闸泄洪 6 000 m^3/s，加区间汇流入石梁河水库为 7 590 m^3/s；石梁河水库至太平庄闸、太平庄闸下至海口段的设计流量分别为 6 000 m^3/s、6 400 m^3/s。

大官庄枢纽是沂沭河洪水东调入海的控制工程，由新沭河闸、人民胜利堰闸等组成。新沭河闸设计流量 6 000 m^3/s、校核流量 7 000 m^3/s；人民胜利堰闸设计流量 2 500 m^3/s、校核流量 3 000 m^3/s。

石梁河水库达到 100 年一遇设计、2 000 年一遇校核的防洪标准，设计洪水位 26.81 m，校核洪水位 28.0 m，总库容 5.31 亿 m^3；水库死水位 18.5 m，汛限水位 23.5 m，汛末蓄水位 24.5 m。石梁河水库泄洪闸（包括老闸和新闸）在水库水位 24.0 m 时，总泄量可达 5 000 m^3/s，当发生 50 年一遇、100 年一遇和 2 000 年一遇洪水时，总泄量分别可达 6 000 m^3/s、7 000 m^3/s 和 10 000 m^3/s。

（3）南四湖、韩庄运河及中运河。

南四湖汇集沂蒙山区西部及湖西平原各支流洪水，经韩庄运河、伊家河及不牢河入中运河；中运河承接南四湖和邳苍区间来水，东南流经江苏邳州，在新沂市二湾至皂河闸段与骆马湖相通。

南四湖湖腰处兴建的二级坝水利枢纽将南四湖分隔为上级湖和下级湖。上级湖死水位 33.0 m，汛限水位 34.2 m，汛末蓄水位 34.5 m，设计 50 年一遇洪水位 37.0 m，相应容积 26.12 亿 m^3。下级湖死水位 31.5 m，汛限水位 32.5 m，汛末蓄水位 32.5 m，设计 50 年一遇洪水位 36.5 m，相应容积 34.1 亿 m^3。

南四湖主要防洪工程包括湖西大堤、湖东堤、二级坝枢纽、韩庄枢纽、蔺家坝闸及湖东滞洪区等。

南四湖湖东堤石佛至泗河口、二级坝至新薛河段按防御 1957 年洪水修建，泗河口至青山、垞斜至二级坝、新薛河口至郗山段按 50 年一遇防洪标准修建。

二级坝枢纽是分泄南四湖上级湖洪水入下级湖的控制工程，由土坝、溢流坝、一闸、二闸、三闸等防洪工程及南水北调东线二级坝泵站、二级坝船闸和二级坝复线船闸组成，防洪工程设计总泄量为 14 520 m^3/s，其中溢流坝、一闸、二闸和三闸的设计流量分别为 2 100 m^3/s、4 500 m^3/s、3 300 m^3/s 和 4 620 m^3/s。

韩庄枢纽是分泄南四湖下级湖洪水经韩庄运河、中运河南下的控制工程，由韩庄闸、伊家河闸和老运河闸等防洪工程及南水北调韩庄泵站、韩庄船闸等组成。韩庄闸设计流量 2 050 m^3/s，校核流量 4 600 m^3/s；伊家河闸设计流量 200 m^3/s，校核流量 400 m^3/s；老运河闸设计流量 250 m³/s、校核流量 500 m³/s。

蔺家坝闸是分泄南四湖下级湖洪水南下入不牢河的控制工程,设计流量 500 m³/s。

南四湖湖东滞洪区位于湖东堤东侧,包括白马片(上级湖泗河—青山段)、界潮片(上级湖界河—城潮河段)及蒋集片(下级湖新薛河—郗山段),总面积 232.13 km²,滞洪容积 3.68 亿 m³,滞洪区内有人口 27.28 万、耕地 27.9 万亩。其中,白马片面积 119.06 km²,滞洪容积 1.43 亿 m³,滞洪区内有人口 11.18 万、耕地 14.55 万亩;界潮片面积 79.44 km²,滞洪容积 1.58 亿 m³,滞洪区内有人口 10.2 万、耕地 9.75 万亩;蒋集片面积 33.63 km²,滞洪容积 0.67 亿 m³,滞洪区内有人口 5.89 万、耕地 3.6 万亩。南四湖湖东滞洪区滞洪采用进洪闸进洪和沟口涵闸进洪两种方式,设计总进洪流量 1 300 m³/s,其中白马片进洪流量 350 m³/s、界潮片进洪流量 600 m³/s、蒋集片进洪流量 350 m³/s。湖东滞洪区退水方式为利用滞洪口门自然退水。

韩庄运河已按 50 年一遇防洪标准治理,韩庄闸下至老运河口、老运河口至峄城大沙河口、峄城大沙河口至伊家河口、伊家河口至省界段的设计流量分别为 4 100 m³/s、4 600 m³/s、5 000 m³/s、5 400 m³/s。

中运河已按 50 年一遇防洪标准治理,省界至大王庙、大王庙至房亭河口、房亭河口至骆马湖二湾段的设计流量分别为 5 600 m³/s、6 500 m³/s、6 700 m³/s。

(4)骆马湖及新沂河。

骆马湖汇集沂河及中运河来水,经嶂山闸控制由新沂河入海,经宿迁闸控制入下游的中运河。骆马湖(洋河滩站,下同)死水位 20.5 m,汛限水位 22.5 m,汛末蓄水位 23.0 m,设计洪水位 25.0 m,相应容积 15.0 亿 m³,校核洪水位 26.0 m,相应容积 19.0 亿 m³。

新沂河承接嶂山闸下泄洪水、老沭河和淮沭河来水,以及区间汇流入海。新沂河已按 50 年一遇防洪标准治理,嶂山闸至口头、口头至海口段设计流量分别为 7 500 m³/s、7 800 m³/s。

沂沭泗河主要控制站设计洪水调算成果见表 5-7。

表 5-7　沂沭泗河主要控制站设计洪水调算成果

洪水重现期	项目	临沂	大官庄	南四湖	骆马湖
20 年	Q(m³/s)	12 000	7 500	9 100	10 800
	H(m)	69.03	54.66	36.50/36.00	25.00
	W_{7d}(亿 m³)	22.72	17.39	42.12	40.74
	W_{15d}(亿 m³)	33.38		68.90	76.49
	W_{30d}(亿 m³)			80.58	109.39
50 年	Q(m³/s)	16 000	8 500	11 400	13 400
	H(m)	69.56	55.95	37.00/36.50	25.00
	W_{7d}(亿 m³)	29.34	29.66	52.34	43.78
	W_{15d}(亿 m³)	42.54		85.24	87.08
	W_{30d}(亿 m³)			102.23	127.65

注:临沂的控制断面为祊河口;大官庄的控制断面为人民胜利堰闸上;Q 为流量;H 为水位;W_{7d}、W_{15d}、W_{30d} 分别为最大 7 d、15 d、30 d 洪量;南四湖水位表示"上级湖/下级湖水位"。

5.1.3.3 防洪除涝标准适应性分析

1. 防洪除涝标准确定依据

1）防洪标准

依据《防洪标准》（GB 50201—2014），防洪保护区防洪标准应根据保护区内城乡分布情况分别按城市保护区与乡村保护区进行确定。

城市防洪保护区根据政治、经济地位的重要性、常住人口或当量经济规模指标分为四个防护等级，其防护等级和防洪标准应按表5-8确定。其中，位于平原、湖洼地区的城市防护区，当需要防御持续时间较长的江河洪水或湖泊高水位时，其防洪标准可取表5-8规定中的较高值。

表5-8　城市防护区的防护等级与防护标准

防护等级	重要性	常住人口 （万人）	当量经济规模 （万人）	防洪标准 [重现期（年）]
I	特别重要	≥150	≥300	≥200
II	重要	<150，≥50	<300，≥100	100～200
III	比较重要	<50，≥20	<100，≥40	50～100
IV	一般	<20	<40	20～50

乡村防护区应根据人口或耕地面积分为四个防护等级，其防护等级和防洪标准应按表5-9确定。人口密集、乡镇企业较发达或农作物高产的乡村防护区，其防洪标准可提高。地广人稀或淹没损失较小的乡村防护区，其防洪标准可降低。

表5-9　乡村防护区的防护等级与防护标准

防护等级	常住人口 （万人）	耕地面积 （万亩）	防洪标准 [重现期（年）]
I	≥150	≥300	50～100
II	<150，≥50	<300，≥100	30～50
III	<50，≥20	<100，≥30	20～30
IV	<20	<30	10～20

2）除涝标准

依据《治涝标准》（SL 723—2016），治涝标准应根据保护对象的排涝要求确定，当涝区内仅有农田或城市或乡镇或村庄或重要场（厂）区等单一保护对象时，其治涝标准应分别确定，见表5-10～表5-12。

表 5-10 农田设计暴雨重现期

耕地面积(万亩)	作物区	除涝标准[重现期(年)]
≥50	经济作物区	10~20
	旱作区	5~10
	水稻区	10
<50	经济作物区	10
	旱作区	3~10
	水稻区	5~10

表 5-11 城市设计暴雨重现期

重要性	常住人口 (万人)	当量经济规模 (万人)	除涝标准 [重现期(年)]
特别重要	≥150	≥300	≥20
重要	<150,≥20	<300,≥40	10~20
一般	<20	<40	10

表 5-12 乡镇、村庄设计暴雨重现期

保护对象		常住人口(万)	防洪标准[重现期(年)]
乡镇	比较重要	≥20	10~20
	一般	<20	10
村庄		<20	5~10

2. 保护区防洪除涝标准适应性分析依据与方法

本次防洪保护区适应性分析是根据确定的工作范围和技术路线对沂沭泗河流域的 8 个防洪保护区进行分析。

按照 GB 50201—2014,每个保护区分别分析城市防洪保护区标准和乡村防洪保护区标准。将保护区内主要市区、县城城区按照城市防洪保护区分析,其余地区按照乡村防洪保护区分析,统计计算城市防洪保护区的人口及经济当量,乡村保护区的保护人口及耕地面积,综合确定保护区的防洪标准,并与现有标准对比分析。

本次沂沭泗现状防洪除涝标准适应性分析采用的基准年为 2018 年,本章节中的社会经济数字除特殊说明,均为 2018 年基准年社会经济数据。

3. 保护区防洪除涝标准适应性分析

根据 GB 50201—2014,结合各区经济社会现状及发展规划,对各区现状防洪标准和防护等级进行适应性分析,对现状满足发展规划要求的进行评价,对不满足发展规划要求的提出提高防洪标准的目标和防护等级。

1) 南四湖湖西大堤防护保护区

南四湖湖西大堤防洪保护区位于丰县以东,南四湖以西,嘉祥县以南,徐州市以北,涉及济宁市任城区、嘉祥县、鱼台县、金乡县,以及江苏省丰县、沛县等区域,总面积约 4 464.16 km²,其中山东片保护区面积约 2 165.16 km²,江苏片保护区面积约 2 299 km²。保护区 2018 年总人口 345.06 万,现有耕地 383.06 万亩,粮食年产量 177.06 万 t,国内生产总值 1 685.08 亿元。区内徐工集团为中国 500 强企业,在中国工程机械行业处于领先地位。保护区内能源丰富,有徐州电厂、彭城电厂、大屯煤电(集团)有限公司、山东胜发焦化有限公司等一大批能源企业。

按照 GB 50201—2014,南四湖湖西大堤保护区城市防洪保护区对象为济宁市任城区、鱼台县、嘉祥县、金乡县、沛县县城等人口密集城区,保护对象 74.50 万人,当量经济规模为 57.68 万人,防护等级为 Ⅱ 等,防洪标准为 100~200 年一遇。乡村防洪保护区保护人口 271.16 万,保护耕地 383.06 万亩,防护等级为 Ⅰ 等,防洪标准为 50~100 年一遇。

根据徐州市城市防洪规划,徐州市城市北部受南四湖洪水的威胁,南四湖湖西大堤及郑集河南堤紧邻市区北部,是徐州市区北部的重要防洪屏障,堤防的安危直接影响市区的安全。

南四湖湖西为平原坡水河道,集流入湖缓慢。如遇长历时暴雨,入湖洪量大,湖面高水位持续时间长,防洪标准可取标准中的较高值,为 100 年一遇。南四湖湖西大堤现状已达 1957 年防洪水标准(约 90 年一遇),现状防洪标准不满足 GB 50201—2014 的要求与保护区的社会经济需要。

2) 南四湖湖东大堤防洪保护区

南四湖湖东大堤防洪保护区位于南四湖以东,滕州市以西,济宁市以南,微山县以北,涉及微山县等县区,总面积约 873.78 km²,均处于山东省境内。保护区总人口 125.20 万,现有耕地约 77.35 万亩,粮食年产量 49.64 万 t,国内生产总值 753.34 亿元。区内有兖矿集团二号、兖矿集团三号、付村等三个大型矿井,年产量分别为 700 万 t、600 万 t、300 万 t。

(1) 石佛—泗河段。

保护区总面积约 203.31 km²。保护区总人口约 36.30 万。保护区现有耕地约 17.32 万亩,粮食年产量 10.46 万 t,国内生产总值 166.35 亿元。

按照 GB 50201—2014,该段防洪保护区涉及济宁市任城区以及太白湖新区。城市保护区包括任城区部分城区及太白湖新区。城区人口为 32.04 万,当量经济规模为 21.52 万人,防护等级为 Ⅲ 等,防洪标准为 50~100 年一遇。乡村防洪保护区保护人口 4.25 万,保护耕地 17.32 万亩,防护等级为 Ⅳ 等,防洪标准为 10~20 年一遇。

由于保护区内有兖州煤业有限公司济宁二号矿、三号矿等重点工矿企业,故防洪标准应在规定防洪标准基础上进一步提高,堤防防洪标准应为 100 年一遇。该段堤防现状防洪标准为防御 1957 年洪水。现状防洪标准已经不满足 GB 50201—2014 的要求与保护区社会经济需要。

(2) 泗河—青山段(湖东滞洪区)。

保护区总面积约 78.30 km²。保护区总人口约 9.68 万。保护区现有耕地约 7.29 万亩,粮食年产量 4.93 万 t,国内生产总值 72.51 亿元。

按照 GB 50201—2014,该段保护区均为乡镇。乡村防洪保护区保护人口 9.68 万,保护耕地 7.29 万亩,防护等级为Ⅳ等,防洪标准为 10~20 年一遇。

由于保护区内有泗河煤矿等工矿企业,故防洪标准应在 10~20 年一遇基础上进一步提高,堤防防洪标准应为 50 年一遇。该段堤防现状防洪标准为 50 年一遇,现状防洪标准基本满足 GB 50201—2014 的要求与保护区的社会经济需要。

(3)垤斛—二级坝段。

保护区涉及微山县、滕州市部分区域,总面积约 345.02 km²。保护区总人口约 41.31 万,现有耕地约 30.52 万亩,粮食年产量 19.35 t,国内生产总值 293.17 亿元。

按照 GB 50201—2014,该段保护区均为乡镇。乡村防洪保护区保护人口 41.31 万,保护耕地 30.52 亩,防护等级为Ⅲ等,防洪标准为 20~30 年一遇。

由于保护区内有新安煤矿及崔庄煤矿等工矿企业,故防洪标准应在 10~20 年一遇基础上进一步提高。湖东堤防保护区垤斛至二级坝段堤防防洪标准应为 50 年一遇。该段堤防现状防洪标准为 50 年一遇。现状防洪标准基本满足 GB 50201—2014 的要求与保护区社会经济需求。

(4)二级坝—新薛河段。

保护区包括微山县部分区域,总面积约 93.96 km²。保护区总人口约 40.85 万。保护区现有耕地约 8.75 万亩,粮食年产量 5.92 万 t,国内生产总值 87.01 亿元。

按照 GB 50201—2014,保护区城市防洪保护区对象为微山县县城,城区保护对象 35.64 万人,当量经济规模为 41.17 万人,防护等级为Ⅲ等,防洪标准为 50~100 年一遇。乡村防洪保护区人口 5.21 万,保护耕地 8.75 万亩,防护等级为Ⅳ等,防洪标准为 10~20 年一遇。

该段保护区有枣庄付村大型煤矿、高庄煤矿、微山金源煤矿、邵阳煤矿等重点工矿企业,考虑到保护对象的重要性,湖东堤防保护区二级坝至新薛河段堤防防洪标准应提高至 100 年一遇。该段堤防现状防洪标准为防御 1957 年洪水,现状防洪标准不能满足 GB 50201—2014 的要求与保护区社会经济需要。

(5)新薛河—郗山段(湖东滞洪区)。

保护区涉及微山县、薛城区部分区域,总面积约 116.64 km²,保护区总人口约 13.88 万,现有耕地约 10.08 万亩,粮食年产量 6.68 万 t,国内生产总值 100.47 亿元。

按照 GB 50201—2014,保护区乡村防洪保护区保护人口 13.88 万,保护耕地 10.08 万亩,防护等级为Ⅳ等,防洪标准为 10~20 年一遇。

该段堤防现状防洪标准为 50 年一遇,现状防洪标准满足 GB 50201—2014 的要求与保护区社会经济需要。

(6)郗山—韩庄段。

保护区总面积约 36.54 km²,保护区总人口约 4.52 万。保护区现有耕地约 3.40 万亩,粮食年产量 2.30 万 t,国内生产总值 33.84 亿元。

按照 GB 50201—2014,保护区乡村防洪保护区保护人口 4.52 万,保护耕地 3.40 万亩,防护等级为Ⅳ等,防洪标准为 10~20 年一遇。

该段保护区有目前国内发现的唯一典型氟、碳、铈、镧共生矿的稀土矿和京沪铁路、104 国道重要设施,考虑到保护对象的重要性,湖东堤防保护区郗山—韩庄段堤防防洪标准应不低于 20 年一遇。保护区现状地面平均高程约为 34.5 m,低于南四湖下级湖 20 年一遇设计水位 35.79 m,防洪标准不足 20 年一遇。

3)泗河堤防防洪保护区

泗河保护区位于济宁市以东,泗水县以西,宁阳县以南,邹城市以北,涉及济宁市兖州区、曲阜市、泗水县等县区,总面积约 2 051.60 km²,其中左堤保护区面积 907.11 km²、右堤保护区面积约 1 144.49 km²。保护区 2018 年总人口约 156.42 万,耕地约 170.91 万亩,粮食年产量 82.82 万 t,国内生产总值 1 209.33 亿元。

泗河左堤保护区面积 907.1 km²,其中城区保护对象主要为曲阜县城与泗水县城部分区域,按照 GB 50201—2014,保护对象约 27.32 万人,当量经济规模为 22.10 万人,防护等级为Ⅳ等,防洪标准为 20~50 年一遇。乡村防洪保护区保护人口为 38.23 万,保护耕地 72.74 万亩,防洪等级为Ⅲ等,防洪标准为 20~30 年一遇。

泗河右堤金口坝以上保护区,面积约 405.90 km²,乡村防洪保护区保护人口 25.25万,保护耕地 32.35 万亩,防护等级为Ⅲ等,防洪标准为 20~30 年一遇。

泗河右堤金口坝—入湖口保护区,面积约 738.59 km²,城市防洪保护区对象为济宁市任城区、兖州区等人口密集城区,按照 GB 50201—2014,城市保护对象为 46.7 万人,当量经济规模为 70.09 万人,防护等级为Ⅲ等,防洪标准为 50~100 年一遇。乡村防洪保护区保护人口 18.92 万,保护耕地 98.16 万亩,防护等级为Ⅲ等,防洪标准为 20~30 年一遇。

泗河堤防防洪保护区下游为南四湖,洪水来临时,保护区需要防御持续时间较长的南四湖高水位时,其防洪标准可取标准中的较高值。此外,区内有一大批大型工矿企业,其中兖矿集团有限公司为中国 500 强企业,山东太阳纸业为世界造纸 50 强,兖矿峄山化工有限公司、雪花生物化工股份及燕京啤酒股份有限公司等企业均为国内知名大型企业,泗河堤防防洪保护区左堤防洪标准应为 50 年一遇,右堤防洪标准应为 100 年一遇,泗河现状防洪标准为 20 年一遇。现状防洪标准已经不满足 GB 50201—2014 的要求与保护区社会经济需要。

4)韩庄运河、中运河堤防防洪保护区

韩庄运河、中运河堤防保护区位于徐州市贾汪区以东,沂河以西,枣庄市台儿庄区以南,废黄河以北,山东省内部分为韩庄闸至省界段,涉及枣庄市台儿庄区、峄城区等县区。保护区总面积约 665.86 km²,其中左堤保护区面积约 450.4 km²、右堤保护区面积约215.40 km²。保护区 2018 年总人口 39.77 万,耕地约 55.51 万亩,粮食年产量 31.29 万 t,国内生产总值 220.46 亿元。

按照 GB 50201—2014,山东省境内韩庄运河、中运河堤防防洪保护区城市防洪保护区对象为枣庄市台儿庄城区等人口密集城区,保护对象 11.55 万人,当量经济规模为10.42 万人,防护等级为Ⅱ等,防洪标准为 100~200 年一遇。乡村防洪保护区保护人口28.22 万,保护耕地 14.75 万亩,防护等级为Ⅲ等,防洪标准为 20~30 年一遇。

韩庄运河、中运河沿线堤防紧靠台儿庄区、邳州市市区等人口密集区域。韩庄运河、中运河是南四湖洪水主要泄洪通道,南四湖来水时,保护区上游处南四湖水位较高,高水位持续时间长。保护区内有万通集团、山东上联水泥发展有限公司、大兴煤矿、曹庄煤矿、山东王晁煤电集团、徐塘电厂等大型工矿企业。京沪、陇海两大铁路以及京福、连霍高速公路等主要交通干线穿越保护区。考虑以上因素,韩庄运河、中运河堤防防洪保护区防洪标准应为100年一遇,韩庄运河、中运河堤防现状按50年一遇洪水标准设计,现状防洪标准已经不满足 GB 50201—2014 的要求与保护区社会经济需要。

5）沂河堤防防洪保护区

沂河堤防防洪保护区按河流分割为五段:跋山水库以上、跋山水库—东汶河口、东汶河口—蒙河口、蒙河口—刘家道口枢纽段、刘家道口枢纽至省界。

（1）跋山水库以上。

跋山水库以上防洪保护区主要为沂源县,保护区面积为 622.06 km², 其中左堤面积约 327.40 km²、右堤面积约 294.66 km²。保护区总人口为 31.68 万,耕地约 17.31 万亩,粮食年产量 7.75 万 t,国内生产总值 95.86 亿元。

按照 GB 50201—2014,城市防洪保护区为沂源县县城部分区域,保护区人口为 15.88 万,当量经济规模为 10.93 万人,防护等级为Ⅳ等,防洪标准为 20~50 年一遇。乡村防洪保护区保护人口 15.81 万,保护耕地 17.31 万亩,防护等级为Ⅳ等,防洪标准为 10~20 年一遇。沂河跋山水库以上河段防洪标准应为 20 年一遇,该段堤防现状正在治理,防洪标准为 20 年一遇,基本满足要求。

（2）跋山水库—东汶河口。

保护区包括沂水县、沂南县等区域,总面积约 871.64 km², 其中左堤保护区面积约 478.80 km²、右堤保护区面积约 392.84 km²,保护区总人口约 46.58 万,现有耕地约 43.31 万亩,粮食年产量 12.95 万 t,国内生产总值 152.03 亿元。

该河段经沂水、沂南县城。按照 GB 50201—2014,城市保护区人口为 27.78 万,当量经济规模为 16.92 万人,防护等级为Ⅲ等,防洪标准为 50~100 年一遇。乡村防洪保护区保护人口 18.80 万,保护耕地 43.31 万亩,防护等级为Ⅲ等,防洪标准为 20~30 年一遇。跋山水库至东汶河口段防洪标准应为 20 年一遇,城区段为 50 年一遇,堤防现状防洪标准为 20 年一遇,基本满足要求。

（3）东汶河口—蒙河口。

保护区总面积约 638.28 km²,其中左堤保护区面积约 208.45 km²、右堤保护区面积约 429.83 km²。保护区总人口约 34.48 万。保护区现有耕地约 38.24 万亩,粮食年产量 15.90 万 t,国内生产总值 126.86 亿元。

该河段经沂南县城。按照 GB 50201—2014,保护区乡村防洪保护区保护人口 34.48 万,保护耕地 38.24 万亩,防护等级为Ⅲ等,防洪标准为 20~30 年一遇。东汶河口至蒙河口段防洪标准应为 20 年一遇,现状防洪标准为 20 年一遇,按照 GB 50201—2014 的要求与保护区社会经济需要,基本满足现状要求。

（4）蒙河口—刘家道口。

保护区总面积约 1 874.75 km²,主要包括河东区、兰山区、罗庄区,其中左堤保护区面积约 625.35 km²、右堤保护区面积约 1 249.40 km²。保护区 2018 年总人口约 172.18 万，耕地约 116.63 万亩，粮食年产量 47.57 万 t，国内生产总值 1 378.71 亿元。

按照 GB 50201—2014，保护区城市防洪保护区内有临沂市河东区、兰山区、罗庄区等人口密集城区，保护对象 108.30 万人，当量经济规模为 115.14 万人，防护等级为Ⅱ等，防洪标准为 100~200 年一遇。乡村防洪保护区保护人口 63.88 万，保护耕地 116.63 万亩，防护等级为Ⅱ等，防洪标准为 30~50 年一遇。

沂河蒙河口以下至刘家道口枢纽段，保护区城市防洪保护区内有临沂市河东区、兰山区及罗庄区人口密集城区，堤防防洪标准应为 100 年一遇。该段堤防蒙河口至祊河河口段现状防洪标准为 20 年一遇，祊河口至刘家道口段为 50 年一遇，临沂城区段现状防洪标准不满足 GB 50201—2014 的要求与保护区社会经济发展需要。

（5）刘家道口—省界。

沂河刘家道口枢纽至省界河段防洪保护区总面积约 1 495.02 km²，其中左堤保护区面积约 597.55 km²、右堤保护区面积约 897.47 km²。保护区总人口约 130.98 万，耕地约 130.67 万亩，粮食年产量 69.23 万 t，国内生产总值 498.23 亿元。

按照 GB 50201—2014，保护区城市防洪保护区对象为罗庄区、郯城县县城等人口密集城区，保护对象 63.41 万人，当量经济规模为 51.69 万人，防护等级为Ⅱ等，防洪标准为 100~200 年一遇。乡村防洪保护区保护人口 67.57 万，保护耕地 130.67 万亩，防护等级为Ⅱ等，防洪标准为 30~50 年一遇。刘家道口枢纽至省界河段防洪标准应为 100 年一遇，现状该段堤防现状为 50 年一遇，已不能满足要求。

6）沭河堤防防洪保护区

沭河堤防防洪保护区按河流分为五段：青峰岭水库以上、青峰岭水库—浔河口，浔河口—汤河口、汤河口—大官庄枢纽、大官庄枢纽—省界。

（1）青峰岭水库以上。

保护区总面积 482.80 km²，其中左堤保护区面积约 241.40 km²、右堤保护区面积约 241.40 km²。保护区总人口约 20.12 万，耕地约 22.58 万亩，粮食年产量 5.89 万 t，国内生产总值 87.18 亿元。

按照 GB 50201—2014，乡村防洪保护区保护人口 20.12 万，保护耕地约 22.58 万亩，防护等级为Ⅲ等，防洪标准为 20~30 年一遇。青峰岭水库以上河段防洪标准应为 20 年一遇，现状该河段正在治理，防洪标准为 20 年一遇，满足要求。

（2）青峰岭水库—浔河口。

保护区总面积约 619.14 km²，其中左堤保护区面积约 309.57 km²、右堤保护区面积约 309.57 km²。保护区总人口约 44.47 万，耕地约 31.39 万亩，粮食年产量 13.19 万 t，国内生产总值 139.49 亿元。

按照 GB 50201—2014，城市防洪保护区对象为莒县县城等人口密集城区，保护对象 18.40 万，当量经济规模为 11.77 万人，防护等级为Ⅳ等，防洪标准为 20~50 年一遇。乡村防洪保护区保护人口 26.07 万，保护耕地 31.39 万亩，防护等级为Ⅲ等，防洪标准为 20~30 年一遇。青峰岭水库—浔河口河段堤防防洪标准应为 20 年一遇，浔河口以上正在按 20 年一遇(莒县城区段为 50 年一遇)防洪标准进行堤防加固,基本满足防洪标准要求。

(3)浔河口—汤河口。

保护区总面积约 879.64 km²,其中左堤保护区面积约 262.64 km²、右堤保护区面积约 617.00 km²。保护区总人口约 48.28 万,保护区现有耕地约 60.16 万亩,粮食年产量 27.22 万 t,国内生产总值 196.37 亿元。

按照 GB 50201—2014,保护区内乡村防洪保护区保护人口 48.28 万,保护耕地 60.16 万亩,防护等级为Ⅲ等,防洪标准为 20~30 年一遇。现状防洪标准为 20 年一遇,基本满足要求。

(4)汤河口—大官庄。

保护区涵盖临沭县、河东区部分区域,总面积约 713.38 km²,其中左堤保护区面积约 313.16 km²、右堤保护区面积约 400.22 km²。保护区总人口约 58.75 万,耕地约 51.89 万亩,粮食年产量 23.24 万 t,国内生产总值 193.79 亿元。

按照 GB 50201—2014,保护区内城市防洪保护区对象为临沂市河东区、临沭县县城部分城区,保护对象 35.50 万人,当量经济规模为 23.43 万人,防护等级为Ⅲ等,防洪标准为 50~100 年一遇。乡村防洪保护区保护人口 23.25 万,保护耕地 51.89 万亩,防护等级为Ⅲ等,防洪标准为 20~30 年一遇。

沭河该段堤防现状为 50 年一遇。现状防洪标准基本满足 GB 50201—2014 的要求与保护区社会经济需要。

(5)大官庄—省界。

保护区主要为郯城县,总面积约 920.23 km²,其中左堤保护区面积约 597.55 km²、右堤保护区面积约 322.68 km²。保护区总人口约 65.85 万,耕地约 82.78 万亩,粮食年产量 55.10 万 t,国内生产总值 251.54 亿元。

按照 GB 50201—2014,保护区内城市防洪保护区对象为郯城县县城,保护对象 24.50 万人,当量经济规模为 14.01 万人,防护等级为Ⅲ等,防洪标准为 50~100 年一遇。乡村防洪保护区保护人口 41.35 万人,保护耕地 82.78 万亩,防护等级为Ⅲ等,防洪标准为 20~30 年一遇。

保护区内有陇海、京沪二线(规划)铁路和京沪高速,连霍高速公路,G205、G311、G310、G235 等高速国道穿过。该段河道承接沭河上游来水,防洪标准应为 100 年一遇,现状为 50 年一遇防洪标准,不满足要求。

7)分沂入沭水道、邳苍分洪道堤防防洪保护区

分沂入沭水道、邳苍分洪道堤防作为沂河洪水主要下泄河道,堤防保护区防洪标准应与沂河刘道口河道相适应,应为 100 年一遇。现状分沂入沭水道、邳苍分洪道堤防保护区防洪标准为 50 年一遇。

8)新沭河堤防防洪保护区

新沭河堤防防洪保护区位于沭河以东,黄海以西,赣榆县以南,连云港市以北,山东省境内为石梁河水库以上河段,主要包括临沂市临沭县等区域,总面积约 373.77 km²。其

中左堤保护区面积约 222.24 km²、右堤保护区面积 151.53 km²。保护区总人口 23.16 万,耕地约 28.93 万亩,粮食年产量 11.10 万 t,国内生产总值 100.36 亿元。

按照 GB 50201—2014,石梁河水库以上河段保护对象为临沭县区域,沂河、沭河防洪保护区,防洪标准要求 100 年一遇。新沭河分洪沭河、沂河 100 年一遇东调洪水,因此新沭河防洪标准也应为 100 年一遇。东调南下续建工程实施后,新沭河堤防现状已经达到 50 年一遇洪水标准,不满足要求。

9) 祊河防洪保护区

保护区总面积约 891 km²,保护区总人口 136.69 万。保护区现有耕地面积约 49.67 万亩,粮食年产量 17.90 万 t,国内生产总值 1 053.95 亿元。

按照 GB 50201—2014,祊河保护区对象为临沂市兰山区等人口密集城镇区,保护对象 106.77 万人,当量经济规模为 127.85 万人,防护等级为 Ⅱ 等,防洪标准为 100~200 年一遇。乡村防洪保护区保护人口 29.92 万,保护耕地 49.67 万亩,防护等级为 Ⅲ 等,防洪标准为 20~30 年一遇。

东调南下续建工程实施后,祊河河口段(沂沭泗水利管理局直管段)堤防现状城区段已经达到 50 年一遇洪水标准,非城区段为 20 年一遇,现状防洪标准不能满足要求。

10) 汤河防洪保护区

保护区总面积约 833.80 km²,保护区总人口 54.22 万。保护区现有耕地面积约 57.60 万亩,粮食年产量 29.04 万 t,国内生产总值 228.56 亿元。

按照 GB 50201—2014,汤河保护区对象为河东区等城镇区,保护对象 25.61 万人,当量经济规模为 16.78 万人,防护等级为 Ⅲ 等,防洪标准为 50~100 年一遇。乡村防洪保护区保护人口 28.61 万,保护耕地 57.60 万亩,防护等级为 Ⅲ 等,防洪标准为 20~30 年一遇。

东调南下续建工程实施后,汤河河口段部分堤防达到 20 年一遇洪水标准,现状防洪标准已不能满足要求。

5.1.4　防洪除涝标准研究

依据收集的统计年鉴、相关社会经济规划资料,统计各防洪保护区规划年人口、耕地、经济指标等,按照 GB 50201—2014 分别确定城市防洪保护区和乡村防洪保护区 2035 规划年的防洪标准。将保护区内主要市区、县城城区按照城市防洪保护区分析,其余地区按照乡村防洪保护区分析。依据沂沭泗河流域各防洪保护区城市人口、当量经济规模、乡村人口、耕地等指标情况,结合防洪保护区内重要工矿企业及交通设施等基本情况,按照 GB 50201—2014 综合确定 2035 规划水平年,确定流域各防洪保护区的防洪除涝标准。

5.1.4.1　南四湖湖西大堤防洪保护区

按照 GB 50201—2014,南四湖湖西大堤保护区 2035 年预测总人口达 404.44 万人,城市防洪保护区对象 143.36 万人,当量经济规模为 72.74 万人,防护等级为 Ⅱ 等,防洪标准为 100~200 年一遇。乡村防洪保护区保护人口 261.09 万人,保护耕地 373.61 万亩,防护等级为 Ⅰ 等,防洪标准为 50~100 年一遇。

南四湖作为徐州市重要的防洪屏障,堤防的安危直接影响市区的安全。保护区内有徐州电厂、彭城电厂、山东胜发焦化有限公司、济宁金威煤电有限公司、山东鲁王集团有限公司等重要的工矿企业。目前,南四湖湖西大堤现状已达防 1957 年(约 90 年一遇)洪水标准,综合确定湖西大堤保护区防洪标准为 100 年一遇。

5.1.4.2　南四湖湖东大堤防洪保护区

1. 石佛—泗河段

保护区 2035 年预测总人口约 39.28 万。保护区城区人口 33.03 万,当量经济规模 13.41 万人,防护等级为Ⅲ等,防洪标准为 50~100 年一遇。乡村防洪保护区保护人口 6.25 万,保护耕地 16.37 万亩,防护等级为Ⅳ等,防洪标准为 10~20 年一遇。

由于保护区内有兖州煤业有限公司济宁二号矿、三号矿等重点工矿企业,故防洪标准应在规定防洪标准基础上进一步提高,该段堤防现状防洪标准为防御 1957 年洪水,因此该段堤防防洪标准应为 100 年一遇。

2. 泗河—青山段

保护区总面积约 78.30 km²,2035 年保护区预测总人口约 11.19 万。乡村防洪保护区保护人口 11.19 万,保护耕地 6.89 万亩,防护等级为Ⅳ等,防洪标准为 10~20 年一遇。

由于保护区内有泗河煤矿等工矿企业,故防洪标准应在 10~20 年一遇基础上进一步提高,该段堤防现状防洪标准为 50 年一遇,规划防洪标准为 50 年一遇。

3. 垤斛—二级坝段

2035 年保护区预测总人口约 47.77 万。乡村防洪保护区保护人口 47.77 万,保护耕地 27.79 万亩,防护等级为Ⅲ等,防洪标准为 20~30 年一遇。

由于保护区内有新安煤矿及崔庄煤矿等工矿企业,故防洪标准应在 10~20 年一遇基础上进一步提高,该段堤防现状防洪标准为 50 年一遇,湖东堤防保护区垤斛—二级坝段规划防洪标准应为 50 年一遇。

4. 二级坝—新薛河段

保护区 2035 年预测总人口约 60.55 万。保护区城区人口为 57.46 万,当量经济规模为 38.68 万人,防护等级为Ⅱ等,防洪标准为 100~200 年一遇。乡村防洪保护区保护人口 3.09 万,保护耕地 8.27 万亩,防护等级为Ⅳ等,防洪标准为 10~20 年一遇。

该段保护区有枣庄付村大型煤矿、高庄煤矿、微山金源煤矿、邵阳煤矿等重点工矿企业,该段堤防现状防洪标准为防御 1957 年洪水,考虑保护对象的重要性,湖东堤防保护区二级坝至新薛河段堤防防洪标准应提高至 100 年一遇。

5. 新薛河—郗山段(湖东滞洪区)

2035 年保护区预测总人口约 16.05 万。乡村防洪保护区保护人口 16.05 万,保护耕地 9.24 万亩,防护等级为Ⅳ等,防洪标准为 10~20 年一遇。

该段堤防现状防洪标准为 50 年一遇,规划防洪标准确定为 50 年一遇。

6. 郗山—韩庄段

保护区 2035 年预测总人口约 5.22 万。乡村防洪保护区保护人口 5.22 万,保护耕地 3.22 万亩,防护等级为Ⅳ等,防洪标准为 10~20 年一遇。

　　该段保护区有目前国内发现的唯一典型氟、碳、铈、镧共生矿的稀土矿和京沪铁路、104 国道重要设施,考虑到保护对象的重要性,湖东堤防保护区郗山—韩庄段堤防防洪标准应不低于 20 年一遇。保护区现状地面平均高程约为 34.5 m,低于南四湖下级湖 20 年一遇设计水位 35.79 m,防洪标准不足 20 年一遇。综合确定该段规划防洪标准为 50 年一遇。

5.1.4.3　泗河堤防防洪保护区

　　保护区 2035 年预测总人口约 180.81 万。泗河左堤城市防洪保护区保护对象 42.80 万人,当量经济规模为 19.47 万人,防护等级为Ⅲ等,防洪标准为 50~100 年一遇。乡村防洪保护区保护人口 32.98 万,保护耕地 68.77 万亩,防护等级为Ⅲ等,防洪标准为 20~30 年一遇。

　　泗河右堤金口坝以上,乡村防洪保护区保护人口 29.18 万,保护耕地 30.58 万亩,防护等级为Ⅲ等,防洪标准为 20~30 年一遇。

　　泗河右堤金口坝—入湖口,城市防洪保护区保护对象 58.41 万人,当量经济规模为 51.59 万人,防护等级为Ⅱ等,防洪标准为 100~200 年一遇。乡村防洪保护区保护人口 17.45 万,保护耕地 52.71 万亩,防护等级为Ⅲ等,防洪标准为 20~30 年一遇。

　　泗河现状防洪标准为 50 年一遇。泗河堤防保护区下游为南四湖,洪水来临时,保护区需要防御持续时间较长的南四湖高水位时,其防洪标准可取标准中的较高值。此外,区内有一大批大型工矿企业,其中兖矿集团有限公司为中国 500 强企业,山东太阳纸业为世界造纸 50 强,兖矿峄山化工有限公司、雪花生物化工股份及燕京啤酒股份有限公司等企业均为国内知名大型企业。

　　综上,泗河左堤规划防洪标准为 50 年一遇,右堤金口坝以上为 50 年一遇,金口坝—入湖口为 100 年一遇。

5.1.4.4　韩庄运河、中运河堤防防洪保护区

　　保护区 2035 年总人口约 53.9 万,城市防洪保护区保护对象 29.67 万人,当量经济规模为 11.71 万人,防护等级为Ⅲ等,防洪标准为 50~100 年一遇。乡村防洪保护区保护人口 12.36 万,保护耕地 13.06 万亩,防护等级为Ⅳ等,防洪标准为 10~20 年一遇。

　　韩庄运河沿线堤防紧靠台儿庄区人口密集区域。韩庄运河、中运河是南四湖洪水主要泄洪通道,南四湖来水时,保护区上游处南四湖水位较高,高水位持续时间长。保护区内有万通集团、山东上联水泥发展有限公司、大兴煤矿、曹庄煤矿、山东王晁煤电集团、徐塘电厂等大型等工矿企业。京沪、陇海两大铁路以及京福、连霍高速公路等主要交通干线穿越保护区。

　　综合考虑以上因素,韩庄运河、中运河堤防保护区防洪标准应为 100 年一遇。

5.1.4.5　沂河堤防防洪保护区

　　沂河堤防防洪保护区按河流分割为五段:跋山水库以上,跋山水库—东汶河口,东汶河口—蒙河口、蒙河口—刘家道口、刘家道口—省界。

　　1. 跋山水库以上

　　保护区 2035 年预测总人口为 36.06 万,城市防洪保护区主要为沂源县城,人口为

21.25 万,当量经济规模为 10.97 万人,按照 GB 50201—2014,防护等级为Ⅲ等,城区段防洪标准为 50~100 年一遇。乡村防洪保护区保护人口为 14.81 万,保护耕地 15.89 万亩,按照 GB 50201—2014,防洪标准为 10~20 年一遇。

综上,跋山水库以上河段堤防规划防洪标准确定为 20 年一遇,城区段防洪标准为 50 年一遇。

2. 跋山水库—东汶河口

保护区 2035 年预测总人口为 48.49 万,防洪保护区内沂水县规划城镇人口为 58.8 万,沂南县规划城镇人口为 43 万。按照 GB 50201—2014,城市防洪保护区 37.61 万人,当量经济规模为 25.07 万人,防护等级为Ⅲ等,防洪标准为 50~100 年一遇。乡村防洪保护区保护人口 10.88 万,保护耕地 39.77 万亩,防护等级为Ⅲ等,防洪标准为 20~30 年一遇。

综上,跋山水库—东汶河口段规划防洪标准为 20 年一遇,城区段为 50 年一遇。

3. 东汶河口—蒙河口

保护区 2035 年预测总人口为 64.3 万。根据沂南县县城规划,城市保护区保护人口约为 43.00 万,当量经济规模为 28.67 万人,防护等级为Ⅲ等,防洪标准为 50~100 年一遇。乡村防洪保护区保护人口 21.30 万,保护耕地 35.12 万亩,防护等级为Ⅲ等,防洪标准为 20~30 年一遇。考虑沂南县城规划,可取防洪标准的较高值,为 100 年一遇。

4. 蒙河口—刘家道口

保护区 2035 年预测总人口为 186.48 万,城市防洪保护区内保护对象 129.00 万人,当量经济规模为 90.19 万人,防护等级为Ⅱ等,防洪标准为 100~200 年一遇。乡村防洪保护区保护人口 57.47 万,保护耕地 107.10 万亩,防护等级为Ⅱ等,防洪标准为 30~50 年一遇。

沂河蒙河口至刘家道口枢纽段,保护区城市防洪保护区内有临沂市河东区、兰山区及罗庄区等人口密集城区,规划防洪标准应为 100 年一遇。

5. 刘家道口—省界

保护区 2035 年预测总人口为 84.89 万。城市防洪保护区内保护对象 52.41 万人,当量经济规模为 34.94 万人,防护等级为Ⅱ等,防洪标准为 100~200 年一遇。乡村防洪保护区保护人口 32.49 万,保护耕地 120 万亩,防护等级为Ⅱ等,防洪标准为 30~50 年一遇。按照 GB 50201—2014 要求,刘家道口以下防洪标准应为 100 年一遇。

5.1.4.6 沭河堤防防洪保护区

沭河堤防保护区按河流分为五段:青峰岭水库以上,青峰岭水库—浔河口、浔河口—汤河口、汤河口—大官庄、大官庄—省界。

1. 青峰岭水库以上

保护区 2035 年预测总人口为 22.82 万,乡村防洪保护区保护人口为 22.82 万,耕地面积为 20.74 万亩,防护等级为Ⅲ等,防洪标准为 20~30 年一遇。青峰岭水库以上规划防洪标准确定为 20 年一遇。

2. 青峰岭水库—浔河口

保护区 2035 年预测总人口为 62.04 万,城市防洪保护区内保护对象 36.31 万人,当量经济规模为 16.45 万人,防护等级为Ⅲ等,防洪标准为 50~100 年一遇。乡村防洪保护区保护人口 25.72 万,保护耕地 24.42 万亩,防护等级为Ⅲ等,防洪标准为 20~30 年一遇。青峰岭水库至浔河口段规划防洪标准为 20 年一遇,莒县县城城区段为 50 年一遇。

3. 浔河口—汤河口

保护区内乡村防洪保护区保护人口 23.66 万,保护耕地 55.25 万亩,防护等级为Ⅲ等,防洪标准为 20~30 年一遇。根据临沂市生态城相关规划,2035 年生态城人口达 150 万,按照 GB 50201—2014 的要求,浔河口—汤河口段规划防洪标准为 100 年一遇。

4. 汤河口—大官庄

保护区内城市防洪保护区对象为临沂市河东区、临沭县县城部分城区,保护对象 53.38 万人,当量经济规模为 31.25 万人,防护等级为Ⅱ等,防洪标准为 100~200 年一遇。乡村防洪保护区保护人口 12.88 万,保护耕地 59.14 万亩,防护等级为Ⅲ等,防洪标准为 20~30 年一遇。沭河该段堤防现状为 50 年一遇,按照 GB 50201—2014 要求,规划防洪标准应为 100 年一遇。

5. 大官庄—省界

保护区内城市防洪保护区保护对象 52.79 万人,当量经济规模为 18.11 万人,防护等级为Ⅱ等,防洪标准为 100~200 年一遇。乡村防洪保护区保护人口 19.36 万,保护耕地 94.23 万亩,防护等级为Ⅲ等,防洪标准为 20~30 年一遇。

保护区内有陇海、京沪二线(规划)铁路和京沪高速,连霍高速公路,G205、G311、G310、G235 等高速国道穿过。该段河道承接沭河上游来水,防洪标准应为 100 年一遇。

5.1.4.7　分沂入沭水道、邳苍分洪道堤防防洪保护区

分沂入沭水道、邳苍分洪道堤防作为沂河洪水主要下泄河道,堤防保护区防洪标准应与沂河刘道口河道相适应。沂沭河均提高到 100 年一遇,因此最终规划防洪标准为 100 年一遇。

5.1.4.8　新沭河堤防防洪保护区

新沭河堤防防洪保护区石梁河水库以上段,乡村防洪保护区保护人口 26.26 万,保护耕地 26.57 万亩,防护等级为Ⅲ等,防洪标准为 20~30 年一遇。沂河、沭河防洪保护区防洪标准要求 100 年一遇,新沭河分洪沭河、沂河 100 年一遇东调洪水,因此新沭河石梁河水库以上段防洪标准也应为 100 年一遇。

5.1.4.9　祊河防洪保护区

保护对象 116.23 万人,当量经济规模为 83.46 万人,防护等级为Ⅱ等,防洪标准为 100~200 年一遇。乡村防洪保护区保护人口 38.74 万,保护耕地 45.61 万亩,防护等级为Ⅲ等,防洪标准为 20~30 年一遇。拟定防洪标准 100 年一遇。

5.1.4.10　汤河防洪保护区

2035 年保护区保护对象 46.10 万人,当量经济规模为 18.11 万人,防护等级为Ⅲ等,防洪标准为 50~100 年一遇。乡村防洪保护区保护人口 15.37 万,保护耕地 52.90 万亩,防护等级为Ⅲ等,防洪标准为 20~30 年一遇。最终确定规划防洪标准为 50 年一遇。

沂沭泗河流域防洪保护区防洪除涝标准拟定具体如表 5-13 所示。

表5-13　沂沭泗河流域防洪保护区防洪除涝标准拟定方案（2035年）

序号	防洪保护区名称	区段	规划防洪标准[重现期（年）]		现状防洪标准	确定防洪标准	备注
			城市	乡村			
1	南四湖湖西大堤防洪保护区	石佛—泗河	100~200	50~100	防御1957年洪水	100年一遇	
		泗河—青山	50~100	10~20	防御1957年洪水	100年一遇	
		青山—垤斛		10~20	50年一遇	50年一遇	
2	南四湖湖东大堤防洪保护区	垤斛—二级坝		20~30	50年一遇（岗地）	50年一遇	
		二级坝—新薛河	100~200	10~20	防御1957年洪水	100年一遇	
		新薛河—郁山		10~20	50年一遇	50年一遇	
		郁山—韩庄		10~20	不足20年一遇	50年一遇	
3	泗河堤防防洪保护区	左堤	50~100	20~30	50年一遇	50年一遇	
		右堤 金口坝以上		20~30	50年一遇	50年一遇	
		右堤 金口坝—入湖口	100~200	20~30	50年一遇	100年一遇	
4	韩庄运河堤防保护区	跋山水库以上	50~100	10~20	20年一遇	20年一遇（城区段50年一遇）	承接南四湖来水
5	沂河堤防防洪保护区	跋山水库—东汶河口	50~100	20~30	不足20年一遇	20年一遇（城区段50年一遇）	
		东汶河口—蒙河口	50~100	20~30	20年一遇	100年一遇	
		蒙河口—刘家道口	100~200	30~50	50年一遇	100年一遇	
		刘家道口—省界	100~200	30~50	50年一遇	100年一遇	

续表 5-13

序号	防洪保护区 名称	区段	规划防洪标准[重现期(年)] 城市	乡村	现状防洪标准	确定防洪标准	备注
6	沭河堤防防洪保护区	青峰岭水库以上		20~30	20年一遇	20年一遇	
		青峰岭水库—浔河口	50~100	20~30	不足20年一遇	20年一遇(城区段 50年一遇)	
		浔河口—汤河口	100~200	20~30	20年一遇	100年一遇	
		汤河口—大官庄	100~200	20~30	50年一遇	100年一遇	
		大官庄—省界	100~200	20~30	50年一遇	100年一遇	
7	分沂入沭水道堤防防洪保护区				50年一遇	100年一遇	同沂沭河
8	邳苍分洪道堤防防洪保护区				50年一遇	100年一遇	
9	新沭河堤防防洪保护区	新沭河泄洪闸—石梁河水库	20~30	10~20	50年一遇	100年一遇	承接沂河、沭河东调洪水
10	祊河防洪保护区		100~200	20~30	不足50年一遇	100年一遇	
11	汤河防洪保护区		50~100	20~30	不足20年一遇	50年一遇	

5.1.5 工程布局规划建议

根据流域防洪除涝适应性分析和拟定的防洪除涝标准,对流域内主要防洪工程提出规划建议措施(见表5-14)。

表5-14 工程措施规划汇总

序号	名称	工程措施
1	沂河	双堠水库;小埠东橡胶坝;扩建刘家道口节制闸、重建李庄闸;河道堤防工程;护险工程;穿堤建筑物;堤防截渗工程;防汛道路;支流及回水段治理
2	分沂入沭	河道扩挖工程;防汛道路
3	沭河	人民胜利堰节制闸扩建;河道开挖;河道堤防工程;护险工程;穿堤建筑物;防汛道路;支流治理;其他影响工程
4	邳苍分洪道	堤防截渗;护险工程;穿堤建筑物;回水段治理
5	南四湖	南四湖湖内工程;堤防提标加固;泗河干流及支流小沂河入口段治理;采煤塌陷区堤防加固;支流及回水段治理(湖西、湖东重要入湖河道:堤防加高、截渗,护险工程,穿堤建筑物);入湖节制闸及排灌站工程
6	韩庄运河	河道堤防工程、穿堤建筑物、堤防截渗;防汛道路;支流治理
7	分沂入沭二通道	水道开挖;新建分洪闸

5.2 利用采煤塌陷区在防洪-除涝-水资源利用的联合应用技术研究

5.2.1 采煤塌陷区现状和预测

依据《山东省采煤塌陷地综合治理专项规划(2019~2030年)》,截至2018年底,南四湖流域累计形成采煤塌陷区52 560.24 hm²,减产地26 048.06 hm²,绝产地10 285.18 hm²,绝产地中积水区6 755.4 hm²。历史遗留塌陷地9 155.25 hm²。2025年,南四湖流域采煤塌陷区累计面积预计为65 180.21 hm²,相比于2018年,净增塌陷区面积12 619.97 hm²,采煤塌陷区已稳沉面积为52 083.74 hm²。结合采煤塌陷区的增长趋势,采用数理统计的方法,估算出2035年南四湖流域采煤塌陷区累计面积预计为86 546.64 hm²,相比于2018年,净增塌陷区面积33 986.40 hm²,采煤塌陷区已稳沉面积为83 133.22 hm²。

5.2.1.1 济宁市采煤塌陷区

济宁市煤炭开采可追溯到20世纪60年代,原兖州矿务局在邹城市的唐村煤矿建成投产,到80年代初,兖州煤田、滕南煤田和滕北煤田开始了大规模开采。截至2015年底,济宁市境内设立矿权 68 个。济宁市煤炭开采及塌陷区发展可以分为 4 个阶段:1958~1995 年为起始阶段,煤矿数量缓慢增加,煤炭产能缓慢增长,资源存量缓慢减少,未形成规模性塌陷;1996~2010 年为成长阶段,煤矿数量快速增长,产能迅速提高,资源存量衰减速度加快,土地塌陷问题开始凸显;2011~2020 年为成熟阶段,煤矿数量进入新增与闭坑并行,产能小幅减少,资源存量开始枯竭,土地塌陷问题日益严重;2020 年后逐渐进入资源开采后期,煤矿逐步闭坑,资源存量逐步枯竭,土地塌陷大规模持续增大。济宁市采煤塌陷区在现状(2018 年)、中期(2019~2025 年)和远期(2026~2035 年)的情况如下:

1. 现状(2018 年)

截至 2018 年底,济宁市累计形成采煤塌陷地 41 100.11 hm²(其中历史遗留塌陷地 8 385.79 hm²),占全省塌陷总量的 52.30%。其中,减产地 20 039.90 hm²、绝产地 7 898.59 hm²,绝产地中积水区 5 214.31 hm²。

2. 中期(2019~2025 年)

预计中期(2019~2025 年)济宁市新增采煤塌陷区 12 905.31 hm²,其中重复塌陷 6 677.92 hm²,净增塌陷 6 227.39 hm²。截至 2025 年底,济宁市采煤塌陷区累计面积为 47 327.50 hm²,其中已稳沉 37 910.70 hm²。

3. 远期(2026~2035 年)

预计远期(2026~2035 年)济宁市净增塌陷区 13 408.72 hm²,截至 2035 年底,济宁市采煤塌陷区累计面积约 60 736.22 hm²,其中已稳沉 57 815.74 hm²。

5.2.1.2　菏泽市采煤塌陷区

菏泽市目前共有生产煤矿 7 座,由北向南分别是郓城的郓城煤矿、彭庄煤矿、郭屯煤矿、赵楼煤矿,巨野县的新巨龙煤矿,单县的蛮庄煤矿、张集煤矿。菏泽市地处黄泛平原,采煤沉降系数大,且是高潜水位区,煤炭开采将会造成大面积土地塌陷,塌陷深度普遍在 4.8~7.2 m。导致土地表面形态的破坏,大面积的耕地无法使用,土壤退化严重,并造成局部潜水位接近或露出地表,从而影响地表作物和植物的生长,导致生态环境的恶化。同时采煤塌陷还会导致地区基础设施的破坏,对地方的房屋和公路、通信、排灌等基础设施都造成了不同程度的损坏,尤其是道路的路基、路面受到的破坏,严重影响了地区人民的生活。菏泽市采煤塌陷区在现状(2018 年)、中期(2019~2025 年)和远期(2026~2035 年)的情况如下。

1. 现状(2018 年)

菏泽市累计形成采煤塌陷地 2 893.46 hm²(无历史遗留塌陷地),占全省塌陷总量的 3.68%。其中,减产地 1 811.79 hm²,绝产地 959.70 hm²,绝产地中积水区 459.75 hm²。

2. 中期(2019~2025 年)

预计中期(2019~2025 年)菏泽市新增采煤塌陷区 5 709.12 hm²,其中重复塌陷 1 635.34 hm²,净增塌陷 4 074.38 hm²。截至 2025 年底,菏泽市采煤塌陷区累计面积为 6 967.84 hm²,其中已稳沉 4 962.50 hm²。

3. 远期(2026~2035 年)

预计远期(2026~2035 年)菏泽市净增塌陷 4 109.16 hm²。截至 2035 年底,菏泽市采煤塌陷区累计面积约为 11 077 hm²,其中已稳沉 10 886.76 hm²。

5.2.1.3 枣庄市采煤塌陷区

枣庄市辖区内煤田多年持续开采导致大量的土地塌陷,导致枣庄市地质和生态环境受到严重破坏。随着采煤面积的扩大,在地表出现缓慢、连续的盆形塌陷坑,塌陷最大深度一般为煤层开采厚度的 70%~80%,一般平均深度为 3 ~ 4 m,最大深度可达十几米,塌陷面积约为煤层开采面积的 1.2 倍。近年来,枣庄市国土资源局积极推进采煤塌陷区治理工作,采取农业复垦、生态复绿、产业复垦 3 种模式进行治理全市煤矿塌陷地,治理面积已达 5 113 hm²,治理恢复耕地面积 3 007 hm²,修建改造水塘约 79.3 hm²,封堵采煤废弃井 124 眼,持续推进矿山生态环境治理恢复。

1. 现状(2018 年)

枣庄市累计形成采煤塌陷地 8 566.67 hm²(其中历史遗留塌陷地 769.46 hm²),占全省塌陷总量的 10.90%。其中,减产地 4 196.37 hm²,绝产地 1 426.89 hm²,绝产地中积水区 1 081.34 hm²。

2. 中期(2019~2025 年)

预计中期(2019 ~ 2025 年)枣庄市新增采煤塌陷 3 171.56 hm²,其中重复塌陷 6 853.36 hm²,净增塌陷 2 318.2 hm²。截至 2025 年底,枣庄市采煤塌陷区累计面积为 10 884.87 hm²,其中已稳沉 9 210.54 hm²。

3. 远期(2026~2035 年)

预计远期(2026~2030 年)枣庄市净增塌陷地 3 848.55 hm²。截至 2035 年底,枣庄市采煤塌陷区累计面积约 14 733.42 hm²,其中已稳沉 14 430.72 hm²。

5.2.1.4 南四湖流域采煤塌陷区总体情况

本书结合采煤塌陷区的分布情况、塌陷情况和治理情况,着重利用绝产区中的积水面积,以及中度和重度塌陷面积,经过数理统计分析,估算出南四湖流域采煤塌陷区面积和可能利用的库容在 2025 年和 2035 年分别达到了 65 180.21 hm²、3.11 亿 m³,86 546.64 hm²、5.12 亿 m³。规划年 2025 年和 2035 年南四湖流域采煤塌陷区的面积较 2018 年分别增加了 24%、64.66%,稳沉塌陷区面积所占的比例逐年提升,在规划年 2035 年稳沉率达到最大。规划年南四湖流域各行政区采煤塌陷区面积和不同库容利用率的预测情况分别见表 5-15 和表 5-16,南四湖流域采煤塌陷区分布见图 5-1。

表 5-15　规划年南四湖流域各行政区采煤塌陷区面积统计和预测　（单位:hm²）

行政区	2025 年			2035 年		
	累计塌陷总面积	已稳沉	稳沉率(%)	累计塌陷总面积	已稳沉	稳沉率(%)
济宁市	47 327.50	37 910.70	80.10	60 736.22	57 815.74	95.19
枣庄市	10 884.87	9 210.54	84.62	14 733.42	14 430.72	97.95
菏泽市	6 967.84	4 962.50	71.22	11 077.00	10 886.76	98.28
合计	65 180.21	52 083.74	79.91	86 546.64	83 133.22	96.06

表 5-16　规划年南四湖流域各行政区采煤塌陷区库容统计和预测　（单位：亿 m³）

行政区	2025 年	2035 年
	30%利用率下的塌陷区容积	50%利用率下的塌陷区容积
济宁市	0.67	1.70
枣庄市	0.11	0.28
菏泽市	0.16	0.58
总计	0.94	2.56

图 5-1　南四湖流域采煤塌陷区分布

1. 济宁市

济宁市内煤田众多,在南四湖流域的行政区中采煤塌陷区的面积和规模均比较大,区域内煤矿开采多年,在 2025 年和 2035 年的采煤塌陷区面积增长率分别为 15.16% 和 47.78%,增长率均低于同期的菏泽市和枣庄市。由于塌陷区面积的基数较大,济宁市仍然是南四湖流域采煤塌陷区治理的重点地区。

2. 枣庄市

枣庄市的采煤塌陷区面积和库容的规模远小于济宁市,但采煤塌陷区的增长率高于济宁市,2025 年和 2035 年采煤塌陷区的增长率为 27.06% 和 71.99%,枣庄市的采煤塌陷区稳沉率最高,达到稳沉条件的塌陷区,治理起来效果相对较好。

3. 菏泽市

菏泽市采煤塌陷区的基数是南四湖流域行政区里最小的,但是 2025 年和 2035 年采煤塌陷区的增长率却是最高的。由于菏泽市的煤田开采年限较短,采煤塌陷区的面积正处于上升期,治理塌陷区要结合“边沉降边治理”的思路,协调好两者的关系,方可使塌陷区治理效果达到最好。

5.2.2　现有采煤塌陷区生态恢复模式

南四湖保护红线范围内的采煤塌陷区,采取湿地保护与修复措施,丰富湿地生物的多样性,并发展生态观光、休闲度假、与乡村民俗文化结合、发展湿地科普教育等湿地旅游产业;南四湖周边的采煤塌陷区,主要采用生态农业、渔业、人工湿地、平原水库等模式,通过挖深垫浅、土方平整发等治理,利用丰富的水资源发展高效水培植物种植、养殖产业和湖产加工等特色农副产业,并依托南四湖旅游的辐射作用,开展观光旅游、生态旅游和特色农家游产业,积水区发展光伏产业;靠近运河航道、湖西航道、骨干河道沿线的采煤塌陷区,利用河道清淤弃土进行回填造地,最大限度地恢复农用地;城镇工矿周边的采煤塌陷区,利用城市建设、城市湿地、设施农业、观光农业等治理模式,通过河道清淤充填平整、土方平整、栽培植被景观等措施治理,营造城市绿地、湿地公园和休闲娱乐用地,发展旅游观光业;湖区较远的采煤塌陷区,主要采用生态农业、观光农业、人工湿地等治理模式,恢复农用地,打造上粮下渔、蛋禽养殖的高效生态农业。现有采煤塌陷区生态治理技术路线如图 5-2 所示。

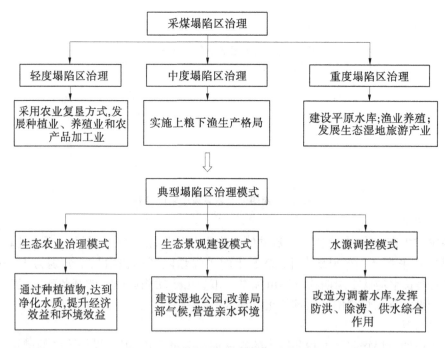

图 5-2　采煤塌陷区生态治理技术路线

针对流域内煤田开采导致的地面塌陷问题,应逐步完善防治与治用结合的采煤塌陷区综合治理机制,降低塌陷区增加速度,缩减现有塌陷区规模,开展生态湿地建设试点,结合南四湖流域塌陷区生态特点,开发特色旅游区。建议轻度塌陷区主要采用农业复垦方式,中度塌陷区实施上粮下渔的生产格局,重度塌陷区则采用生态治理方式。对面积较大且塌陷程度中度以上的复合型塌陷区,采取产业综合治理,发展种植、养殖、农产品加工、光伏发电以及旅游观光等适宜产业。

　　水域生态系统的生态修复是对经过土地治理后形成的水域进行环境重建,首先,可以充分利用采煤塌陷区的积水优势,通过发展基塘农业、标准化鱼塘等形成水产养殖基地,按照生态学的食物链过程合理组合,建立立体的景观生态系统,改善破坏的生物环境,提高水域水质。其次,可以通过湿地生态建设工程系统,采用以湿地修复技术为主,以地貌重塑技术、植被修复技术等为辅,构建湿地生态系统,优化水域生态环境,保护生物的多样性,实现水域生态环境重建。考虑不同采煤塌陷区的生态破坏程度和区域特征,因地制宜,实施具有针对性的生态修复方案,可以达到很好的治理效果。

5.2.2.1　生态农业治理模式

　　轻度塌陷区主要采用农业复垦方式,发展种植业、养殖业和农产品加工,中度塌陷区可实施上粮下渔的生产格局。对于一些孤立型塌陷地,周边无过渡地带,且恢复水生植被有一定难度,特别是没有足够的中度塌陷区构建净化作用强的挺水植被,对于这类塌陷地,可以采用挖深垫浅或直接利用的方式发展现代生态农业,塌陷区中的塌陷过渡带和变形带经过复垦可以种植粮食、蔬菜或果树,还可作为农产品深加工场所,可挖深地带修复为养殖型构造湿地,引种黑藻或苲草等沉水植物,维持生态系统的稳定性,而且能够以鱼净水,改善和修复所在水域的生态环境在此基础上创建净水渔业示范基地和标准化储水园区,发展环保型、品牌型、生态型的循环经济。

5.2.2.2　生态景观建设模式

　　对于人类活动密集区的塌陷区,构建景观型湿地或者湿地公园。景观型湿地以生态修复为核心,经过湿地再造,恢复原有的水生态功能。通过引种栽培既具有观赏价值又具有净化功能的湿地植物,对地表径流具有良好的过滤净化作用,同时可以营造亲水环境,并引进适合当地的鱼类和鸟类等生物,保证园区内物种的多样性。建设具有一定规模的休闲服务设施,为人们提供生态观光、休闲娱乐的公益性湿地公园。

5.2.2.3　水源调控模式

　　对于位于骨干河道附近且水体容积较大的塌陷区,可以发展为水源蓄水区。采用工程和生物相结合的方式,河湖连通,在塌陷区外围修建堤防,在下游修建节制闸;并引种具有净化能力强的土著性水生植被,净化水体环境。这种治理模式可有效缓解水源蓄水区控制范围内工业和农业水源紧张问题,且增加了河道调蓄能力,提高了河道的防洪能力。

5.2.2.4　南四湖流域采煤塌陷区用于防洪-除涝-水资源联合调蓄的优劣势

　　1. 采煤塌陷区用于防洪-除涝-水资源联合调蓄的优势分析

　　菏泽市位于山东省西南部,地处黄河下游,多年平均水资源总量为 20.61 亿 m^3,可利用总量为 14.69 亿 m^3,水资源人均占有量仅为 243 m^3,属于严重缺水地区。菏泽市属平原地区,地势平坦,地表径流系数较小,地表水可利用率低,外调水主要是黄河水和长江水,对外调水依赖程度高,应对特枯及连枯能力较弱,同时区域内对再生水的利用率不高,仍然有很大的利用空间可挖掘。近年来深层地下水超采严重,范围较大。菏泽市的防洪减灾仍存在薄弱环节,城市防洪排水体系仍需完善,遇大雨内涝频发的现象未得到根本改观。生态环境问题依然突出,地下水超采严重,深层承压水超采面积达 12 225 km^2,涉及全市 2 区 7 县,造成地下水位持续下降、地面沉降、河道断流、湿地萎缩等一系列生态与环境问题。菏泽市目前正逐步形成工农业生产和生态用水以河道拦蓄及中水、再生水回用为主、地下水作为应急补充的供水格局。

枣庄市位于山东省南部,面积4 563 km²,人均占有水资源400 m³,仅相当于全国平均水平的1/6。全市水资源主要来自雨水蓄积,6~9月降水量占全年降水量的80%左右,雨洪资源拦蓄和利用工程不足,汛期大量雨水白白流失。全市水资源过度依赖地下水,地下水使用量占用水总量的63%,地下水的供水能力已捉襟见肘,同时区域内再生水利用率偏低,特别是遇到特殊干旱年份,全市地表水可配置利用量仅有2.05亿m³,地下水可配置利用量仅有4.7亿m³,与实际需求缺口较大。全市防洪除涝的局面也不容乐观,上游山区性河流,源短流急,河水暴涨暴落,易发山洪;中下游平原性河流,均入南四湖和韩庄运河,汛期受湖(河)水顶托,易造成大面积洪涝。区域内由于常年地下水开采,引起含水层枯竭,采煤和地下水超采引起的地面沉降的生态环境问题不容忽视。

济宁市地跨黄、淮两大流域,水系发达,多年平均水资源总量46亿m³,人均占有量仅558 m³,人均水资源占有率偏低。全市有4个供水水源,即当地地表水、地下水、外调水和再生水。济宁市多数水系受黄河枯水期、丰水期的影响,导致济宁市客水资源入境流量减少。全市水资源受降水的影响,年内年际分布差异均较大,汛期雨洪水拦截设施较少,雨洪资源没有得到充分利用。区域内防洪除涝工程仍需提高,部分河道属山洪河道,汛期峰高量大,易发生洪灾;滨湖地区由于受到南四湖湖水位的顶托作用,城市排水不畅,易发生涝灾。区域内地下水的开采引起的地下漏斗,以及水资源开发结构不合理,造成生态环境恶化的局面应及时扭转。

综上所述,在南四湖流域采煤塌陷区用于防洪-除涝-水资源调蓄的优势有如下几条:

(1)采煤塌陷区可优化区域内的供水结构。

南四湖流域的总资源量较山东省其他地区丰富,然而人均水资源量相比全国人均水资源量还是偏低,属于缺水地区。区域内供用水结构不合理,地表水利用率普遍偏低,地下水依赖度过高,再生水使用率偏低。结合采煤塌陷区的特征并加以改建,可参与汛期雨洪水的拦蓄,提高雨洪资源的利用率,分担地下水的供水压力;采煤塌陷区可作为再生水后续处理的场所,通过将采煤塌陷区改建为湿地,用于承纳污水处理厂排出的再生水,可有效改善再生水的水质,增加区域内水资源的供水量。根据南四湖流域采煤塌陷区库容的预测分析,在2025年和2035年,采煤塌陷区可利用的库容还是相当可观的。

(2)采煤塌陷区可改善区域内防洪除涝局面。

南四湖流域的东部基本是浅区丘陵,地面比降一般在1/10 000~1/1 000,流域的西部是黄泛平原,地面比降均在1/20 000~1/5 000;中部为低洼区,地面比降均在1/30 000~1/10 000;由于受自然地形地貌的影响,造成湖东河道源短流急;湖西河道峰低量大;由于韩庄运河、不牢河出口规模较小,使东部的山水和西部的坡水均经南四湖调蓄后下泄,经常造成湖水位居高不下的局面,加上南四湖周围地势低洼,经常处于蓄水位以下,给入湖河流造成顶托,使河水不能入湖,坡水不能入河,排水困难,造成滨湖大面积渍涝,洪涝灾害频繁发生。目前,南四湖流域的防洪标准可防御20~50年一遇的洪水,除涝标准可抵御3~5年一遇标准的内涝水。南四湖流域内的采煤塌陷区可作为河道行洪、滞洪和蓄洪的场所,可有效削减汛期的洪峰流量。城市内涝水的去向主要为河道,结合采煤塌陷区的地形特征,城市的内涝水可通过自流或者泵排的方式引至采煤塌陷区,减缓河道的排涝压力。

（3）采煤塌陷区可改善区域内的生态环境。

区域内地下水超采引起的地下水位下降，地面沉降，湿地干涸，以及城市污水和农业灌溉排水引起的生态环境污染的问题，通过将采煤塌陷区因地制宜的使用，发展为人工湿地，对于水质的深加工处理，改善区域小气候，以及景观旅游均有积极的作用。与此同时，区域内缺乏地下水补源的工程措施，对于水文地质条件好的采煤塌陷区可规划为地下水回灌工程的示范场所。

2. 采煤塌陷区用于防洪-除涝-水资源联合调蓄的劣势分析

（1）南四湖流域部分采煤塌陷区目前尚未达到稳沉标准，规划期与运行期均存在不同程度的下沉，工程建设可能引发或加剧塌陷区次生地质灾害的危险。

（2）采煤塌陷区修建蓄水工程为利用地下潜水不做防渗处理，一方面容易产生渗漏问题，另一方面蓄水后可能会引起湖泊周边土地盐渍化、沼泽化等现象。

（3）部分塌陷区距离主要河流较远，需要建引水和排水配套工程。采煤区一般远离城区，塌陷地周边区域工业用水量有限，供水需求不大，现状及规划条件下化工园区较分散，供水线路较长，后期配套投资较大，供水经济效益不容乐观。

（4）工程移民迁占问题。对未稳沉的塌陷区原为基本农田，土地性质要结合这次国土空间规划进行必要的调整，工程建设过程中有可能涉及人员安置、费用和经济补偿等问题，影响面较大，处理不好，很容易导致农民与煤矿企业和政府部门产生对立，造成纠纷。

（5）采煤塌陷区水质不稳定，并影响到用水户。无论汛期洪水、再生水或矿坑水，水源水质长期达不到地表水环境质量Ⅲ类水标准，因此塌陷区作为调蓄水库也应分质蓄水并且分质供水，实现水资源优化配置。

5.2.3　利用采煤塌陷区在防洪-除涝-水资源利用的联合应用技术——以龙固湖湿地为例

5.2.3.1　龙固湖采煤塌陷区案例背景

龙固湖位于菏泽市巨野县境内。菏泽市煤炭资源丰富，是国家重点建设的鲁西煤炭基地的重要组成部分，煤炭开采带来经济增长的同时，也形成大面积塌陷区域，采煤塌陷区的大量存在，不仅破坏当地生态环境，也成为制约能源城市发展的瓶颈问题，以矿产资源作为产业主导的菏泽市需要面对经济结构调整和转型等一系列现实问题。菏泽塌陷区治理的优势因素：①菏泽市煤炭资源丰富，在拉动菏泽经济增长的同时，也破坏当地生态环境，影响人们正常的生产生活。目前，采煤塌陷区治理工作始终面临着等"稳沉条件"成熟后再治理的尴尬局面。如何转变治理观念，创新塌陷区治理新模式迫在眉睫。②现状条件下，巨野县 2018 年正常年份缺水量 0.49 亿 m^3；一般枯水年份缺水量 0.62 亿 m^3；特枯水年份缺水量 0.65 亿 m^3。如何开源节流，保障城乡居民生活用水与工、农业用水，缩小用水缺口是目前的当务之急。③赵楼煤矿和龙固煤矿靠近洙赵新河和洙水河，而且目前已经形成了大面积的塌陷水域，具备调蓄雨洪水资源的区位优势。④煤矿周边区域分布有工业园区及大型电厂，未来湖泊建成后可调蓄雨洪资源和南四湖水，为周边工业进行供水，对提高工业用水保证率、促进产业结构调整、增强菏泽市可持续发展能力具有重要意义。⑤对采煤塌陷区开展综合治理,建设调蓄型湖泊,可提高工业供水和生态用水保障能力,回补地下水,形成的水面可改善区域小气候,营造良好的水景观,提升区域生态环境,有利于生态文明建设。根据《菏泽市采煤塌陷地治理总体规划(2017~2025)》,截至2019年底,菏泽市已形成采煤塌陷地 4 188.87 hm²,其中常年积水面积 459.75 hm²,涉及龙郓煤业、彭庄煤矿、郭屯煤矿、龙固煤矿、赵楼煤矿、万福煤矿、陈蛮庄煤矿、张集煤矿。根据《菏泽市水资源保障专项规划(2020~2035)》,规划实施采煤塌陷地综合治理的指导思想"蓄水优先、科学规划、合理布局、综合治理",在生态治理、复垦治理和产业治理的基础上,同时进行水资源开发与水生态修复,适当开展平原水库、湿地建设,增加雨洪水资源的调蓄能力,提升区域生态环境。

　　本案例主要是针对龙固采煤塌陷区综合治理,2025 年龙固煤矿塌陷总面积 1 697.84 hm²,其中常年积水面积(重度塌陷面积)1 047.14 hm²。规划在农业复垦、保障粮食安全的同时,对于无法复垦的中、重度采煤塌陷区,从水利角度提出建设平原水库+生态湿地的治理新模式。本工程任务是重点利用龙固采煤塌陷区重度塌陷区地形条件,建设具有"防洪除涝、丰蓄枯用"的调蓄型湖泊,有效开发利用雨洪水和南四湖水资源,提高当地供水安全保障能力,改善周边生态环境。主要包括新建龙固湖湿地、南四湖调水工程。

5.2.3.2　项目概况

　　根据目前采煤塌陷区已形成水面的分布范围以及未来的塌陷趋势预测,结合周边区域的用水需求分析,规划在郓城县与巨野县交界处(赵楼煤矿与龙固煤矿采煤塌陷地区域内)实施龙固湖湿地建设工程,龙固湖由龙固北湖、龙固南湖两部分组成,功能定位以工业供水为主,兼顾农业灌溉与生态用水,工业供水对象主要为巨野、郓城周边工业园区。龙固湖湿地工程分两期实施,其中龙固湖一期工程总库容为 3 500 万 m³,实施年限为2025 年;二期工程总库容为 8 000 万 m³,实施年限为 2035 年(见图 5-3、图 5-4)。

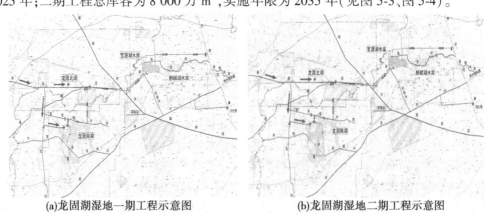

(a)龙固湖湿地一期工程示意图　　　　　　　　(b)龙固湖湿地二期工程示意图

图 5-3　龙固湖湿地工程示意图

　　选址原则:依托采煤塌陷区实际情况,充分利用现有塌陷后的水面面积,尽可能减少占地、不迁占村庄、引水方便的区域;充分利用现有水利工程,在不影响其基本功能的前提下,充分挖掘工程潜力;尽量减少对灌区和河道的影响,妥善处理好为居民供水与当地农田灌溉的关系;应符合国家现行的方针政策和有关的规范、规程的要求,确保工程经济合理,技术先进可行。

(a)龙固北湖湿地一期工程效果图　　　　　　(b)龙固南湖湿地一期工程效果图

图 5-4　龙固湖湿地工程效果图

1. 龙固湖湿地选址

为了尽量减少占地,龙固湖湿地利用龙固煤矿采煤塌陷区,采用库盆开挖方式增加库容。根据龙固湖湿地来水条件、用水需求、周边实际情况,结合供水潜力分析成果最终确定,将龙固湖分为龙固北湖和龙固南湖,二者以 6.2 km 沟渠相连,北湖水源为洙赵新河雨洪水及南四湖水,南湖水源为洙赵新河雨洪水及北湖水。龙固湖主要建筑物包括围坝、入湖闸、出湖泵站、提水泵站等。龙固湖湿地主要水源为洙赵新河雨洪水资源,从洙赵新河引水线路为:疏挖龙固北湖以北现有沟渠 0.4 km,结合洙赵新河赵楼节制闸引水入湖;疏挖二支沟及现有沟渠 8.2 km,利用沟渠向龙固南湖调引洙赵新河水;疏挖现有沟渠 6.2 km,连接龙固北湖与龙固南湖。

2. 南四湖调水工程线路选址

按照多水源联合供水方案,将南四湖水作为龙固湖的备用水源,相机向龙固湖调引南四湖水。南四湖调水线路:疏挖郓巨河航道 5 km;新铺设引水管道,从郓巨河输水至麒麟湖水库入库泵站,管道全长 9.2 km,管径 DN1 800,采用 PCCP 管道;从麒麟湖水库出库泵站输水至龙固北湖,管道全长 10 km,管径 DN1 000,采用 PCCP 管道。

5.2.3.3　工程规模和构成

1. 龙固湖湿地一期工程

龙固湖湿地一期工程总库容为 3 500 万 m^3,工程等别为Ⅲ等,工程规模为中型,湖区设计水深 5 m,总占地 733 hm^2。根据龙固矿重度塌陷区分布区域和塌陷深度,龙固湖分南、北湖布置,其中龙固北湖库容为 2 000 万 m^3;龙固南湖库容为 1 500 万 m^3。南四湖引水工程,工程等别为Ⅳ等,工程规模为小(1)型。南四湖引水工程共疏挖河道 5 km,铺设 PCCP 引水管道 19.2 km,新建提郓巨河水泵站 1 座。

2. 龙固湖二期工程

龙固湖二期工程扩容后总库容为 8 000 万 m^3,工程等别为Ⅲ等,工程规模为中型,湖区设计水深 5 m,总占地 1 600 hm^2(二期新增占地 867 hm^2)。根据龙固矿重度塌陷区分布区域和塌陷深度,龙固湖仍分南、北湖布置,其中龙固北湖二期扩建后总库容为 4 100 万 m^3,总占地 833 hm^2(新增库容 2 100 万 m^3,新增占地 413 hm^2);龙固南湖二期扩建后总库容为 3 900 万 m^3,总占地 767 hm^2(新增库容 2 400 万 m^3,新增占地 453 hm^2)。南四湖引水工程二期年总引水量 4 500 万 m³,工程等别为 Ⅳ 等,工程规模为小(1)型。扩建 PCCP 引水管道 19.2 km,扩建郓巨河提水泵站 1 座。

5.2.3.4　工程布置及建筑物

1.龙固湖湿地一期工程

1)龙固湖湿地蓄水工程

龙固湖湿地蓄水工程为地下式蓄水,龙固北湖自洙赵新河经北湖入湖闸自流引水,北湖围坝轴线长 7.8 km,设计库容 2 000 万 m³,420 hm²。主要建筑物包括围坝、入湖闸 1 座、出湖泵站 1 座;龙固南湖围坝轴线长 9.36 km,设计库容 1 500 万 m³,占地 313 hm²,主要建筑物包括引水沟渠疏挖、围坝、入湖闸 2 座、节制闸 3 座、出湖泵站 1 座。龙固湖湿地工程总体布置图见图 5-5。

(a)龙固湖湿地一期工程总体布置图　　　(b)龙固湖湿地二期工程总体布置图

图 5-5　龙固湖湿地工程总体布置图

(1)引水沟渠疏挖:疏挖龙固北湖以北现有沟渠 0.4 km,结合洙赵新河赵楼节制闸引水入湖;疏挖二支沟及现有沟渠 8.2 km,利用沟渠向龙固南湖调引洙赵新河水;疏挖现有沟渠 6.2 km,连接龙固北湖与龙固南湖。

(2)围坝:龙固北湖、南湖均采取地下开挖形式,湖外平均地面高程(相对标高,下同) 0.0 m,开挖后湖底高程-5.5 m,最高蓄水位-0.5 m,最大蓄水深 5.0 m,坝顶高程 1.0 m,防浪墙顶高程 1.8 m,坝顶宽 10.0 m,围坝迎水侧及背水侧边坡均为 1:5.0,坝内脚至湖区开挖上口设 30 m 宽平台。围坝剖面示意图见图 5-6。

图 5-6　围坝剖面示意图　(单位:mm)

（3）复建赵楼节制闸：现状赵楼节制闸面临拆除，复建赵楼节制闸位于现状节制闸上游 200 m 处，主要由上游护坡、铺盖、闸室、消力池、下游护坡等组成。

（4）北湖入湖闸：北湖入湖闸位于龙固北湖北坝段，设计流量 10 m³/s，包括进水渠、上游衔接段、穿坝涵洞段、闸室段、消力池段等。

（5）北湖出湖泵站：布置于南北湖衔接渠道与北湖围坝相交处，即北湖南坝段，除满足提水出湖需求外，兼作北湖向南湖的输水建筑物。出湖泵站由引水渠、进水闸、穿坝涵洞、进水池、主厂房、出水管道、测流井、泵站厂区等组成，测流井后接供水管网。

（6）南湖入湖闸：根据南湖引水设计，共布置入湖闸 2 座，其中一座位于南北湖衔接渠道与南湖围坝相交处，即南湖北坝段；1 座位于南湖西北坝段，自二支沟支渠引水。南湖入湖闸包括进水渠、上游衔接段、穿坝涵洞段、闸室段、消力池段等。

（7）南湖提水泵站：南湖提水泵站布置于南湖南部，由进水闸、穿坝涵洞、出水池、主厂房、出水管道、测流井等组成，后接供水管网。

（8）二支沟节制闸：位于二支沟与入南湖沟渠交汇处南部，主要由上游护坡、铺盖、闸室、消力池、下游护坡等组成。

（9）邬官屯节制闸：位于邬官屯河与北湖入南湖沟渠交汇处东部，主要由上游护坡、铺盖、闸室、消力池、下游护坡等组成。

2）南四湖引水工程

南四湖引水工程共疏挖河道 5 km，铺设 PCCP 引水管道 19.2 km，主要建筑物包括新建提水泵站 1 座。疏挖郓巨河与洙水河航道交汇处以上的郓巨河航道 5 km，引南四湖水至郓巨河提水泵站处。铺设 DN1 800 PCCP 输水管道 9.2 km，从郓巨河输水至麒麟湖水库入库泵站；铺设 DN1 000 PCCP 管道 10 km，从麒麟湖水库出库泵站输水至龙固北湖。在老洙水河入郓巨河河口处上游新建郓巨河提水泵站，由进水闸、穿坝涵洞、出水池、主厂房、出水管道、测流井等组成。

2. 龙固湖湿地二期工程

1）龙固湖湿地蓄水扩建工程

龙固湖湿地二期工程在一期工程的基础上进行扩建，主要建筑物包括围坝延长，对一期工程的入湖闸、出湖泵站进行扩建等。扩建后北湖二期围坝轴线总长 12.36 km，总库容 4 100 万 m³，占地 833 hm²（新增坝轴线 7.02 km，新增库容 2 100 万 m³，新增占地 413 hm²）；南湖二期围坝轴线长 10.93 km，总库容 3 900 万 m³，占地 767 hm²（新增坝轴线 5.77 km，新增库容 2 400 万 m³，新增占地 453 hm²）。主要建筑物包括围坝修复延长、对一期工程水闸及泵站进行扩建。

2）南四湖引水工程

龙固湖湿地二期配套的南四湖引水工程主要是在一期管道的基础上进行扩建的。

5.2.3.5　水源分析

龙固湖湿地水源主要为洙赵新河雨洪水，南四湖水相机补源，以保障区域工业用水、农业灌溉用水和生态用水。南四湖调水工程是利用洙水河航道底高程与南四湖湖底持平，南四湖水可直接引至巨野县，可通过洙水河引调南四湖水，规划建设提水泵站、拦蓄节制闸、配套引水管道和疏挖沟渠等工程，调南四湖水至宝源湖和麒麟湖水库，在满足宝源湖和麒麟湖水库调蓄需求的前提下,相机向龙固湖湿地调水。

1.洙赵新河雨洪水

龙固湖湿地位于洙赵新河原赵楼闸址处以南,赵楼闸处的来水量等于魏楼闸下泄水量加上魏楼闸—赵楼闸区间径流量,再扣除魏楼闸—赵楼闸区间的用水量。洙赵新河魏楼闸以上控制流域面积 826 m^3,闸址断面以上来水量由引黄水与地表径流组成。根据魏楼闸 1974~2015 年历年实测径流量资料,现状工程条件下多年平均年径流量为 1.8 亿 m^3,通过兴利调节计算,分析得出现状工程条件下赵楼闸闸址处多年平均径流量 1.5 亿 m^3。

龙固北湖可利用赵楼闸上游 400 m 处现有沟渠将洙赵新河雨洪水引入湖区,龙固南湖可利用二支沟直接从洙赵新河引水或利用邬官屯水沟将龙固北湖水引入湖区,可满足龙固湖湿地平水年用水需求。

2.南四湖调水

目前,巨野县已建有宝源湖水库、麒麟湖水库,作为南水北调续建配套蓄水工程调蓄长江水。宝源湖水库总库容 537 万 m^3,年供水量 1 299.4 万 m^3。麒麟湖水库总库容为 925.73 万 m^3,年供水量 1 704.5 万 m^3。2 座水库总供水能力 3 003.9 万 m^3/年,供水保证率 95%,输水时间为 10 月至翌年 5 月共 240 d。

按照多水源联合供水,以提高其供水保证率,规划将南四湖水作为龙固湖的备用水源,在满足宝源湖和麒麟湖水库调蓄的同时,利用其引水路线相机向龙固湖调引南四湖水,即通过郓巨河提水泵站—引水管道—宝源湖水库—麒麟湖水库—引水管道—龙固北湖。

5.2.3.6 龙固湖湿地防洪效果分析

本案例采用龙固湖湿地二期库容 8 000 万 m^3 来进行防洪除涝和水资源调蓄的分析计算。选取洙赵新河魏楼闸下断面洪水资料(1974~2015 年),以月单日最大洪峰流量为研究对象进行长系列分析,绘出魏楼闸下洪峰流量频率曲线,见图 5-7,相关参数统计见表 5-17。

表 5-17　相关参数统计

多年平均径流量	18 149 万 m^3
汛期多年平均径流量	10 465 万 m^3
离差系数	0.8
偏态系数	2.38
10 年一遇洪峰流量	191.36 m^3/s
20 年一遇洪峰流量	248.24 m^3/s
50 年一遇洪峰流量	324.94 m^3/s

1.典型年选择

随着水文学的发展,选择水文特征年或特殊系列的理论发展逐渐成熟,最小平方逼近法在水文学中被广泛用于选取典型年。通过运用最小平方逼近法选择 10 年一遇、20 年

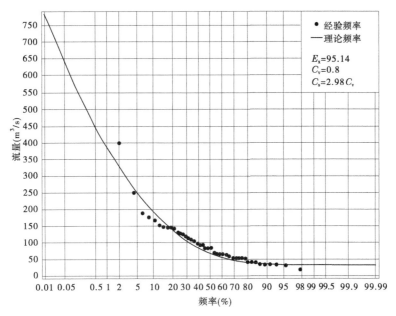

图 5-7　魏楼闸下洪峰流量频率曲线

一遇和 50 年一遇情况下的典型年。具体求解公式如下,该频率下均方根误差值最小者($e_{\text{RMS}i}$)所对应的年份即为此频率下的典型年。

$$e_{\text{RMS}i} = \sqrt{\frac{1}{n} \sum_{j=1}^{n} \left(H_{ij} - X_j \right)} \tag{5-1}$$

式中:n 为水库个数;i 为年份;H_{ij} 为在该设计频率下,j 水库第 i 年实测径流量;X_j 为 j 水库在设计频率 P 下所对应的年径流量。

$e_{\text{RMS}i}$ 值最小者所对应的年份为典型年。魏楼闸下不同典型年的选择结果如表 5-18 所示。

表 5-18　魏楼闸下不同典型年的选择结果

洪峰频率	典型年份
$P = 10\%$	2010
$P = 5\%$	1973
$P = 2\%$	1983

2. 洪水调蓄

本案例参考水库调洪演算中的试算法对塌陷区进行调蓄计算。以龙固湖湿地二期库容作为调蓄库容,利用典型洪水过程进行调蓄计算,分析龙固湖湿地的调洪效果。调算见式(5-2)、式(5-3),调算流程见图 5-8。

$$\frac{Q_1 + Q_2}{2}\Delta t - \frac{q_1 + q_2}{2}\Delta t = V_2 - V_1 \tag{5-2}$$

$$q = f(V) \tag{5-3}$$

式中：Q_1、Q_2 为时段始、末入库流量；q_1、q_2 为时段始、末出库流量；V_1、V_2 为时段始、末容积。

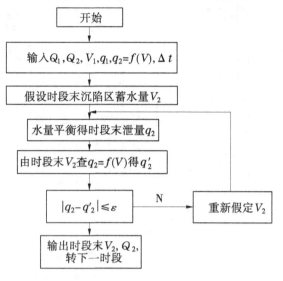

图 5-8　洪水调算流程

以龙固湖湿地作为调蓄水库，对魏楼闸下 10 年一遇、20 年一遇、50 年一遇洪峰流量进行调洪演算，调洪演算结果如表 5-19 所示。

表 5-19　洪水调算结果

典型洪峰	蓄滞洪量（万 m^3）	削减洪峰流量（%）
10 年一遇洪峰	259.2	15.7
20 年一遇洪峰	259.2	12.1
50 年一遇洪峰	259.2	9.2

龙固湖湿地参与洪水调蓄，对 10 年一遇、20 年一遇的洪水有一定的调蓄效果，对于 50 年一遇的洪水削弱效果欠缺。龙固湖湿地库容 8 000 万 m^3，但受限于入湖泵站的过流能力，水库库容并不能完全用于调蓄洪水。若提高入湖闸的设计标准，龙固湖湿地的防洪效果还可以有较大的提升空间，同时作为调蓄水库汛前期侧重于防洪，汛后期侧重于蓄水，提高入湖闸的设计标准，也可以蓄滞部分洪水资源留作非汛期的后备水源。

5.2.3.7　龙固湖湿地除涝效果评价

城市发生暴雨洪水产生内涝，通过排涝设施将水通过河渠排向河道。采煤塌陷区经过改造建成具有一定库容且兼具调蓄作用的水库，为城市内涝水源的增加排泄去向。承纳的城市内涝水经过采煤塌陷区的蓄积和调蓄，可以为非汛期的城市进行二次供水。洙赵新河的除涝标准是 5 年一遇，排涝流量是 20～851 m^3/s，见表 5-20。龙固湖湿地作为调蓄水库参与洪涝调蓄，调蓄结果见表 5-21。

本案例利用龙固湖湿地针对洙赵新河流域除涝标准的两个极值分别进行了除涝调算，对 20 m^3/s（1 d 排完）和 20 m^3/s（3 d 排完）两种标准下发生的内涝调蓄效果显著；对 851 m^3/s（1 d 排完）标准下的内涝起到一定的调蓄作用；对 851 m^3/s（3 d 排完）标准下发生的内涝调蓄效果不佳。

表 5-20 洙赵新河防洪除涝规划指标

河名	河道长度（km）	流域面积（km²）	起—止点	近期					
				除涝			防洪		
				标准	水位（m）	流量（m³/s）	标准	水位（m）	流量（m³/s）
洙赵新河	145.1	4 206	145+048—入湖口	5 年一遇	55.09~34.96	20~851	50 年一遇	56.94~36.79	58~2 180

表 5-21 5 年一遇龙固湖湿地除涝调蓄结果

排涝流量(m³/s)	蓄滞内涝水量(万 m³)	削减内涝水量比例(%)
20(1 d 排完)	172.8	100
20(3 d 排完)	259.2	33.3
851(1 d 排完)	259.2	3.52
851(3 d 排完)	259.2	1.2

5.2.3.8 龙固湖湿地水资源调蓄效果分析

1.龙固湖湿地汛期最大蓄滞水量分析

通过长系列法对(1974~2015 年)魏楼闸下多年平均径流量和汛期径流量进行统计分析,水文统计参数见图 5-9,汛期多年平均径流量为 9 049 万 m³(已扣除魏赵两闸区间用水量)。通过对龙固湖湿地的多年长系列兴利调节计算,龙固湖湿地的库容为 8 000 万 m³,汛期用水量(6 月、7 月、8 月、9 月)为 2 102 万 m³,在保障湿地周围水需求和湿地库满的前提下,龙固湖湿地可能提供的最大蓄水空间为 10 102.22 万 m³。

2.龙固湖湿地水库不同方案供需平衡分析

龙固湖湿地水资源调蓄分两个方案:方案一,调蓄洙赵新河雨洪水;方案二,在调蓄洙赵新河雨洪水的基础上与南四湖相机调水结合。

通过魏赵两闸区间水量平衡分析得出赵楼闸下多年平均径流量 1.5 亿 m³,龙固湖湿地主要负责周围的工业用水、农业用水和生态用水,年需水量为 1.45 亿 m³。龙固湖湿地的来水主要有洙赵新河的雨洪水,南四湖相机补水。龙固湖湿地供需平衡分析按式(5-4)、式(5-6)进行计算。计算结果如表 5-22、表 5-23 所示。

表 5-22 方案一引水情况下龙固湖湿地水源供需平衡分析

特征年	需水量（万 m³）	供水量（万 m³）	供水占比（%）	月平均库容（万 m³）	缺水量（万 m³）	弃水量（万 m³）
多年平均	14 500	6 930.6	47.8	3 188.73	7 569.4	2 580.89
丰水年(P=25%)	14 500	9 121.16	62.9	4 439.79	5 378.84	5 261.18
平水年(P=50%)	14 500	9 228.30	63.64	3 547.68	5 271.70	0
枯水年(P=75%)	14 500	6 316.87	43.56	4 295.40	8 183.13	695.96

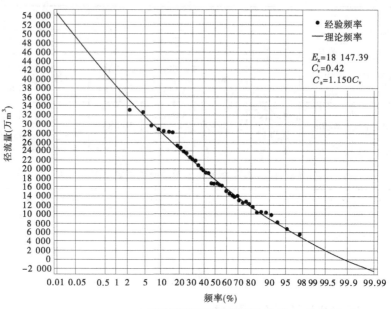

(a)魏楼闸下年径流量频率曲线

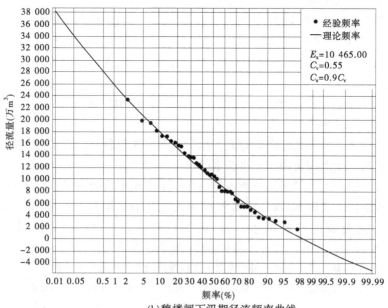

(b)魏楼闸下汛期径流频率曲线

图 5-9　魏楼闸下年径流和汛期径流频率曲线

表 5-23　方案二引水情况下龙固湖湿地水源供需平衡分析

特征年	需水量 （万 m³）	供水量 （万 m³）	供水占比 （%）	月平均库容 （万 m³）	缺水量 （万 m³）	弃水量 （万 m³）
多年平均	14 500	10 943.66	75.47	3 834.75	3 556.34	2 951.52
丰水年 （$P=25\%$）	14 500	12 665.72	87.35	5 011.09	1 834.28	5 897.57
平水年 （$P=50\%$）	14 500	12 772.85	88.09	4 268.84	1 727.15	0
枯水年 （$P=75\%$）	14 500	9 861.43	68.01	4 956.57	4 638.57	972.86

1）目标函数

$$F_1 = \sum_{i=1}^{12} y_i \tag{5-4}$$

式中：y_i 为南四湖引水量，万 m³；i 为月份，$i = 1,2,3,\cdots,12$。

$$F_2 = \sum_{i=1}^{12} \beta(V_{i+1} - V_i) \tag{5-5}$$

$$\left.\begin{array}{ll} 当 V_{i+1} \geqslant V_i 时 & \beta = 1 \\ 当 V_{i+1} < V_i 时 & \beta = 0 \end{array}\right\} \tag{5-6}$$

式中：V_{i+1}，V_i 分别为第 $i+1$ 月和第 i 月水库月末蓄水量。

2）约束条件

约束 1：引水量约束，各月引水量要小于或等于各月南四湖可引水量的上限。

$$y_i \leqslant y_{i,\max} \tag{5-7}$$

式中：$y_{i,\max}$ 为第 i 月南四湖可引水量的上限。

约束 2：水库水位约束，即

$$\left.\begin{array}{ll} 汛期 & Z_死 \leqslant Z_i \leqslant Z_限 \\ 非汛期 & Z_死 \leqslant Z_i \leqslant Z_正 \end{array}\right\} \tag{5-8}$$

式中：$Z_死$、$Z_限$、$Z_正$ 分别为水库的死水位、汛限水位和正常高水位。

约束 3：水库水量平衡约束，即

$$V_{i+1} - V_i = y_i + W_i - D_i - S_i \tag{5-9}$$

式中：W_i 为第 i 月赵楼闸下天然入库水量，万 m³；D_i 为第 i 月龙固湖湿地下泄量，包括供水和弃水，万 m³；S_i 为第 i 月水库损失水量，万 m³。

约束 4：下游河道的最大泄流能力约束，即

$$V_i \leqslant V_{\max} \tag{5-10}$$

式中，V_i 为水库月下泄流量，m³/s；$V_{\max}$ 为水库月允许最大下泄流量，m³/s。

约束 5：所有变量非负约束。

本案例分析了龙固湖湿地引洙赵新河雨洪水和南四湖相机补水两种供需平衡情况。通过对比两种引水方案,方案二在多年平均和不同典型年情况下的供水量以及龙固湖湿地的月平均库容均高于方案一。单一水源存在丰枯交替的偶然性,在供水量和供水保证率上存在一定的局限性,通过引洙赵新河雨洪水为主、南四湖相机补水为辅的引水模式,可以在一定程度上弥补单一水源在供水上的局限性。巨野县城存在水资源短缺的现象,通过调整和优化区域间的水资源分配情况,增加引洙赵新河雨洪水和南四湖水的供水模式,可以缓解巨野县城的供需矛盾,促进了巨野县城供水局面多元化发展,加强了应对突发缺水局面的能力。

5.2.4　南四湖流域采煤塌陷区在设计条件下防洪除涝能力估算

结合利用采煤塌陷区用于防洪-除涝-水资源联合调蓄的技术在龙固湖湿地应用的案例,从南四湖整个流域尺度上来分析采煤塌陷区在不同水平年的防洪除涝能力。鉴于南四湖流域内采煤塌陷区的地理位置条件、稳沉条件以及当前采煤塌陷区利用技术的局限性,采煤塌陷区利用率并不能达到100%。但是随着科学技术的发展,采煤塌陷区的稳沉率、治理技术和模式是逐年提高的,因此本项目仅分析2025年、2035年利用南四湖流域采煤塌陷区库容的30%、50%情况下的采煤塌陷区的防洪除涝能力。

南四湖流域的菏泽市、枣庄市和济宁市煤炭资源丰富,采煤后遗留下来的塌陷区,经过工程改建后可以充当蓄水场所,且蓄水量相当可观。若将采煤塌陷区参与汛期的径流调蓄,对流域的防洪、城市的除涝以及蓄滞洪水供枯水期使用均有积极的意义。本项目对南四湖流域范围内的采煤塌陷区在防洪除涝中发挥的作用进行了估算。南四湖流域防洪除涝规划指标见表5-24。

表 5-24　南四湖流域防洪除涝规划指标

河名	河道长度（km）	流域面积（km²）	起—止点	近期					
				除涝			防洪		
				标准	水位（m）	流量（m³/s）	标准	水位（m）	流量（m³/s）
梁济运河	87.8	3 306	87+815—入湖口	3年一遇	38.9~35.26	54~618	20年一遇	41.86~36.29	139~1 699
洙赵新河	145.1	4 206	145+048—入湖口	5年一遇	55.09~34.96	20~851	50年一遇	56.94~36.79	58~2 180
万福河	77.3	1 283	薛庄涵洞—入湖口	3年一遇	42.03~35.04	21~348	20年一遇	43.21~36.29	62~923
东鱼河	172.1	6 362	刘楼—入湖口	3年一遇	60.81~34.97	30~899	20年一遇	61.87~36.29	77~2 225
泗河	159	2 357	险河口—入湖口	现状			20年一遇	71.04~36.29	3 070~3 652
白马河	60	1 099	辽河口—入湖口	3年一遇		82~572	20年一遇	46.07~36.29	342~2 079

依据表 5-16 取 2025 年和 2035 年采煤塌陷区库容的利用率分别为 30% 和 50%，即南四湖流域采煤塌陷区 2025 年和 2035 年对应的库容分别为 0.94 亿 m³ 和 2.56 亿 m³。

通过对南四湖流域采煤塌陷区的防洪除涝能力进行估算可知：2025 年南四湖流域采煤塌陷区对 20 年一遇的典型洪水调蓄效果：1 d 洪量（min）削峰 24.52%，滞洪和蓄洪 0.94 亿 m³；3 d 洪量（min）削峰 5.59%，滞洪和蓄洪 0.93 亿 m³；1 d 洪量（max）削峰 8.17%，滞洪和蓄洪 0.94 亿 m³；3 d 洪量（max）削峰 1.86%，滞洪和蓄洪 0.93 亿 m³。2035 年南四湖流域采煤塌陷区对 20 年一遇的典型洪水调蓄效果：1d 洪量（min）削峰 67.49%，滞洪和蓄洪 2.56 亿 m³；1 d 洪量（max）削峰 15.4%，滞洪和蓄洪 2.56 亿 m³；3 d 洪量（min）削峰 22.5%，滞洪和蓄洪 2.56 亿 m³；3 d 洪量（max）削峰 5.13%，滞洪和蓄洪 2.56 亿 m³。注意："1 d 洪量（min）"表示南四湖流域河流在防洪流量取极小值时一天内的洪量。

2025 年南四湖流域采煤塌陷区应对流域内河流不同除涝标准下的内涝水调蓄结果：1 d 排完（min）标准下可削减内涝水量 100%，承纳内涝水 0.41 亿 m³；3 d 排完（min）标准下可削减内涝水量 17.18%，承纳内涝水 0.93 亿 m³；1 d 排完（max）标准下可削减内涝水量 75.34%，承纳内涝水 0.93 亿 m³；3 d 排完（max）标准下可削减内涝水量 5.73%，承纳内涝水 0.93 亿 m³。2035 年南四湖流域采煤塌陷区应对流域内河流不同除涝标准下的内涝水调蓄结果：1 d 排完（min）标准下可削减内涝水量 100%，承纳内涝水 0.41 亿 m³；1 d 排完（max）标准下可削减内涝水量 47.31%，承纳内涝水 2.56 亿 m³；3 d 排完（min）标准下可削减内涝水量 100%，承纳内涝水 1.23 亿 m³；3 d 排完（max）标准下可削减内涝水量 15.77%，承纳内涝水 2.56 亿 m³。注意："1 d 排完（min）"表示南四湖流域河流在除涝流量取极小值时一天内的排涝量。

南四湖流域的采煤塌陷区在不同规划水平年对单日洪峰流量的调蓄效果显著，对 3 d 洪峰流量的调蓄能力有限。从除涝效果来看，采煤塌陷区在削减内涝水量和减缓河道排涝压力方面发挥作用较大。随着对采煤塌陷区利用率的提升，2035 年南四湖流域的采煤塌陷区对单日和 3 d 洪峰流量的调蓄结果均优于 2025 年，从除涝效果来看，南四湖流域的采煤塌陷区的单日除涝和 3 d 除涝效果也均优于 2025 年。南四湖流域的采煤塌陷区的防洪除涝能力还有很大的空间可以利用，但受限于政策、技术、资金等各方面的影响，采煤塌陷地的利用率还有待提升。

5.2.5　采煤塌陷区投资费用及供水成本估算——以龙固湖湿地为例

采煤塌陷区作为一种废弃的土地资源，利用采煤塌陷区改建水库，工程投资、征地迁占补偿投资等均小于正常水库，因此利用采煤塌陷区改建水库的水源单价比正常模式运行下的水库便宜。龙固湖湿地工程共分为一期工程和二期工程，本节仅对龙固湖湿地一期工程进行投资与效益初步分析。

5.2.5.1　费用估算

龙固湖湿地一期工程的费用包括固定资产投资、年运行费和流动资金三部分。

1. 固定资产投资

本工程国民经济评价投资是在工程设计匡算投资的基础上进行调整的，由投资匡算可知,工程静态总投资为 29.98 亿元,按《水利建设项目经济评价规范》(SL 72—2013)中水利建设项目国民经济评价投资编制办法进行编制和调整,剔除工程设计投资中属于国民经济内部的转移支付的计划利润和税金,按影子价格调整项目所需主要材料(主要材料包括柴油、汽油、钢筋、木材、水泥等的费用,按土地影子费用调整项目占用土地补偿费),调整基本预备费等,经过调整后,工程固定资产投资总额为 16 亿元。暂定分年度投资计划为:第一年 8 亿元,第二年 8 亿元。

2. 年运行费

工程年运行费即工程正常运行期每年所支出的费用,包括工程维护费、管理人员工资和福利、材料与燃料及动力费、管理费及其他直接管理费。参考类似工程,按工程投资的 3%计算,为 4 800 万元。

3. 流动资金

流动资金包括维持工程正常运行所需购置燃料、材料、备品、备件和支付职工工资等周转资金。参照类似工程分析,流动资金按年运行费的 10%计算为 480 万元。在工程正常运行期第一年投入,工程运行期末一次性回收。

5.2.5.2　年供水效益估算

供水的效益不仅体现的是经济效益,更重要的是难以估算的社会效益。本项目供水为工业供水和灌溉生态用水,因灌溉生态用水部分的效益巨大且难以计算,故统一按工业供水效益计算。工业供水效益计算采用"分摊系数法",即根据水在工业生产中的地位,以工业净产值乘以分摊系数计算供水效益,计算公式为

$$B = \frac{W}{W_0 \beta \gamma} \tag{5-11}$$

式中:B 为年均供水效益,万元;W 为年均到户供水量(按 8 500 万 m³ 计);W_0 为工业综合万元产值取水量;β 为工业净产值率;γ 为供水效益分摊系数。

工业综合万元产值取水量随着科学技术的进步、节水水平的提高、产业结构的调整等因素呈逐年减少的趋势,由供水区现状工业综合万元产值取水量分析确定本次采用 22 m³/万元。工业净产值率根据供水区近三年城市工业统计资料,考虑工业生产水平的发展,本次计算采用 20%。工业供水效益分摊系数反映了水在工业生产中的地位和作用,考虑现状供水区的缺水形势,水已经成为工业生产中的首要制约因素,有水才能生产,有水才有效益。综合分析各方面因素的影响,确定工程工业供水效益分摊系数采用 3.0%。

经计算,年供水效益为 23 182 万元。

5.2.5.3　供水成本及成本水价的测算

龙固湖湿地一期工程规划以工业供水和灌溉生态补水为主,本工程的建设并不能独立发挥效益,必须有其他的配套工程(如供水管线、自来水厂等)来支持,故本次仅进行工程的供水成本及成本水价的测算。

水利建设项目总成本费用包括项目在一定时期内为生产、运行以及销售产品和提供服务所花费的全部成本和费用。本项目的成本费用涉及原水费、工资及福利费、管理费、燃料及动力费、维护费、折旧费以及其他费用。

1. 原水费

龙固湖湿地一期工程年供水量 8 500 万 m³。洙赵新河引水 4 500 万 m³ 暂不计原水费;南四湖引水 4 000 万 m³,根据《转发国家发展改革委南水北调东线一期主体工程运行初期供水价格政策的通知转发国家发展改革委南水北调东线一期主体工程运行初期供水价格政策的通知》(鲁价格一发〔2014〕22 号),南四湖上级湖(含上级湖)至长沟泵站前各口门 0.73 元/m³。经计算,本工程原水费为 2 920 万元。

2. 工资及福利费

工资及福利费包括工程管理单位生产和管理人员的工资、奖金、津贴和补助以及职工福利费。工资福利费=定员×每年人平均工资福利费。本项目按照劳动定员人数 40 人,每年人平均工资福利费采用 7 万元。经计算,工资福利费为每年 280 万元。

3. 管理费

管理费是指企业行政管理部门为管理和组织经营活动发生的各项费用。按照工资福利费的 1.5 倍计。经计算,管理费每年为 420 万元。

4. 燃料及动力费

本工程运行中的燃料及动力费主要是入湖泵站提水入湖和出湖泵站提水出湖所耗用的电费。提水电费按照下面的公式计算,其中年提水量为 8 500 万 m³,泵站设计扬程类比相似项目按照 40 m 计算。综合效率由装置效率、传动效率和机械效率综合而成,本次选用 70%。电费价格按照 0.60 元/kW·h 计算。

$$E = \alpha HKW/\eta \tag{5-12}$$

式中:E 为耗用电费,万元;α 为换算系数,一般取 2.722×10^{-3};H 为泵站设计扬程,m;K 为电价,元/(kW·h);W 为年均提水量,万 m³;η 为综合利用效率(由泵站装置效率、传动效率及机械效率综合分析确定)。

经计算,年均燃料及动力费为 793.27 万元。

5. 维护费

工程维护费包括工程日常养护费、年修和大修理费,按照固定资产额(扣除占地补偿费和建设期贷款利息)乘以维护费率考虑。费率标准参照 SL 72—2013,并考虑本项目的具体情况,工程维护费率采用 1.0%,则年均维护费为 1 720 万元。

6. 折旧费

折旧费计算采用平均年限法即直线法,残值回收按工程固定资产的 3% 考虑,根据水利工程固定资产分类折旧年限的规定,土、土石混合等当地材料坝的折旧年限取 50 年。经计算,该工程年折旧费为 5 432 万元。

7. 其他费用

参考其他类似工程,其他费用按照工程维护费、管理人员工资福利费、工程管理费三项费用的 5% 计取,为 121 万元。

综上所述,龙固湖湿地一期工程年运行费为 6 254 万元,全成本费用为 11 686 万元。龙固湖湿地一期工程年可供水量 8 500 万 m³,规划工业供水总量 6 500 万 m³,剩余水量用于补给农业灌溉与生态用水。成本水价计算只考虑工业供水水量部分,即按照年供水量 6 500 万 m³ 计算成本水价。根据计算的龙固湖项目年运行费为 6 254 万元,全成本费用为 11 686 万元,可得项目工业用水运行维护成本水价为 0.96 元,单方水全成本水价为 1.80 元。

5.2.5.4 利用采煤塌陷区改建水库与修建平原水库的优势分析

山东省水资源短缺,随着引黄工程和南水北调东线工程的建设,山东省的平原水库得到了快速的发展。经统计,截至 2013 年 6 月,山东省共建设平原水库 806 座,总设计库容 20 多亿 m³,总投资约 80 亿元,德州、聊城、菏泽等市在平原水库建设方面发展较快。从统计数据看,建设平原水库单方水投资平均为 4 元,与利用塌陷地建设调蓄水库单方水全成本水价为 1.8 元相比,无论投资还是成本均高很多。目前,平原水库的建设存在着一系列问题:①占地问题难以解决。水库建设需要占用大量的土地,不可避免地要占用部分耕地,不仅很难得到国家土地征用部门的审批,而且很容易激起本已十分严峻的人地矛盾。②工程量大、资金筹集压力大。地方政府没有足够的财政支持,且平原水库建设投资大,资金回收周期长。③工程技术不达标。通过挖填方建设的水库水位较浅,容易导致水体富营养化,水域面积大,蒸发损失量也大。水库防渗措施做得不够好,蓄水量达不到预期目标。水库坝体长,后期对坝体的安全监测存在一定的困难。综合采煤沉陷地常年深积水的客观现实以及黄淮海地区建设平原水库的迫切需要,采煤塌陷地主动构建或者预构建平原水库是可行的。

与常规的平原水库修建不同,采煤沉陷区平原水库是利用地下煤炭资源开采形成采空区导致地面沉陷后形成漏斗状的沉陷盆地,从而达到积水-蓄水-调水的目的与功能。因此,在地面沉陷前通过分析地面与地下综合条件以及采矿计划来提前进行动态沉陷模拟规划至关重要。随着"动态预复垦"、"超前复垦"、"预复垦"以及近年来"边采边复"等概念相继提出与技术开发,使得在沉陷开始前与沉陷过程中进行治理成为可能。通过动态沉陷预测,科学直观地模拟土地在采煤影响下的动态衍变规律,指导后续的土地复垦与生态修复工作,通过相关案例分析,动态沉陷的准确性可达到 90% 以上,因此从技术角度完全可以达到沉陷区平原水库动态建设目标。

从建设的经济角度来说,现有平原水库的建设存在的主要问题有征地难、投资巨大且回报周期长等。采煤沉陷不可避免地导致地面沉陷而积水恰好可以解决部分征地难的问题,煤炭企业在生产过程中本来就预留了村庄搬迁、征地补偿与赔偿等资金,通过与平原水库建设相结合可极大地节约资金,避免重复投资。平原水库的建设当中一般 70% 以上的投资都用于征地与体量巨大的挖填方土方工程,借助开采沉陷主动形成的沉陷盆地,无须进行大量的挖土造水面工程,同时,通过主动式构建平原水库,可提前剥离肥沃的土壤资源,提高沉陷较浅区域的复垦耕地率。

5.2.5.5 利用采煤塌陷区改建为水库参与防洪除涝和水资源调蓄存在的问题

(1)采煤塌陷区的汇水主要为汛期的蓄洪的雨洪水,承纳矿坑排水和再生水,水量在年内分配不均匀,供水保证率得不到保证,因此目前仅可作为常规供水工程的补充或者辅助供水。

(2)采煤塌陷区汇水的水质较差,雨洪水、矿坑排水和污水处理厂排放的再生水,水质不稳定,只能依据水质不同分别供给不同的用水部门。经过湿地处理后可为工业、农业和生态供水,若作为生活供水,对水质处理有更高要求,供水效益很难得到保障。

（3）采煤塌陷区改建的平原水库虽然工程投资相比于平原水库小，但水库规模多为中小型，水库库容小，水质差，用水部门对选用采煤塌陷区供水的态度未知。采煤塌陷区改建水库抬升周围地下水位，易造成土壤次生盐渍化，对周围农业的影响未知。采煤塌陷区所处位置多为废弃村址等建筑垃圾复合污染地带，由于缺乏合理规划与资金配套，大量建筑垃圾都随村址沉入水中，给改建平原水库中水体带来诸多复合污染问题，对周围生态环境的影响未知。综上，采煤塌陷区改建平原水库的综合效益未知。

5.2.6　采煤塌陷区规划实施保障措施

5.2.6.1　组织措施

建立政府主导、国土搭台、部门合作、公众参与的工作体制，落实采煤塌陷地治理共同责任，形成凝聚全社会共识、力量与资源进行治理的格局。健全和强化各级采煤塌陷地治理专管机构及职能，统筹推进采煤塌陷地综合治理工作，切实将规划落在实处。建立完善目标责任体系，市、县、乡三级应层层签订目标责任书，进行年度量化考核，尤其要增强乡镇政府责任和职能，保障规划的顺利实施。健全完善配套政策，出台全方位的引导措施，推动采煤塌陷地综合整治和开发利用工作，实现规划提出的因地制宜、综合整治、协调发展的目标。

5.2.6.2　宣传措施

充分利用广播、电视、网络、报纸等新闻媒体，加大宣传力度，形成社会共识，凝聚各界力量。推动县、乡政府开展面对面宣传，组织走访，进村入户发放明白纸，讲解政策和效益，推动群众自觉拥护治理。开展煤炭企业培训班，宣讲法规政策，让其充分了解法定治理责任和义务，了解拒不履行义务的法律后果，增强社会责任意识，主动开展治理。

5.2.6.3　监管措施

充分利用好地市采煤塌陷地动态监管系统，督促煤炭企业定期向主管部门报告情况，及时掌握土地资源损毁和采煤塌陷地治理情况，定期发布监测结果。建立采煤塌陷地治理质量控制制度，从立项、实施、变更到验收加强管理，提出定量、定性指标，确保治理一个、成功一个、群众满意一个。建立严格执法监管机制，市、县两级政府组织相关部门研究制定联动执法机制，监督煤炭企业严格执行上级有关规定，严格履行采煤塌陷地治理义务。同时，研究切实可行、执行效果好的激励奖惩措施，真正形成对煤炭企业的高压态势，真正提高其治理采煤塌陷地的积极性。

5.2.6.4　资金保障措施

一是市政府及各相关部门要积极争取上级扶持资金，并将争取的不同渠道的资金按照分账管理、各计其效的原则进行整合，整体包装投入治理项目。

二是按照"谁破坏、谁治理"的原则，督促煤炭企业支付采煤塌陷地治理费用。能够直接用于采煤塌陷地治理的地质环境保证金，以采煤塌陷地治理项目使用；其他以地质环境恢复治理项目使用；按照规定预提采煤塌陷地综合治理费用，并纳入政府监管范围，按照土地复垦方案确定的预算，预存土地复垦费用等。

三是引入市场机制，调动多方面积极性，引导社会资金投入采煤塌陷地治理。

5.2.6.5　实施措施

严格以地市采煤塌陷地治理规划作为依据,编制有针对性的各种规划和设计方案,包括编制各个县(市、区)的治理规划,编制各个煤矿企业的采煤塌陷地治理规划、矿山地质环境保护与土地复垦方案,编制采煤塌陷地治理重点项目的设计方案等。

第 6 章　水生态安全关键技术研究

6.1　南四湖流域水生态文明建设模式研究

作为生态文明建设的重要内容和基础保障,水生态文明建设的重要性和迫切性日益凸显。近些年来,以行政地市为单元的水生态文明建设取得了显著成效,105 个全国水生态文明建设试点城市陆续通过验收,总结形成了不同区域类型、不同资源禀赋条件下的水生态文明建设经验与模式。城市层面的水生态文明建设固然具有强有力的公共政策执行优势,但仍表现出一定的发展局限性。主要是该模式以行政区域边界人为割裂了流域水系自然通路,基于此制定的流域各市水生态文明建设模式与对策体系缺乏统筹规划,上下游、左右岸的水生态文明建设不同步导致流域层面的水生态文明无法真正实现。基于此,流域水生态文明建设的理念得以提出并发展,它强调将流域作为基本单元对水生态文明建设进行整体布局,注重整合各项涉水要素与环节,积极改善和优化人水关系,推动经济社会发展与水资源、水环境承载力相协调,实现共赢发展。目前,流域水生态文明建设尚处于理论探索与初步实践阶段,不少学者相继开展了指标评价、关键技术、建设模式等方面的研究,但针对不同流域水系特征,如何有效识别影响流域水生态文明建设的关键因素,如何科学选择流域水生态文明建设模式及其对策体系,还需要进一步的探索研究。

本研究以南四湖流域为研究系统,采用 SWOT 模型系统分析南四湖流域建设水生态文明面临的内部优势、劣势和外部机遇、挑战等 4 类因素,交叉组合形成建设流域水生态文明的 4 类模式(增长型、扭转型、防御型、规避型),为进一步明确模式方向,引入 AHP法构建南四湖流域水生态文明建设模式的层次结构模型,量化各指标影响因素,通过绘制战略四边形明确当前南四湖流域建设水生态文明的模式方向与实施路径。

6.1.1　南四湖流域概况

南四湖流域地处淮河流域沂沭泗水系,从鲁西南部地区向南延伸至苏北地区,范围北起大汶河南岸,南抵废黄河南堤,东至鲁中南低山丘陵区西侧边缘,西以黄河堤坝为界。流域地跨鲁、苏、豫、皖 4 省 34 个县(区),流域面积 3.17 万 km²。南四湖由南阳、独山、昭阳、微山四个南北相互连贯的湖泊组成,湖面面积 1 266 km²,有 53 条入湖河流。南四湖是南水北调东线工程的重要调蓄湖泊和过水通道,也是鲁南地区重要的饮用水源地,具备建设流域水生态文明的基础条件。

6.1.2　南四湖流域水生态文明建设的 SWOT 分析

6.1.2.1　SWOT 分析方法

基于系统理论的 SWOT 模型被广泛地应用于不同领域的战略分析和战略选择中,它能够准确识别影响组织战略选择的内外部因素,为战略选择与实施路径提供重要参考。SWOT 分析方法在广泛的现状调查、资料分析、座谈讨论、专家咨询等前期规划调查的基础上,通过综合考虑系统内部因素和外界条件,对系统的优势(Strength,S)、劣势(Weakness,W)、机遇(Opportunity,O)和挑战(Threat,T)4 项要素进行要素分析及交叉矩阵分析,制定出有针对性的决策建议。

SWOT 分析方法应用于南四湖流域水生态文明建设模式研究的具体步骤是:①将南四湖流域视为一个研究系统,识别在水生态文明建设过程中的内部优势和劣势,以及外部环境中的潜在机遇和挑战;②将识别出来的潜在影响因素按照重要性和相关度进行排列;③将 4 类影响因素交叉组合构建 SWOT 分析矩阵,形成南四湖流域水生态文明建设的增长型(SO)、防御型(ST)、扭转型(WO)、规避型(WT)模式。

6.1.2.2　SWOT 模型在南四湖流域水生态文明建设中的应用

随着治水实践的推进,水生态文明建设内涵不断丰富、深化,各类涉水要素有机融合到相应理论体系中,基于行政区划的水生态文明建设带有明显的边界局限性,它人为割裂了水系的自然通路,不能从系统治理的视角统筹规划,作为上位规划的流域水生态文明建设理念应运而生。而流域系统面临的内外部形势愈发复杂,如何准确识别内外部因素,扬长避短、趋利避害,成为流域水生态文明建设模式与技术路径选择的首要难题。

本研究采用资料收集、现场调研、专家座谈等方式,通过对南四湖水生态文明建设的现状分析,采用 SWOT 模型识别了影响流域水生态文明建设的内部优势与劣势,外部机遇与挑战。汇总见表 6-1。

1. 内部优势分析

第一,生态区位显著。南四湖流域属淮河流域东北部的沂沭泗水系,地跨鲁、豫、苏、皖 4 省,流域面积 3.17 万 km^2,涉及人口逾 2 000 万。南四湖是山东省最大的淡水湖泊和我国第六大淡水湖泊,是国家南水北调东线工程重要调蓄湖泊与输水通道,也是鲁南地区重要水源保障地,生态价值显著。加之,流域地处淮河生态经济带与大运河文化带中心交汇区,近些年来通过加速整合生态、文化、航运等要素资源,以建设沂沭泗河生态走廊与京杭大运河文化走廊为契机,进一步优化产业发展布局和生态建设空间。依托其生态区位优势,南四湖流域可为打造流域生态文明示范带和发展生态经济新模式奠定有利基础,积蓄创新动能。

第二,自然禀赋优良。南四湖流域河道交织成网,沼泽生态系统和湖泊生态系统并存,具有丰富的生物多样性,是我国重要的水禽栖息地及候鸟南北迁徙的咽喉地带,南四湖逾 2/3 湖面面积被纳入山东省省级自然保护区范围。此外,南四湖流域还是我国重要的粮棉生产基地和能源基地,农业资源优厚,水产养殖业发展潜力巨大,矿产资源储量丰富、品种繁多,特别是煤炭资源品质好、分布广、储量多、埋藏集中,便于大规模开采。优渥的自然资源能够为南四湖流域高质量发展提供有利条件。

第三,河网水系发达。南四湖是我国北方最大的淡水湖泊,由北向南依次由南阳湖、独山湖、昭阳湖、微山湖四个连贯湖泊组成,湖泊呈西北—东南向延伸,湖面面积 1 226 km^2,东西宽 5~22.8 km,南北长 122.6 km,湖泊南北两端较为开阔,中段略为狭窄,状如哑铃。二级坝水利枢纽工程横跨湖腰,将南四湖分为上、下两级湖。南四湖承接了流域 4

表 6-1　南四湖流域水生态文明建设的 SWOT 要素分析

	优势（Strength）	劣势（Weakness）
内部要素	S1　生态区位显著：南四湖是国家南水北调东线工程重要调蓄湖泊与输水通道，是鲁南地区重要水源保障地；南四湖流域地处淮河生态经济带与大运河文化带中心交汇区。 S2　自然禀赋优良：南四湖流域生物多样性丰富，是我国重要的水禽栖息地及候鸟南北迁徙的咽喉地带，还是我国重要的粮棉生产基地和能源基地。 S3　河网水系发达：南四湖流域河湖关系复杂，河网总长度为 1 838.7 km，河网密度为 8.66 km/km²，水面率为 1.55%，流域水系总体上还保持着自然状态下的空间格局。 S4　防洪除涝工程体系基本完备：南四湖流域已形成了由水库、河道堤防、行蓄洪区和湖泊构成的较为完备的防洪除涝工程体系，流域整体上达到了 50 年一遇防洪标准，骨干河道达到了 20 年一遇除涝标准、5 年一遇除涝标准。	W1　地理气候条件特殊，洪涝灾害频繁发生：南四湖流域地处我国南北气候过渡带，受河湖水位顶托和地势低洼注的影响，且河流水系调控能力及调蓄空间不足，流域洪涝水易涨难消，洪涝灾害频发。 W2　流域水资源年际分配不均，生态流量保障能力低：受下垫面的影响，年径流深地区分布的不均匀性比年降水量更大，其分布趋势从湖东向湖西递减。而径流量的年内分配不均直接导致了枯水期径流保障程度低。 W3　流域产业结构偏重，涉水空间布局尚不合理：南四湖流域城镇化水平整体不高，能源结构以煤为主，产业结构偏重，且发展阶段产业发展空间过度挤占地多地生态涵养空间，导致生态经济协调发展空间十分受限。 W4　流域面源污染整治缺位，湖区部分水质还不稳定：流域农业面源控制水平较低，湖区水质不能稳定达到 III 类水标准。 W5　流域水生态风险隐患叠彝交织：南水北调东线工程通水导致南四湖水位抬升，加剧湖淀地带地下水位抬升，造成湖淀地带地下水位抬升，加剧湖周用及次田渍害；当前调水机制尚不能满足南四湖生态水位保障需求；南四湖流域还存在大范围的采煤塌陷区生态风险。
	机遇（Opportunity）	挑战（Threat）
外部条件	O1　规划辐射与政策导向：南四湖流域是淮河生态经济带与大运河文化带建设的关键节点，与长江经济带、黄河生态经济带、京津冀城市群、中原城市群等周边城市群对接互动；且流域各地政策保障机制较为完备。 O2　水生态文明理念逐渐增强："绿水青山就是金山银山""山水林田湖草"等水生态文明理念的提出，将为南四湖流域水生态文明建设和生态经济协调发展提供更好的契机和动力。 O3　综合治理技术不断创新发展：综合治理技术的应用，将显著提高南四湖流域水生态环境监测预警、精准调度，智能模拟、优化决策能力，为构建高南四湖流域水生态文明治理体系和提升水生态治理能力提供更为先进的科技支撑。	T1　变化气候环境影响日益深刻：在全球气候变化的大背景下，干旱、暴雨等极端气候事件频发，强烈作用于流域水循环过程，不仅加剧了水资源在时间或空间上的不均衡性，还加剧了水资源与经济社会发展要素的不匹配性。 T2　城镇化快速发展带来严峻挑战：南四湖流域各市还将继续保持快速扩张与高速发展的势头，若不采取积极的保护性措施，河网水系受到更加严重的干扰。

省 34 县(市、区) 3.17 万 km² 范围的来水,直接入湖河流达 53 条之多,其中,注入上级湖河流有 30 条,注入下级湖河流有 33 条,河湖关系复杂。全部入湖河流中集水面积大于 1 000 km² 的河流有泗河、洸府河、白马河、东鱼河、洙赵新河、梁济运河、复兴河、大沙河、新万福河等 9 条,且全部注入上级湖。根据相关研究,南四湖流域河网总长度为 1 838.7 km,河网密度为 8.66 km/km²,水面率为 1.55%,流域水系总体上还保持着自然状态下的空间格局,这为南四湖流域水生态文明建设提供了有力的基础条件。

第四,防洪除涝工程体系基本完备。中华人民共和国成立以来,按照"蓄泄兼筹、疏导结合"的治理方针,相继在南四湖流域部署实施了湖内京杭运河疏挖工程、湖东堤和湖西堤修筑工程、二级坝枢纽工程、沂沭泗河东调南下续建工程、山东省淮河流域重点平原洼地治理工程等系列重点水利工程;近年来,为进一步适应流域经济社会发展新格局,骨干河道治理、病险水库除险加固、平原洼地除涝治理等重点水利工程加速补齐流域水利基础设施建设短板。现阶段,南四湖流域已逐步形成了由水库、河道堤防、行蓄洪区和调蓄湖泊构成的较为完备的防洪除涝工程体系,流域整体上达到了 50 年一遇防洪标准,骨干河道达到了 20 年一遇防洪标准和 5 年一遇除涝标准,抵御洪涝灾害能力显著提升,同时为科学统筹、精准调度洪涝水提供了强有力的工程支撑。

2. 内部劣势分析

第一,地理气候条件特殊,洪涝灾害频繁发生。南四湖流域地处南北气候过渡带,受季风环流的影响,降水随夏季太平洋高压暖流向北拓展而显著增多,且在年内和年际间的分配差异悬殊,70% 以上降水量集中于汛期(6～9 月)的 1～2 场降水过程,汛期极易形成流域洪水;受自然地形地貌影响,流域拥有大范围的洼地分布,主要包括湖滨洼地和湖西洼地,区域地面高程大部分处于南四湖蓄水位以下,给入湖河流造成顶托;加之韩庄运河、不牢河出口规模较小,使东部的山水和西部的坡水经南四湖调蓄后下泄困难,经常造成湖水位居高不下,由此形成了"坡水不能入河,河水不能入湖,湖水下泄不畅"的现象,洪涝灾害频发。

第二,流域水资源分配不均,生态流量保障能力低。根据"南四湖流域水资源第三次调查评价"成果,南四湖流域 1956～2016 年多年平均降水量 697.5 mm。由于受地理位置、地形地貌、气流运动及天气系统等因素的影响,流域内年降水量在地区上分布不均,年际年内变化较大。多年平均降水量等值线由东部山区的 800 mm 递减到西部平原区的 600 mm。南四湖流域 1956～2016 年多年平均天然径流量 22.87 亿 m³。就多年平均年径流深而言,各水资源三级区套地市中,湖东枣庄市年径流深最大,为 211.3 mm;湖西菏泽市最小,为 52.7 mm。南四湖流域主要河流中东鱼河南支、东鱼河北支、东鱼河、洙赵新河、胜利河、万福河、洙水河、泗河共 8 条河流发生过断流,生态流量保障程度低。

第三,流域产业结构偏资偏重,涉水空间布局尚不合理。南四湖流域独特的自然资源禀赋决定了其以传统种植业、水产养殖业为基础的农业生产方式和以煤化工为主的工业初步体系。根据流域各市的统计年鉴,2018 年山东省南四湖流域常住人口达 2 214.47 万,城镇化率为 48.24%,地区生产总值为 9 875.13 亿元,产业结构比例为 9.44:47.86:42.70,在外部形势推动下,流域产业结构与布局得到进一步优化。但与同类流域相比,南四湖流域城镇化水平整体不高,且能源结构以煤为主、产业结构偏重等结构性问题短期内还难以根本解决,加之在流域初期发展阶段不注重空间布局规划与空间管控,产业发展空间过多地挤占生态涵养空间,导致生态经济协调发展空间十分受限,同样不利于流域水生态文明的建设。

第四,流域面源污染整治缺位,湖区局部水质还不稳定。随着南水北调东线工程开通运行,为保障沿线水质安全、实现"一泓清水北上",南四湖流域开展了产业结构调整、污染治理与生态修复等工作,流域水环境质量得到持续改善,但目前仍面临局部水质不稳定或水质恶化的潜在风险。究其原因在于流域污染防治与生态修复缺乏系统性、全局性,其一是流域内各级行政区对入湖河流水质标准尚不统一,执行Ⅲ类或Ⅳ类水质标准,滨湖污染防治压力大;其二是流域面源污染整治缺位,尤其是农业面源污染尚未开展系统防治;其三在于目前已开展的河道治理工程、环湖生态带建设工程存在空间不连续、结构功能单一、生物多样性不丰富的问题,部分用于净化入湖河流水质的人工湿地由于后续管护不到位,存在工程退化风险。

第五,流域水生态风险重叠交织。南水北调东线工程通水在一定程度上改变了南四湖的水文情势和水动力学条件,虽然有证据表明优质长江水补给有效改善了湖区水质。但仍不可忽视水位抬升、流态转变对湖区乃至流域的潜在生态风险:输水条件下南四湖持续处于高水位运行状态,且存在输水期与非输水期湖区水体流态的骤转(输水期水流流向由南向北,出口为梁济运河;非输水期水流流向由北向南,出口为韩庄运河),一定程度上会对湖区浮游藻类群落的生长和季节演替产生影响,同时造成湖滨地带地下水位抬升,加剧沿湖周边农田渍害。当前调水机制尚不能满足南四湖生态水位保障需求,2018 年 11 月调水初期在没有长江水补给的情况下,直接从上级湖调水,造成上级湖及入湖河道水位低于常年平均水平,一定程度上干扰了河湖生态系统稳定。此外,南四湖流域还存在大范围的采煤塌陷区急需治理,土壤表面形态破坏、退化严重,局部潜水位接近或露出地表,造成大面积耕地无法使用,生态风险不容忽视。

3.外部机遇分析

第一,规划辐射与政策导向。南四湖流域地处多个国家重大战略的链接区域,是淮河生态经济带与大运河文化带建设的关键节点与中心区域,拥有广深腹地,与长江经济带、黄河生态经济带、京津冀城市群、中原城市群等周边区域保持对接互动,具有重要的生态区位价值与资源优势。随着《淮河生态经济带发展规划》《大运河文化保护传承利用规划》《南水北调东线二期工程规划》等重大规划和工程的部署及实施,南四湖流域将逐步纳入沂沭泗河生态走廊与京杭大运河文化走廊建设中,流域生态文明建设将被放在突出位置。此外,流域各地也组织配套了一系列政策体系与保障机制。以河湖长制为重要抓手,落实最严格的水资源管理制度,严守生态红线底线,坚持多措并举,流域水系整治、污染防治、生态保护力度将不断增强,生态涵养能力和生态净化功能也显著提升,逐步将南四湖打造成为沂沭泗生态廊道的生态绿心,将南四湖流域打造成为流域生态文明建设示范带。

第二,水生态文明理念逐渐增强。党的十八大把生态文明建设放在突出地位,与经济、政治、文化和社会建设共同构成国家现代化建设"五位一体"的总体布局。水生态文明建设作为生态文明建设的重要组成和关键环节,致力于整合各类涉水要素、打通各个涉水环节,从源头上扭转我国水资源短缺、水污染严重、水生态恶化趋势。"绿水青山就是金山银山""山水林田湖草是一个生命共同体"等水生态文明理念的提出,将推动政府、企业、社会公众等多个层面形成思想自觉和内生动力,建立"保护环境就是保护生产力,改善环境就是发展生产力"的重要认知。在湖泊流域发展中,将逐步确立生态优先的发展理念,坚持山水林田湖草系统治理,坚持生态经济社会协调发展,力争实现生态效益向经济效益的最大转化。水生态文明理念的进一步增强,将为南四湖流域水生态文明建设和生态经济协调发展提供更好的契机和动力。

第三,综合治理技术模式不断创新发展。近些年来,面向生态优先的系统治理模式相继提出,涵盖水资源、水生态、水环境、水安全等不同工作内容的流域综合治理技术体系得到长足发展,具体包括水循环及其伴生过程的模拟技术、水生态评估与补偿技术、水资源合理配置与调度技术、水生态修复技术、"智能水网"技术等。此外,信息技术、空间技术的快速发展,也为流域综合治理提供了新的视角和技术保障。流域综合治理技术的应用,将为构建流域水生态文明治理体系和提升水生态治理能力提供更为系统、更为先进的科技支撑。

4. 外部挑战分析

第一,变化气候环境影响日益深刻。南四湖流域地处南北方交界地带,是重要的生态脆弱区和气候敏感区。近些年来,在全球气候变化的大背景下,干旱、暴雨等极端气候事件频发,强烈作用于流域水循环过程,不仅加剧了水资源在时间或区位分配上的不均衡性,还加剧了水资源与经济社会发展要素间的不匹配性。南四湖流域受变化气候环境的影响是深刻的、广泛的,河湖来水情势预测困难造成流域因洪致涝现象突出、水资源供需矛盾加剧、生态流量管控难度加大、生态系统退化规模扩大等,将严重威胁南四湖流域水生态文明建设进程。

第二,城镇化快速发展带来严峻挑战。2018 年山东省南四湖流域城镇化率为48.24%,低于全省平均水平13 个百分点,且近些年来流域城镇扩展空间规模逐年加大,这意味着南四湖流域将长期处于快速扩展阶段。城镇建设空间与水生态涵养空间处于相互博弈状态,在不加控制的状态下,城镇建设通过强烈作用下垫面性质导致流域不透水面积激增,过度挤占河湖赖以稳定的生态空间,造成河网水系紊乱,继而引发洪涝频发、环境破坏、生态恶化等自然灾害现象,严重制约流域水生态文明建设进程。当前南四湖流域仍保有较大的人水关系可塑性,将水生态文明建设理念全过程贯穿于城镇化建设进程中,将有助于南四湖流域实现生态经济与水系保护的同步发展。

综上所述,南四湖流域水生态文明建设优势与劣势并存,同时复杂的外部形势对流域水生态文明建设提出了更多要求:一方面要牢牢把握外部机遇,放大优势,最大限度地将生态优势转化为经济社会可持续发展的不竭动力;另一方面要科学看待外部挑战,未雨绸缪,积极做好防御应急措施,巩固已有的水生态文明建设成果。

SWOT 分析方法强调系统策略分析,为今后南四湖流域水生态文明建设模式选择及实施路径提供了重要的参考价值。基于 SWOT 要素两两交叉结果,形成了包括增长型(SO 型)、防御型(ST 型)、扭转型(WO 型)、规避型(WT 型)的四类水生态文明建设模式方向,并给出了不同模式选择下的 14 条具体措施(见表6-2)。其中,SO 型是一种利用外部机遇最大限度激发内部优势的增长型发展模式,即南四湖流域要紧抓淮河生态经济带、

表 6-2　南四湖流域水生态文明建设模式方向及其措施

	机遇(O) O1 规划辐射与政策导向 O2 水生态文明理念逐渐增强 O3 综合治理技术模式不断创新发展	挑战(T) T1 变化气候环境影响日益深刻 T2 城镇化快速发展带来严峻挑战
优势(S) S1 生态区位显著 S2 自然禀赋优良 S3 河网水系发达 S4 防洪除涝工程体系基本完备	SO 战略(增长型) 1. 注重顶层规划引领。把握国家重大战略,工程、规划等政策利好,抓紧制定南四湖流域综合规划,坚持顶层规划引领,坚持生态文明建设理念,科学平衡南四湖流域流域保护、整治利用间的关系(S1,S2,S3,S4,O1,O2)。 2. 立足生态经济协调发展。响应国家生态文明理念号召,大力发展生态农业、生态养殖、生态旅游等附加值高的产业,积极构建流域生态经济协调发展的新模式(S1,S2,O2)。 3. 坚持科学技术引领。积极吸纳先进的流域综合治理技术,加强流域水网建设,注重提升流域防洪除涝工程科学调度决策能力,强化科学技术对流域生态经济社会发展的保障能力(S3,S4,O3)。 4. 共建共享流域水生态文明。鼓励全民治水,加强流域各地市的政府、企业、社会对建设水生态文明的参与和认知度,积极参与到河湖保护、节约用水、亲水景观等行动,实现流域水生态文明全民共享(S1,S2,S3,O2)。	ST 战略(防御型) 1. 提升水灾害防御能力。针对南四湖流域高发的洪涝灾害,加强流域气候、水文、地质联合监测、预报、预警能力,构建南四湖流域应急响应机制,整体上提升区域协调的水灾害应急响应能力,应对极端气候和水灾害的防范能力(S4,T1)。 2. 注重生态环境保护。将水生态文明建设理念贯穿于流域各市新一轮的城镇化进程中,加强水生态保护与修复,提升流域生态涵养功能对经济社会可持续发展的支撑保障能力,最大限度地将自然生态优势转化为经济发展优势(S1,S2,S3,T2)。

续表6-2

劣势（W）	WO战略（扭转型）	WT战略（规避型）
W1 地理气候条件特殊，洪涝灾害频繁发生 W2 流域水资源年际分配不均，生态流量保障能力低 W3 流域产业结构偏重资偏重，涉水空间布局尚不合理 W4 流域面源污染整治缺位，湖区局部水质还不稳定 W5 流域水生态风险重叠交织	1. 推动产业结构升级。紧抓国家重大规划、工程机遇，坚持生态定位，优先保障水生态涵养空间，分阶段、有步骤地推动南四湖流域新旧动能转换与产业结构升级，缓解生态环境压力，形成南四湖流域生态经济协调发展新模式（W3,O1,O2）。 2. 优化流域水资源配置。将生态文明理念和先进技术融入到流域水资源开发、利用、治理、配置、节约、保护各个领域，优化水资源配置，稳步提升生态流量保障能力（W2,O2,O3）。 3. 改善流域水环境质量。利用外部政策、技术，加大面源整治力度，进一步削减流域污染负荷，改善南四湖水质量，确保南四湖水质持续稳定达标（W4,O1,O3）。 4. 加快流域水生态保护与修复。利用外部政策、技术，加强流域四湖调水生态保障机制，加强流域采煤塌陷地的生态治理，构建牢固的流域生态屏障，支撑保障流域经济社会的可持续发展（W5,O1,O3）。 5. 加强流域防洪除涝能力。优化南四湖流域水系布局，畅通行洪通道，发挥工程联动效益，对重点平原洼地加强排涝能力建设，减少因洪涝致灾（W1,O1,O3）。	1. 强化涉水生态空间管控。在新一轮城镇化建设中，注重水生态安全格局对城镇扩展空间的引领约束作用，即优先统筹生态涵养空间，有序引导城镇用地集约高效。要注重不同涉水功能空间的管控与监管，严守生态保护红线，严控河湖管理保护范围，强化蓄滞洪区功能管控，平衡经济发展建设空间等，为水生态文明建设预留出足够的生态涵养空间（W1,W2,W3,W4,W5,O2）。 2. 健全完善和落实各项管理制度。流域各市统一认识与行动，致力于将南四湖流域打造成为水生态文明示范带，积极落实各项涉水政策的落地、实施，积极吸纳省内外水生态文明建设的好经验好做法，并通过制度固化下来，积极创新流域水生态文明建设的路径（W2,W3,W4,W5,O2）。 3. 引入流域智慧监管模式。抓住互联网+发展机遇，构建智慧涉水流域，识别关键涉水问题，突出重点，先急后缓"解决关键涉水环节"，优先部署智慧涉水监管能力，强化涉水监管能力对流域水生态文明建设的支撑保障能力（W1,W2,W3,W4,W5,O1,O2）。

大运河文化廊道、南水北调东线工程二期等重大战略工程机遇,抢抓制定流域层面的发展综合规划,立足生态资源禀赋,坚持科技引领,鼓励全民治水,积极构建南四湖流域生态经济协调发展的新模式;ST 型是一种利用内部优势应对或消除外部挑战的防御型战略,即南四湖流域在水生态文明建设中,要强化水灾害防御能力建设,充分发挥防洪除涝工程效益,同时将生态保护理念贯穿于新一轮城镇化建设中,提升南四湖流域系统应对外部不利形势的能力;WO 型是一种利用外部机遇来弥补内部劣势的扭转型模式,即南四湖流域依托国家重大规划/工程实现自身发展过程中,坚持生态定位,疏通涉水各环节,逐步推动流域产业结构升级、水资源优化配置、水环境质量改善、水生态保护与修复,提升流域单元应对防洪除涝能力,提高水资源对流域经济社会可持续发展的支撑保障能力;WT 型是一种同时面临内部劣势与外部挑战最不理想情况下的一种规避型模式,即南四湖流域各地市要统一认识,健全完善和落实流域水生态文明建设的各项政策制度,用"强监管"模式来抵充流域内部劣势与外部挑战。

以上 4 类 14 条应对措施,为南四湖流域水生态文明建设提供了具体的模式方向和实施路径,但现阶段应当优先发展哪种模式以实现最大的水生态文明建设成效呢? 为进一步解决该问题,本研究将借助层次分析模型(AHP)量化各因素对水生态文明建设的影响权重,通过绘制战略选择四边形确定南四湖流域水生态文明建设的优先发展模式。

6.1.3　AHP 方法在南四湖流域水生态文明建设 SWOT 分析中的应用

SWOT 分析定性地给出了南四湖流域水生态文明建设的不同模式选择和应对措施,而 AHP 则能以定量的方式准确判断出现阶段的优先建设模式,从而在最短时间、最大限度地实现南四湖流域水生态文明建设成效。它的具体方法是:①根据识别出来的南四湖流域水生态文明建设影响因素,按照"总目标–因素–指标"构建三级层次结构模型;②通过两两比较法构造出各指标对上级影响因素的判断矩阵,并通过计算各矩阵特征向量建立各指标权重;③引入专家打分科学评估现状条件下各指标对南四湖流域水生态文明建设的作用强度,并加和计算上级各因素的总力度;④根据各因素总力度确定南四湖流域水生态文明建设模式的战略四边形,重心所在象限便决定了其优先建设模式及相应对策体系。

6.1.3.1　构建南四湖流域水生态文明建设模式的层次结构模型

根据上述 SWOT 分析结果,构建适用于南四湖流域水生态文明建设模式的层次结构模型,第一层即最高层为目标层,即南四湖流域水生态文明模式选择;第二层为系统层,包括内部优势、劣势、外部机遇、挑战 4 个因素;第三层为变量层,涵盖 S1 ~ S4、W1 ~ W5、O1 ~ O3、T1 ~ T2 共计 14 个指标,见表 6-3。

6.1.3.2　确定各指标的相对重要度,并计算判断矩阵的特征向量(各指标权重)

1. 构建两两判断矩阵 **A**

将层次结构模型中同一因素层的指标进行两两比较,用以确定各指标的相对重要度,比较结果根据表 6-4 所示的 AHP 重要性衡量标度进行定量,构建两两判断矩阵 **A**。

表 6-3　南四湖流域水生态文明建设模式层次结构

目标层	系统层	变量层
南四湖流域水生态文明建设模式选择	优势(S)	S1 生态区位显著
		S2 自然禀赋优良
		S3 河网水系发达
		S4 防洪除涝工程体系基本完备
	劣势(W)	W1 地理气候条件特殊,洪涝灾害频繁发生
		W2 流域水资源年际分配不均,生态流量保障能力低
		W3 流域产业结构偏资偏重,涉水空间布局尚不合理
		W4 流域面源污染整治缺位,湖区局部水质还不稳定
		W5 流域水生态风险重叠交织
	机遇(O)	O1 规划辐射与政策导向
		O2 水生态文明理念逐渐增强
		O3 综合治理技术模式不断创新发展
	挑战(T)	T1 变化气候环境影响日益深刻
		T2 城镇化快速发展带来严峻挑战

表 6-4　AHP 重要性衡量标度

标度	定义(比较因素 i 与 j)
1	因素 i 与 j 同样重要
3	因素 i 与 j 稍微重要
5	因素 i 与 j 较强重要
7	因素 i 与 j 强烈重要
9	因素 i 与 j 绝对重要
2、4、6、8	两个相邻判断因素的中间值
倒数	因素 i 与 j 比较判断为 a,则因素 j 与 i 相比的判断力为 $1/a$

2.计算各指标权重 G

将判断矩阵 A 进行列归一化处理,得到判断矩阵 A',求取 A' 的行均值,即为 A 的各指标权重 G。

3.对各因素进行一致性检验

求取判断矩阵 A 的最大特征根 λ_{max},并计算一致性指标 CI,与表 6-5 所示的平均随机一致性指标 RI 进行对照,二者比值 CR 值若能通过 0.1 显著性水平检验,则表明此判断矩阵 A 符合一致性检验,可以接受。

表 6-5　平均随机一致性指标

阶数	1	2	3	4	5	6
RI	0	0	0.52	0.89	1.12	1.26

特征根 $\qquad\qquad\qquad\qquad \lambda = A \cdot G$ $\qquad\qquad\qquad$ (6-1)

最大特征根 $\qquad\qquad\quad \lambda_{max} = \sum (\lambda_i)/nG_i$ $\qquad\quad$ (6-2)

一致性指标 $\qquad\qquad\quad CI = (\lambda_{max} - n)/(n-1)$ $\qquad\quad$ (6-3)

$\qquad\qquad\qquad\qquad\qquad CR = CI/RI$ $\qquad\qquad\qquad$ (6-4)

4. 结果展示

分别构造优势(S)层、劣势(W)层、机遇(O)层、挑战(T)层的两两判断矩阵 A，求取各因素层指标权重、最大特征根及一致性检验结果，如表 6-6 所示。结果表明，0.1 显著性水平下各因素层均通过了一致性检验，本研究所构造的判断矩阵及求取的权重向量可用于后续分析。

表 6-6　各系统层判断矩阵

优势(S)层

S	S1	S2	S3	S4	G	一致性检验
S1	1	3	4	5	0.54	
S2	1/3	1	2	3	0.23	$\lambda_{max} = 4.05$
S3	1/4	1/2	1	2	0.14	$CR = 0.019 < 0.1$
S4	1/5	1/3	1/2	1	0.08	

劣势(W)层

W	W1	W2	W3	W4	W5	G	一致性检验
W1	1	3	5	6	6	0.50	
W2	1/3	1	3	3	3	0.22	$\lambda_{max} = 5.26$
W3	1/5	1/3	1	3	3	0.14	
W4	1/6	1/3	1/3	1	2	0.08	$CR = 0.058 < 0.1$
W5	1/6	1/3	1/3	1/2	1	0.06	

机遇(O)层

O	O1	O2	O3	G	一致性检验
O1	1	3	5	0.65	
O2	1/3	1	2	0.23	$\lambda_{max} = 3.01$
O3	1/5	1/2	1	0.12	$CR = 0.003 < 0.1$

挑战(T)层

T	T1	T2	G	一致性检验
T1	1	1/3	0.25	$\lambda_{max} = 2.00$
T2	3	1	0.75	$CR = 0 < 0.1$

6.1.3.3　通过计算因素总力度确定南四湖流域水生态文明建设模式的战略四边形

1. 专家评分标准

两两比较判断矩阵确定了各指标对上级因素的相对权重值,但各因素对上级目标的相对贡献值仍无法确认。本书引入专家评分法,将 14 个指标置入统一评分标准下,用以确定现状条件下各指标对南四湖流域水生态文明建设的影响强度。14 个指标既存在正向指标(内部优势和外部机遇),也存在反向指标(内部劣势和外部挑战),将其分数绝对值的高低作为衡量作用强度大小的指标,共划分了 5 类强度等级,见表 6-7。

表 6-7　评分标准

分数绝对值	(0,2]	(2,4]	(4,6]	(6,8]	(8,10]
相应的强度	微弱	较弱	中等	较强	极强

2. 计算各因素总力度

为更加客观、科学地判断现状条件下各指标对建设南四湖流域水生态文明的作用强度,本次研究邀请了 20 余位涉水领域的权威专家,涵盖水文水资源、水利工程、环境、生态等各细分专业,按照同一评分标准进行打分。各指标分数取均值作为各指标的最终强度。各因素力度为各指标权重与强度乘积之和。

3. 结果展示

本研究构建的三级层次结构模型,各层级依靠权重进行关联,第三层变量层与第二层系统层的关联为判断矩阵确立的指标权重值,而第二层系统层与第一层目标层的关联实际上默认均等,即 4 个因素对建设南四湖流域水生态文明的贡献作用是均等的,体现在数值上即都为 0.25,通过两级关联构成了本研究所示的流域水生态文明建设模式层次结构模型。指标强度则是依靠专家经验对现状条件下各指标对南四湖流域水生态文明建设影响程度的一次赋值,它将现状评价结果导入层次结构模型中,权重体现的是相对贡献程度,而强度体现的是影响作用强弱,二者乘积即为现状条件下该指标对南四湖流域水生态文明建设模式选择的力度大小,它强调的是对系统的综合作用程度。

各指标、各因素的力度值结果如表 6-8 所示。结果表明,现状条件下南四湖流域水生态文明建设过程中,内部优势(7.73)强于内部劣势(−6.63),外部机遇(7.04)强于外部挑战(6.54),整体形势趋好。但数值上并未表现出显著的差异,说明内部劣势与外部挑战对建设南四湖流域水生态文明的影响仍不容忽视,需要加快补齐短板,抵御外部风险。其中,南四湖建设流域水生态文明的最大内部优势是 S1 生态区位显著;最大内部劣势是 W1 地理气候条件特殊,洪涝灾害频繁发生;最大外部机遇是 O1 规划辐射与政策导向;最大外部挑战是 W2 城镇化快速发展带来严峻挑战。

6.1.3.4　南四湖流域水生态文明建设的模式路径与对策体系

以内部因素总力度为横坐标、以外部因素总力度为纵坐标,在形成的二维象限中分别标识出不同因素的总力度值,构成了现状条件下南四湖流域水生态文明建设模式选择的战略四边形(见图 6-1)。它是内部优势、内部劣势、外部机遇、外部挑战 4 因素作用力度的综合体现,划分出的 4 个象限分别代表了两两因素交叉作用的结果,即 SO、WO、WT、ST

型模式及其所包含的对策体系。其重心所处的象限,对应当前水生态文明建设模式的首要选择。求得如图 6-1 所示的战略四边形重心坐标(0.366 7,0.166 7)落在第一象限,对应增长型(SO 型)模式,即现状条件下南四湖流域水生态文明建设应当充分利用外部机遇最大限度地激发内部优势,由此取得建设成效最为迅速、最为显著。

表 6-8　各因素力度计算结果

因素	总力度	指标	权重	强度	力度
S	$\sum S = 7.73$	S1	0.54	8	4.43
		S2	0.23	7	1.59
		S3	0.14	8	1.12
		S3	0.08	7	0.59
W	$\sum W = -6.63$	W1	0.50	−6	−3.16
		W2	0.22	−7	−1.56
		W3	0.14	−7	−0.96
		W4	0.08	−8	−0.60
		W5	0.06	−6	−0.36
O	$\sum O = 7.04$	O1	0.65	7	4.75
		O2	0.23	7	1.53
		O3	0.12	6	0.75
T	$\sum T = -6.54$	T1	0.25	−5	−1.29
		T2	0.75	−7	−5.25

SO 型模式涵盖的对策体系如下:

(1)注重顶层规划引领。

南四湖流域地处多个国家重大战略的链接区域,是淮河生态经济带与大运河文化带建设的关键节点,是南水北调东线二期工程规划的必经之地。重大规划不仅为南四湖流域带来了重大的发展机遇,还对流域发展方向提出了具体要求。其中,《淮河生态经济带发展规划》提出:要将协同推进生态文明建设摆在首要位置,加强南四湖等河湖的生态保护,加强流域污染综合防治,提升南水北调东线生态净化能力和涵养功能,将沂沭泗沿线建设成为空间集约高效、生态环境良好、基础设施完善、产业结构优化的生态走廊;《大运河文化保护传承利用规划》指出:生态保护是文化带建设的重中之重,要推进河道水系治理管护、加强生态环境保护修复、推动文化和旅游融合发展、促进城乡区域统筹协调;《南水北调东线二期工程规划》提出:随着水生态文明建设的加快推进,将进一步保障长江水作为综合治理华北地区地下水超采的重要替代水源,保障供水区的生态用水,改善水生态环境。

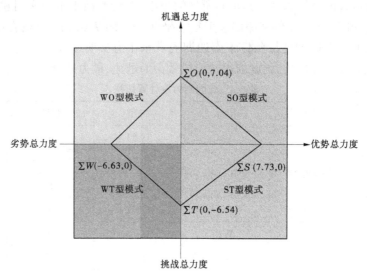

图 6-1　南四湖流域水生态文明建设模式的战略四边形

不难看出,各重大规划对南四湖流域的发展定位是生态优先。因此,南四湖流域要充分发挥国家重大规划的引领约束作用,坚持生态立本,借国家重大规划之东风,抢抓制定流域综合发展规划,构建南四湖区域"多规合一"的生态保护和利用体系,用一个规划平衡流域保护、整治、利用间的关系,统筹流域各市生态文明建设节奏,不断筑牢生态基底、优化生态配置,最大限度地发挥生态基础资源对经济、文化的支撑保障作用。力争在这一轮国家重大规划实施完成后,将南四湖打造成为沂沭泗生态廊道的生态绿心,将南四湖区域打造成为流域水生态文明示范带。

(2)立足生态经济协调发展。

南四湖流域生态区位显著,自然禀赋优良,且文化内涵丰厚,具有哺育经济社会绿色发展的资源优势和先天条件。统筹制定流域综合发展规划时,应牢牢瞄准生态经济协调发展的新模式,不断提升流域生态涵养功能将为经济可持续发展提供新动能,而绿色经济良性发展又会显著减轻流域生态环境压力,由此实现生态经济绿色循环发展。同时,在流域层面制定空间规划,尤其对涉水空间严管严控,优先保障流域生态涵养空间,还要为发展生态农业、生态养殖、生态旅游等附加值高的产业预留建设空间,不断优化新旧产业发展布局,不断提升生态产业在整个流域经济中的比例,形成南四湖流域全面保护、绿色发展的新格局。

(3)坚持科学技术引领。

积极吸纳先进的流域综合治理技术,加强流域水网建设,注重提升流域防洪除涝工程科学调度决策能力,强化科学技术对流域生态经济社会发展的保障能力。

(4)共建共享流域水生态文明。

鼓励全民治水,加强流域各地市的政府、企业、社会民众对建设水生态文明的参与度和认知度,积极参与到河湖管护、节约用水、亲水景观等行动,实现流域水生态文明全民共建共享。

6.2 富营养化水体人工湿地净化技术

水体富营养化是威胁湖库水源地水质的重要环境问题。为使鱼台县饮用水水源水质达到供水要求,在取水口附近建设了复合型人工湿地净化区,由多级表流湿地与潜流湿地串联而成,并融合了人工浮岛,通过对其运行效果进行监测表明,该复合型人工湿地对高锰酸盐指数、氨氮、总磷和总氮含量具有较好的去除效果,最高降解率分别为55.47%、79.25%、75%、65.12%。湿地出水各项指标均可达到Ⅲ类水质标准,可实现水质净化的目的,进而保证其水源水质满足供水要求,缓解鱼台县供水紧张的现状,并为人工湿地建设在山东省其他水源地的进一步推广应用奠定了基础。

6.2.1 人工湿地污水处理技术及其去除机制

6.2.1.1 综合策略分析

综合鱼台县存在水资源、水环境、水生态问题,且惠河入湖口上游水质存在不稳定风险,具体表现为夏秋季有机物、TN、TP、NH_3-N等污染物超出饮用水源地要求的地表水Ⅲ类水质限值,水质富营养化问题亟须解决。针对该处水体存在的水污染特征,结合项目所在区域的环境特点,本次研究确立了以生态治理为主的技术思路,即借助生态系统自身循环机制对污染水体进行修复,能够最低限度地减少人类对处理系统的干扰,且副作用最小,对于提高水源水质、保障供水安全具有积极的作用。

6.2.1.2 生态治理技术比选

生态治理技术是利用生态技术净化污水、改善水质以及控制污染的一项重要措施,是人们利用自然生态系统净化环境污染能力或应用生态学基本原理和方法,借助自然条件,构建污染治理设施,进行的环境污染治理行为。

富营养化水体控制的生态工程主要是利用生态学原理,遵循并应用生态系统中物种共生、物质循环和结构与功能协调的原理,用生态系统拦截富营养化水体的营养盐,抑制单一物种的过度生长,达到净化水体、恢复水体应有的经济、环境和社会效益。

按工程类型分类,富营养化水体控制的生态治理技术可分为人工湿地技术、稳定塘技术、人工水塘技术、植物缓冲带技术、前置库技术、生物操纵技术、水生植物修复技术、生态浮床技术等。本研究详细对比了不同水体富营养化生态治理技术的特点,并结合本项目情况,就其技术适用性进行了综合分析,详见表6-9。其中,人工湿地技术对N、P、有机污染物具有较好的去除效果,系统运行动力消耗小,维护成本低,在饮用水预处理、城市生活污水尾水深度处理、农村分散式生活污水处理等工程中具有广泛的应用前景;生态浮床技术配置方式灵活,不额外占用土地,能够在有限区域重建并恢复水生态系统,且可与其他生态治理技术联合使用。结合本项目特点,本研究确立了"复合人工湿地+生态浮床"的组合技术方案,利用水生植物-基质-微生物的协同净化作用对惠河来水进行深度处理,使其水质能够稳定达到《地表水环境质量标准》(GB 3838—2002)中的Ⅲ类标准要求。下面将对这两项技术展开重点介绍。

表 6-9 水体富营养化生态治理技术适用性分析

技术名称	技术概况	技术适用性分析
人工湿地技术	人工湿地技术始发于20世纪60年代的德国，继而发展起来的一种污水处理技术。污染物通过土壤、微生物及植物组成的稳定有序的良好净化作用的生态系统而得以降解。人工湿地按布水类型可分为3类：①表流人工湿地。废水在填料表面漫流，与自然湿地最为接近。这种湿地不能充分利用植物根系的净化作用。②水平潜流人工湿地。污水在湿地床的内部流动，一方面利用填料表面生长的生物膜、丰富根系及表层土的填料截流等作用提供处理能力和效果；另一方面由于水流在地表下流动，保温性能好，处理效果受气候条件影响小，卫生条件较好，是目前采用较多的一种类型。该工艺利用了植物根系的输氧作用，又称为污水处理的根区方法。③垂直潜流人工湿地。结合了地表流湿地和潜流湿地的特点，对于有机物和氨有更好的净化效果，但是建造要求高	适用于微污染水体，对N、P、有机污染物具有较好的去除效果，系统运行动力消耗小，维护成本低，可用于饮用水源处理，城市生活污水尾水深度处理，农村分散式生活污水处理等工程
稳定塘技术	稳定塘技术是利用天然水体的自净能力，将污染水在一种类似于池塘的河水在一种类似于池塘的处理设备内经长时间慢流停留，通过生物的代谢活动将河道活动河边构建，对于中小河流，还可以直接在河道上筑坝拦水，这时的稳定塘称为河道滞留塘。一条河流，可以构建一级或多级滞留塘。国内外在传统稳定塘的基础上开发了处理效果更好的变形稳定塘工艺，如美国的高级综合稳定塘、我国的串联结构式综合生物塘等	适用于污染较为严重河流的旁路治理，能有效削减污染物入湖总量，处理出水质稳定，工程投资少，运行成本低，实现河流的资源利用
植被缓冲带技术	植被缓冲带是指邻近受纳水体，有一定宽度，具有植被，在管理上与农田分割的地带。其作用在于避免污染源与湖泊、湖泊贯通，减少侵蚀颗粒吸附物，减少侵蚀迁移的土壤进入水体，截持土壤进入水体，改善水质。在截留粗砂颗粒和颗粒吸附物，促进水流下渗，截持黏土及可溶性污染物方面，缓冲带具有显著功效。在农田与水体之间增加湿地面积或在坡耕地等高线种植植物篱色或建造植被缓冲带，将会有源污染等地表径流污染的形成。这是控制地表径流污染的有效手段。植被缓冲带一方面对地表径流起到阻滞作用，调节入湖洪峰流量；另一方面有效地减少地表和地下径流中固体颗粒的养分含量	能够实现受纳水体（河流、湖泊等）面源污染，就地消纳，可有效控制农业面源污染等地表径流污染的形成

续表 6-9

技术名称	技术概况	技术适用性分析
前置库技术	前置库技术是联合国推荐的流域面源治理和湖泊、水库富营养化控制的成功技术。在主体水库、湖泊入水口建造小型水库，称为前置库。利用前置库的调蓄和人工增强净化功能，将因面源冲刷和表层土地中的污染物（营养物质）淋溶而产生的污染物径流截留在前置库中，经物理、生物作用强化净化后，排入所要保护的水体。其功能主要包括蓄污放清，净化水质：首先，通过减缓入库水流速度，使径流污水中的泥沙沉淀，同时，颗粒态的污染物（营养物质）也随之沉淀；其次，利用前置库内的生态系统，吸收去除水体和底泥中的污染物（营养物质）。一般的前置库通常由 3 部分构成，即沉降系统、导流系统和强化净化系统	适用于湖库富营养防控，能够有效实现湖库流域范围内的 N、P 污染负荷削减，改善湖库水质
生物操纵技术	生物操纵就是用调整生物群落结构的方法改善水质，主要原理是调整鱼群结构，保护大型牧食性浮游动物，从而控制藻类过量生长。通过捕捞鱼类等水生生物把氮磷等营养物质转移出湖（库）。鱼群结构调整的方法是在湖泊中投放、发展某些鱼种，而抑制或消除另外一些鱼种，使整个食物网适合于浮游动物或鱼类自身对藻类的牧食和消耗，从而改善湖泊环境质量。这种方法不是用直接减少营养盐负荷的办法改善水质，而是采用减少藻类生物量的途径达到削减营养盐负荷的效果，效益可持续多年。生物操纵比较适用于小而浅的、相对封闭的湖泊，由于在浅水湖泊中生物分布垂直差异小，因而生物操纵在一定时间内对某些浮游植物控制的效果较好。对应于传统的营养盐削减技术，生物操纵是管理湖泊内较高层次的消费者生物而控制藻类，实现水质管理目标。主要采用捕捞、毒杀鱼类以增加浮游动物以及直接投放肉食性鱼类来控制浮游动物食性鱼类，进而促进大型浮游动物发展，借以控制水华发生	适用于小而浅的、相对封闭的湖泊系统富营养化水体防治，由于在浅水湖泊中生物分布垂直差异小，因而对某些浮游植物控制在一定时间内对某些浮游植物控制的效果较好

续表 6-9

技术名称	技术概况	技术适用性分析
水生植物修复技术	水生高等植物在水生生态系统中对污染物的净化作用,近年来已受到国内外多研究者的广泛关注和重视。研究的热点主要集中在植物对营养盐等污染物的净化作用和对藻类的控制作用两方面。重建水体中挺水、沉水、浮叶和漂浮植物群落可以吸收、吸附和降解大量营养盐等污染物质,对改善湖泊水质,控制和降低富营养化状况,促进湖泊生态系统的恢复具有重要作用。其中应用微生物技术和重建水生植物群落是比较普遍利用的方法,尤其是在利用植物对水体污染物的去除进行水体的净化方面,被广泛用于对陆地和水体的恢复,国内外进行了大量的研究工作	技术核心在于通过水生植物的多元配置净化营养盐等污染物,抑制藻类过度繁殖等,技术适用性强,可广泛应用于陆地和水体污染恢复
生态浮床技术	在湖泊、水库的水面上,用栽培水、陆生植物种或充填生物载体的系统浮于水面以净化水质。通过植物的吸收、吸附作用和物种竞争相克机制,削减水体中氮、磷及有害物质,同时创造适宜百多种生物生息繁衍的环境条件,在有限区域建并恢复水生态系统。在削减流入负荷的过程中,要强制性地构造适宜浦湖内的处理场所,以期有效地进行水质净化。这种湖泊水质修复方法,在日本的霞浦湖已取得实际成效。在我国大湖的水环境修复中,也通过技术合作方式在梅梁湾、五里湖湖区进行了研究与示范,取得了初步成效	适用于湖泊、水库系统,配置方式灵活,不额外占用土地,能够在有限区域内重建并恢复水生态系统,可与其他生态治理技术联合使用。

6.2.1.3 人工湿地污水处理技术概况

人工湿地污水处理技术是一种人工将污水有控制地投配到种有水生植物的土地上,按不同方式控制有效停留时间并使其沿着一定的方向流动,通过过滤、吸附、离子交换、植物吸收和微生物分解等来实现水质净化的生物处理技术。

按照系统布水方式的不同或水流方式差异一般分为自由表面流人工湿地和潜流型人工湿地,潜流型人工湿地又包括水平潜流人工湿地、垂直潜流人工湿地(见表6-10)。

表 6-10 不同类型人工湿地典型特征

特征	表面流人工湿地	水平潜流人工湿地	垂直潜流人工湿地
水流形态	表面漫流	基质下水平流动	表面与基质之间纵向流动
水力负荷	较低	较高	较高
净化效果	一般	对有机物、悬浮物、磷等去除效果好	对氮去除效果较好
系统控制	简单,受季节影响大	相对复杂	相对复杂
环境状况	夏季有恶臭,滋生蚊蝇现象	良好	夏季有恶臭,滋生蚊蝇现象

人工湿地是利用基质、植物及微生物三者之间的物质与能量循环来进行污水处理的生态系统。各部分之间通过物理、物理化学和生物的协同作用达到污染物去除目的。

(1)基质又称填料、滤料,是湿地系统中植物和微生物的载体,主要通过基质截留、吸附、离子交换等作用使污水中的污染物质去除。根据其来源主要分为天然材料、人造产品、工业副产品。常见的天然材料有砾石、沸石、贝壳砂等,工业副产品常用的有炉渣、钢渣等,人造产品主要有新型人工生态填料等。湿地系统在选填料时,首先应根据系统的水流方式选择不同的填料类型,表面流人工湿地多选择土壤、砂子为基质,潜流人工湿地则多选择炉渣、砾石、沸石等渗透系统高的材料为湿地基质。湿地基质的选择很重要,要考虑污水的污染物特征、湿地类型以及经济型和尽量就地取材,同时要充分考虑基质粒径配比、基质层因素的设计,最终选择出对污水净化效果好的湿地基质。

(2)湿地植物是人工湿地的重要组成部分,对污染物的转化和降解具有重要的作用。在人工湿地系统中,植物通过直接吸收、利用污水中的可吸收营养物质,吸附和富集重金属及一些有毒有害物质;通过发达的根系输氧至根区,有利于微生物的好氧呼吸,同时其庞大的根系为细菌提供了多样的生活环境;根系生长能增强和维持基质的水力传导率;此外,植物还可以固定基质中的水分,抑制污染区的扩张,防止污染物扩散;同时具有一定的观赏价值,改善景观环境,部分植物通过收割回用,发挥适当的经济作用。

不同的湿地植物,其生长速度、对污染物的吸收转化能力、泌氧能力、耐寒能力等存在显著差异,也使基质中生长的微生物种群和数量有所不同,选择适用的湿地植物对提高和稳定人工湿地的除污功能具有重要作用。

(3)微生物是人工湿地实现除污功能的核心,共同协作构成了互利共生的有机系统,实现污水净化。人工湿地系统内生物相极为丰富,主要包括细菌、真菌、藻类、原生动物和后生动物。

细菌可分为好氧菌、厌氧菌、兼性厌氧菌、硝化菌、反硝化菌、硫化菌和磷细菌等种类，是湿地微生物中数量最多的菌落。每克基质中细菌数量达到 108 数量级，占微生物总数量的 70%~90%，干重达到基质有机质重量的 1%。细菌可把复杂的含氮有机物转化为可供植物和微生物利用的无机氮化物。植物对细菌生长具有一定影响，常见的芦苇人工湿地中优势菌属主要为假单胞杆菌属、产碱杆菌属及黄杆菌属，是有机物降解的主体菌属。

真菌具有强大的酶系统，是降解有机物的另一重要菌属，可催化纤维素、木质素和果胶的分解，并能分解蛋白质中的氮元素以氨的形式释放；放线菌在每克基质中的数量级为 10^4，可有效降解有机物，比真菌更强烈的分解氨基酸等蛋白质，并能形成抗生物质维持湿地生物群落的动态平衡；原生动物摄食部分微生物和碎屑，起到调节微生物群落的动态平衡和清洁水体的作用。

6.2.2 复合型人工湿地工艺设计

6.2.2.1 技术目标

惠河水经东、西进水闸流入本湿地净化区，经充分净化处理后，出水达到《地表水环境质量标准》(GB 3838—2002)Ⅲ类标准，以满足集中式生活饮用水地表水源地水质要求。设计进出水水质见表 6-11。

表 6-11 湿地净化区设计进出水水质

指标	高锰酸盐指数（mg/L）	TN（mg/L）	NH₃-N（mg/L）	TP（mg/L）
进水	12	3	3	5
出水	6	1	1	0.05
去除率(%)	50	66.7	66.7	95

6.2.2.2 总体工艺设计

依据河道地形特征，从取水泵站上游 0.5 km 处、下游 1.0 km 处分别设置西、东两个进水闸，引惠河水进入河滩湿地净化区内，采用"复合人工湿地+生态浮床"的组合技术方案对原水进行深度净化，具体工艺如下：

(1)湿地净化区为取水泵站上游 0.5 km 至下游 1.0 km 范围的惠河河滩，在惠河设置东、西进水闸控制水位，保障水量。

(2)多级人工湿地串联运行，自东进水闸引入的惠河原水经东侧配水渠先后流经一级表流湿地、二级表流湿地、三级表流湿地、潜流湿地进入取水泵站，自西进水闸引入的原水经西侧配水渠先后流经一级表流湿地、二级表流湿地、潜流湿地进入取水泵站，后汇流进入水厂。

(3)深水位区设置生态浮床，底部设置砂石填料，进一步提升水质净化效果。

湿地净化区工艺流程见图 6-2，湿地净化区平面布置图见图 6-3。

6.2.2.3 复合人工湿地工艺设计

复合人工湿地分为东、西两个净化区，原水由东、西进水闸进入，经多孔配水渠配水，依次流经多级表流湿地，汇集至中间的潜流湿地进行深度处理，出水经泵站提升输送至水厂。复合人工湿地工艺流程示意图见图 6-4。

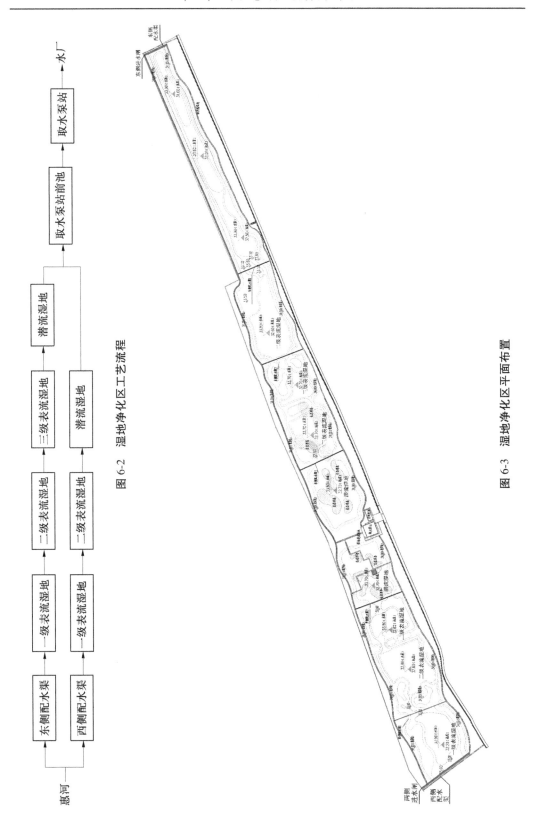

图 6-2　湿地净化区工艺流程

图 6-3　湿地净化区平面布置

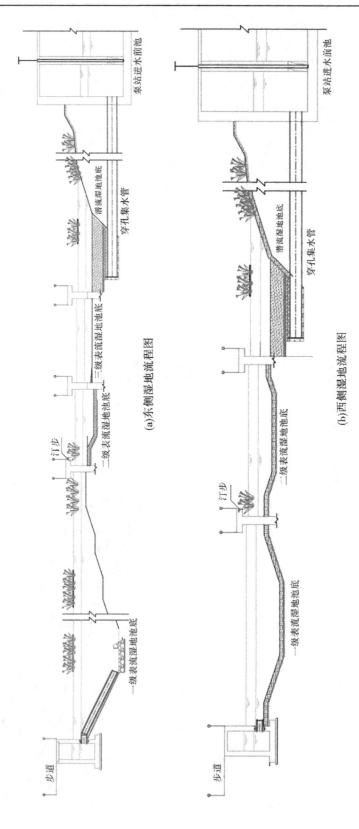

(a)东侧湿地流程图

(b)西侧湿地流程图

图 6-4 复合人工湿地工艺流程示意图

研究资料表明,湿地场地布置、水力学特性控制(水力负荷、停留时间等)、植物群落配置、湿地水位设计、单元尺寸设计、单元分隔方式以及集配水系统等,是人工湿地系统设计的技术关键。本书分别从水力学设计、植物设计、基质设计等方面阐述了人工湿地构建的关键技术。

1. 湿地水力学设计

水位控制通过系统深度来实现,是湿地运行、维护和调节的重要手段。系统深度在理论上是越深越好,但实践中需考虑植物根系的深度。如果过浅,根系无法正常生长,难以形成有利的降解微环境;如果过深,根系无法输氧至底部,影响水质净化效果。

为了保证湿地的处理效率,需要对湿地的进水位进行控制,为有效地控制湿地水位,一般在填料层底部设穿孔集水管,并设置旋转弯头和控制阀门。通常,表流和潜流人工湿地对水位的控制有几点要求:①在系统接纳最大设计流量时,湿地进水端不出现壅水,以防发生表面流;②在系统接纳最小设计流量时,出水端不出现床面的淹没,以防出现表面流;③为了利于植物的生长,床中水面浸没植物根系的深度应尽量均匀,并尽量使水面坡度与底坡基本一致。

潜流湿地一般要求表面平整,避免存在坡度,即使有坡度也是非常小的坡度,因为坡度会促动水在表面的流动,破坏潜流条件。床体底面一般也没有坡度要求,通过调整出水口高度,可形成所需的潜流水力梯度(见图 6-5)。

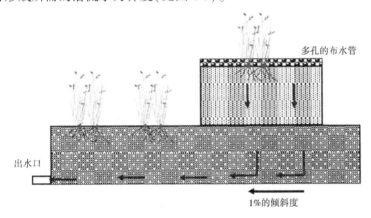

图 6-5　潜流人工湿地的水力学设计

依据河滩地形特征,采用配(集)水堰、配(集)水管等设施调控各级人工湿地单元的水位、水深,实现均匀布水的同时保证水力负荷均匀,稳定水质净化效果。各级人工湿地单元水位关键参数配置如表 6-12 所示。

2. 湿地植物设计

在湿地系统设计中应尽可能增加生物多样性,以提高湿地系统的处理性能和生态系统的稳定性,延长使用寿命。湿地植物应选择耐污能力强、净化效果好、根系发达、经济和观赏价值高的水生植物。在保证净化效果的前提下,湿地植物尽可能从景观和经济性出发,选择一些观赏性植物和经济价值较高的植物。此外,还要根据当地的地理位置和气候条件,因地制宜,选择抗寒植物。

表 6-12　各级湿地单元水位控制参数　　　　　　（单位:m）

湿地单元		常水位	最低水位	池底水位
东侧净化区	一级表流湿地	33.90	33.40	31.00
	二级表流湿地	33.80	33.30	32.60
	三级表流湿地	33.70	33.20	32.70
	潜流湿地	33.60	33.10	32.70
西侧净化区	一级表流湿地	33.90	33.40	32.20
	二级表流湿地	33.80	33.30	32.60
	潜流湿地	33.70	33.20	32.70

1)物种选择原则

(1)具有良好的生态适应能力和生态营造功能。

管理简单、方便是人工湿地水质净化工程的主要特点之一。若能筛选出净化能力和抗逆性强而生长量小的植物,将会减少管理上尤其是对植物体后处理的工作量和费用。一般应选用当地或本地区天然湿地中存在的植物。

(2)具有较强的耐污能力和很强的生命力。

水生植物对污水中的 COD、NH_3-N 的去除主要是靠附着生长在根区表面及附近的微生物,因此应选择根系比较发达、对污水承受能力强的水生植物。由于人工湿地中的植物长期生长的水中含有浓度较高且变化较大的污染物,因此所选用的水生植物要具有较强的耐污能力,还要对当地的气候条件、土壤条件和周围的动植物环境都要有很好的适应能力,即使在恶劣条件下也能基本正常生长。

(3)具有生态安全性。

所选择的植物不应对当地的生态环境构成隐患或威胁。

(4)具有一定的经济价值、文化价值、景观效益和综合利用价值。

在湿地植物配置中,除考虑植物的净化功能外,还要考虑经济、文化、景观等价值。例如,可选择泽泻、灯心草等经济价值较高的植物,黄花鸢尾、紫鸢尾、萍蓬草等景观效果较好的植物,莲花等体现当地文化的植物,以及芦苇、香蒲、茭草等可以通过饲料、肥料、产生沼气、工业或手工业原料等途径综合利用的植物。

2)不同湿地单元的植物选择

不同种类的植物具有各自的生理生长特性和生境。漂浮植物(如水葫芦、水芹菜、浮萍等),以及根茎、球茎及种子植物(如睡莲、荷花、泽泻等),只能种植于表流湿地;挺水植物(如芦苇、茭草、香蒲、水葱等),既可以种植于潜流湿地,也可种植于表流湿地。挺水植物中,深根丛生型植物(根系的分布深度一般在 30 cm 以上,如茭草等)和深根散生型植物(根系一般分布于 20~30 cm,如香蒲、菖蒲、水葱等)更宜种植于潜流湿地;而浅根散生型植物(根系分布一般在 5~20 cm,如黄菖蒲、芦苇、荸荠、慈姑等)和浅根丛生型植物(根系分布浅,如灯心草、芋头等)更适宜种植于表流湿地中。

根据植物的原生环境分析,黄菖蒲、芦苇、灯心草、旱伞竹、皇竹草、芦竹、薏米等配置于表面流湿地系统中,生长会更旺盛,但净化处理的效果不及应用于潜流湿地中;水葱、野茭、山姜、蘸草、香蒲、菖蒲等,由于其生长已经适应了无土环境,因此更适宜配置于潜流人工湿地;而荷花、睡莲、慈姑、芋头等则只能配置于表流湿地中。

根据惠河的现场考察和调研结果,并基于物种选择原则和植物生长特性,在湿地中选择芦苇、千屈菜、菖蒲等水生植物。

3)湿地植物的平面布置原则

植物的群落配置是通过人为设计,将选择的水生植物根据环境条件和群落特性按一定的比例在空间分布、时间分布方面进行安排,高效运行,形成稳定可持续利用的生态系统。湿地植物的平面布置遵循以下原则:

(1)主要的功能性植物(芦苇、香蒲、黄菖蒲)大片分布,在湿地周边分布景观性植物(如千屈菜)。

(2)考虑到不同种类植物根系分布对水流的阻力影响差异较大,因此湿地植物呈矩形布置。

3. 湿地基质设计

基质是人工湿地的主要组成部分。湿地基质通过吸附、沉淀、过滤等物理化学作用去除水体污染物,并可为微生物附着和植物生长提供适宜条件来达到生物脱氮、除磷的目的,是人工湿地净化效率的关键性因素。另外,在湿地工程的建设中,基质的用料最大,湿地基质的选择将直接影响湿地工程的建设成本。

1)基质材料筛选原则

(1)适宜性原则。

适宜性原则是指所选基质应能满足工程水质净化的需要,同时适应本推广工程的基础条件,本项目设计出水水质主要指标达到地表水Ⅲ类标准,惠河水作为水源主要超标指标包括有机物、氨氮、总磷、总氮等,因此所选基质应具有较强的脱氮除磷效果,表面应粗糙或多孔,利于生物挂膜,利于有机物的去除。本工程位于鱼台县饮用水源区,且工程需常年运行,所选基质材料应环保,在长期浸水下不释放有毒有害物资,同时材质应该坚硬,在长期浸水下不破裂、不溶化、不变质,渗水能力强,且不易发生堵塞。另外,为保证湿地净化效果,所选基质应能够满足湿地水生植物根系生长、附着,对水生植物生长无不利影响。

(2)易得性原则。

本工程人工湿地建设规模约 9 万 t/d,所需基质需求较大,故不应该选择国家限制生产或无法大规模生产的填料。根据本工程所处的地理位置和工程规模,应考虑选择工程所在地资源相对丰富或易于购买、运输的填料。

(3)经济性原则。

人工湿地核心功能为水质净化效果,其成本对于公益的推广应用非常关键,经济上性价比越优,其应用价值越大,而人工湿地建设投资中基质价格是决定性因素,因此选择性价比最高的基质品种,是保证工程效益的关键。

2)基质的选取

在充分考虑水处理净化要求的基础上,既满足工程需要,又实现经济效益最大化的湿地基质才是最优选择。根据以上三个原则对各类湿地基质进行筛选,确定粗砂、石灰石碎石作为本工程的主要基质材料。

3)潜流湿地基质的组配方案

潜流湿地单元内水流方向为自湿地表面垂直渗流至底部,随着湿地水流方向,环境逐渐由好氧状态转变为厌氧状态。为实现潜流湿地的均匀布(集)水、保证进出水稳定,应增加底部填料粒径,形成水流相对自由扩散区;而为保证单元孔隙率和增加比表面积,使填料发挥物理吸附和吸附净化功能,利于生物挂膜,应减小其上填料颗粒粒径;其上填料逐层布置,为防止填料上下融合堵塞,分层填料粒径上下层不能差距太大,渐次变小;表层填料为布水和水生植物种植层,应在防止填料上下融合的前提下,根据植物生长和种植需要铺设一层利于种植的适宜颗粒填料。

根据潜流湿地单元特点,提出其填料组配方案,如图 6-6 所示,第 1 层为布水层和水生植物生长层,第 2~4 层为主反应层,第 5 层为集水层。为满足布水要求,第 1 层和第 4 层不小于布水和集水管管径。湿地填料粒径由上到下依次增大,根据填料分层,粒径分别设定为 1~2 mm、2~4 mm、4~8 mm、8~16 mm 和 16~32 mm。为平衡净化效果与经济效益,潜流湿地单元将强化好氧处理过程以提高水质净化效果,单元第 1 层填料材料采用粗砂,第 2~5 层填料材料采用不同粒径分级的碎石。

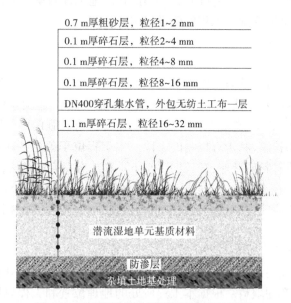

图 6-6　潜流湿地单元基质组配方案示意图

4.湿地关键技术参数

综合上述研究,确定本项目复合型人工湿地构建关键技术参数,见表 6-13。

表 6-13　复合型人工湿地构建关键技术参数

项目	技术参数
工程范围	取水泵站上游 0.5 km 至下游 1.9 km 处的惠河河滩,占地 224 亩
处理规模	9 万 t/d
水位设计	根据河道(河滩)自然形态特征,建立了无动力的分级水位控制技术,用以保证各湿地单元均匀布(集)水,提高 N、P 净化效果。 　　其中,西侧净化区关键水位参数为: 　　一级表流湿地常水位 33.90 m,最低水位 33.40 m,池底水位 32.20 m 　　二级表流湿地常水位 33.80 m,最低水位 33.30 m,池底水位 32.60 m 　　潜流湿地常水位 33.70 m,最低水位 32.70 m,池底水位 32.70 m 　　东侧净化区关键水位参数为: 　　一级表流湿地常水位 33.90 m,最低水位 33.40 m,池底水位 31~32 m 　　二级表流湿地常水位 33.80 m,最低水位 33.30 m,池底水位 32.60 m 　　三级表流湿地常水位 33.80 m,最低水位 33.20 m,池底水位 32.70 m 　　潜流湿地常水位 33.60 m,最低水位 33.10 m,池底水位 32.70 m
进水水质设计	高锰酸盐指数:12 mg/L TN:3 mg/L NH_3-N:3 mg/L TP:5 mg/L
出水水质设计	高锰酸盐指数:6 mg/L TN:1 mg/L NH_3-N:1 mg/L TP:0.05 m
植物设计	选择芦苇、千屈菜、菖蒲等净化效果好的水生植物
基质设计	潜流湿地基质: 粗砂,0.7 m 厚,粒径 1~2 mm 碎石,0.1 m 厚,粒径 2~4 mm 碎石,0.1 m 厚,粒径 4~8 mm 碎石,0.1 m 厚,粒径 8~16 mm 碎石,0.1 m 厚,粒径 16~32 mm 表流湿地基质: 0.5 m 厚粉质黏土(渗透系数为 10.5~10.6 cm/s)夯实防渗后上覆盖种植土

人工湿地技术效果图见图 6-7。

图 6-7　人工湿地技术效果图

6.2.2.4　生态浮床工艺设计

1. 生态浮床技术关键影响因素

1）浮床植物选择

诸多大型挺水植物均可应用到生态浮床技术中,芦苇、纸莎草、水甜茅、宽叶香蒲等植物具有致密的根系能够形成自浮型浮根,非常适合应用在水培处理中。浮床植物一般都较高大,根系或根状茎里存在大量通气组织,能产生浮力。常用的浮床植物都包括纤维根系,根系的孔隙率为 10%～33%,具备细小纤维根系(≤3 mm)的植物有更高的总氮去除率,根系总生物量与氨氮去除存在相关性。根系的生长受植物种类、年龄、营养物质浓度、水体氧化还原点位等诸多因素的影响。

在选择生态浮床植物种时,一般应遵循以下标准:①优先选用当地、非入侵物种;②多年生植物生长速度快、根系发达;③适合在水培环境下生长,对污染水体有一定耐受和适应能力;④具有通气组织。

2）水深

水深是生态浮床处理效果的重要因素之一。选择并保持适当水深能够防止植物根系生长在底部基质上,保证浮床对水面变化的适应性。植物的根系长度也随水体特性而变化,建议生态浮床水体的最低水深为 0.8～1.0 m。此外,还要考虑某些植物对水位变化的敏感性。比如,当水位变化超过 45 cm 时,长苞香蒲的生物量会降低 52%,而芦苇在中等的水位变化(30 cm 左右)时,生长情况最好。

3）浮床载体选择

在自然浮动浮床中,浮力主要是通过两种方式产生:一种是浮动垫中夹带截留了厌氧反应产生的甲烷和氮气;另一种是植物的根系或根状茎中的空气间隙也能产生浮力。目前,市场商业化的专利浮垫产品,常见形式有:①在浮筏或框架上织成一张网,网格用来支撑土或其他基质;②人工整合浮垫,植物可直接在其上生长。最常用的构建浮床框架和浮动筏的材料是密封塑管(PVC、PE 或 PP 制作)、聚苯乙烯泡沫板以及填料(如组织、椰壳、木头等)。浮体或基质材料须是疏水性的,因为此类物质会增加细菌的快速黏附和对营养物质的吸收速率。

4）基质选择

浮床植物的根部由于不生长在基质中,生长所需营养物质会从水体中直接吸收,能提高对营养物质的吸收能力。此外,粗泥炭、叶子前卫、浮石、珍珠岩、土壤、竹炭等也被用作浮床植物的生长基质。

5)植物覆盖率

浮床植物覆盖在水体表面能够减少照射到水体中的光照,可抑制水体中光合藻类的生长。富营养化水体中设置生态浮床能有效降低藻类暴发的概率。植物覆盖率和遮荫比对水体溶解氧浓度影响较大,植物覆盖降低了气体扩散作用。浮床对光照的屏蔽作用能改变浮床下部根系中微生物的群落组成,非光合作用细菌会超过藻类成为浮床中最主要的细菌群落,不同构成的异养微生物细菌群落会通过根系影响浮床系统中碳氧的空间变化,最终影响各种污染物的去除。总之,生态浮床的植物覆盖能通过改变诸多环境因素(光照、氧化环氧点位、碳等)进而影响污染物的处理效果。

2.生态浮床关键技术参数

为进一步提高水质净化效果,本项目在湿地净化区水面错落配置若干生态浮床,确定浮体载体材料为聚乙烯板、基质材料为粗砂与碎石混合体,栽种美人蕉、黄菖蒲、千屈菜等水生植物。

生态浮床技术效果图见图6-8。

图6-8 生态浮床技术效果图

6.2.3 水质净化效果评估

6.2.3.1 水质评价依据

水质根据《地表水环境质量标准》(GB 3838—2002)相关指标限制进行评价(见表6-14)。

表6-14 地表水环境质量标准(部分指标)

项目		Ⅰ类	Ⅱ类	Ⅲ类	Ⅳ类	Ⅴ类
高锰酸盐指数	≤	2	4	6	10	15
化学需氧量(COD)	≤	15	15	20	30	40
五日生化需氧量(BOD_5)	≤	3	3	4	6	10
氨氮(NH_3-N)	≤	0.15	0.5	1.0	1.5	2.0
总磷(湖、库,以 P 计)	≤	0.01	0.025	0.05	0.1	0.2
总氮(湖、库,以 N 计)	≤	0.2	0.5	1.0	1.5	2.0

6.2.3.2　水质监测设计

湿地净化区投入使用后,2019年6月开始对水质进行连续监测,以评估水质净化效果是否满足自来水厂用水标准。监测频率为2个月,监测项目包括pH、DO、TN、TP、NH_3-N、COD_{Mn}六项常规指标。监测点位布置见表6-15。

表6-15　监测点位布置

监测点	1#湿地沉淀池出水口、2#湿地西侧沉淀池出水口、3#湿地西侧进水口、4#湿地东侧沉淀池出水口、5#湿地东侧进水口
监测时间	2019年6月(夏)、2019年8月(夏)、2019年11月(秋)、2019年12月(冬)、2020年3月(春)
监测项目	pH、溶解氧(DO)、总氮(TN)、总磷(TP)、氨氮(NH_3-N)、高锰酸盐指数(COD_{Mn})

6.2.3.3　水质监测数据处理与分析

TN、TP、NH_3-N、COD_{Mn}的去除率R计算公式如下:

$$R = \frac{C_1}{C_0} \times 100\% \tag{6-5}$$

式中:C_1为进水口TN、TP、NH_3-N、COD_{Mn}的浓度,mg/L;C_0为出水口TN、TP、NH_3-N、COD_{Mn}的浓度,mg/L。

使用Excel进行数据整理与计算,使用Origin 9.0进行统计分析和制图。

6.2.3.4　水质净化效果评估

1. 东侧净化区

图6-9为复合型人工湿地东侧净化区pH、溶解氧、总氮、总磷、氨氮、高锰酸盐指数6项水质指标的检测结果。

由图6-9(a)可知,人工湿地东侧进水pH在水质标准范围内(6~9),经湿地净化后pH有所降低,表流湿地及潜流湿地对pH均具有一定的控制作用。由图6-9(b)可知,2019年6月、8月湿地东侧进水的溶解氧含量不满足水质标准(>7.5 mg/L),经湿地净化后,出水中溶解氧含量较稳定,均>7.5 mg/L。由图6-9(c)可知,高锰酸盐指数在5次监测中出现4次超标,最高超标倍数为0.58倍,经湿地净化后可达到Ⅲ类水质标准(<6 mg/L)。由图6-9(d)可知,在5次监测中湿地东侧进水氨氮含量均满足Ⅲ类水质标准(<1 mg/L),并保持在0.6 mg/L以下,经湿地净化后出水中氨氮含量继续降低,可达到Ⅱ类水质标准(<0.5 mg/L)。图6-9(e)为人工湿地东侧净化区总磷指标检测结果,东侧进水总磷含量在2019年6月、8月、10月出现超标,8月为劣Ⅴ类水,污水流经表流湿地后总磷仍高于Ⅲ类水体,经潜流湿地深度处理后可达到Ⅲ类水质标准(<0.2 mg/L)。

2. 西侧净化区

图6-10为复合型湿地西侧净化区pH、溶解氧、高锰酸盐指数、氨氮、总磷及总氮6项水质指标的检测结果。

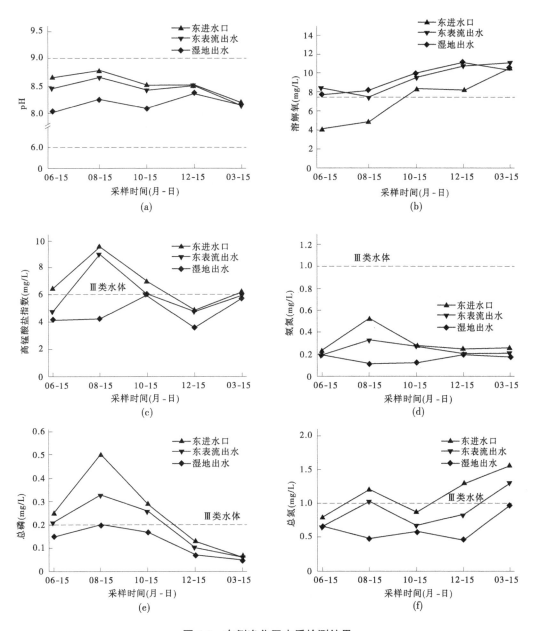

图 6-9 东侧净化区水质检测结果

人工湿地西侧进水 pH 及溶解氧含量均在水质标准范围以内,氨氮含量较稳定,可达到Ⅲ类水质标准。人工湿地西侧进水主要污染指标包括高锰酸盐指数、总磷及总氮。其中,高锰酸盐指数在 5 次监测中均高于Ⅲ类水质标准,总磷含量变化较大,出现 4 次超标,最大超标倍数达 1.7 倍,总氮含量在Ⅲ类水质标准上下浮动,出现 3 次超标。污水流经表流湿地后水质被净化,但高锰酸盐指数、总磷及总氮仍存在超标情况,经潜流湿地进一步净化后出水可达到Ⅲ类水质标准。

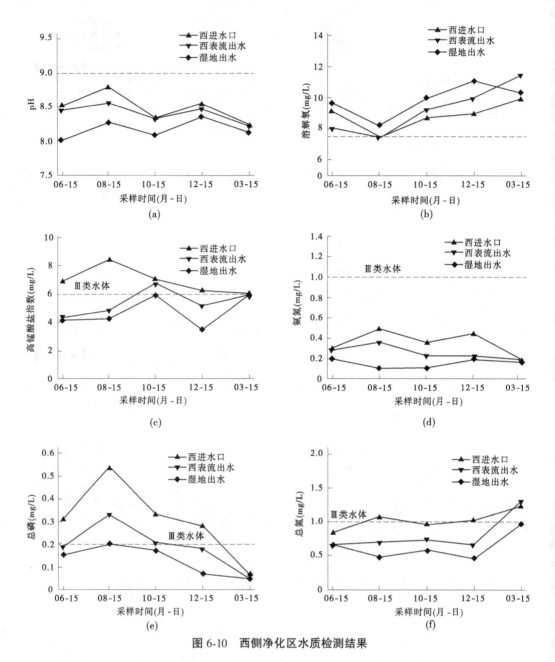

图 6-10　西侧净化区水质检测结果

　　该复合型人工湿地东、西两侧进水的主要污染指标均为高锰酸盐指数、总磷及总氮，图 6-11 为对主要污染物降解效果进一步分析的结果。由于污染物降解受到水力负荷及温度等因素的多重影响，不同污染物的降解效率均存在一定的波动。如图 6-11（a）所示，高锰酸盐指数降解率与进水中污染（物）浓度之间存在一定的正相关性，最高降解率为55.47%，2020 年 3 月降解率较低，这是因为水体温度低，影响了有机和无机可氧化物质的

氧化作用。2019 年 6~12 月总磷去除效果较稳定,降解率在 40% 以上,最高为 75%;2020
年 3 月进水污染物浓度较低,使得总磷降解效率降低。2019 年 6~12 月总氮降解率与进
水中的含量呈现正相关,最高降解率为 65.12%;2020 年 3 月进水中总氮含量增加,但随
着人工湿地的运行,其基质中总氮含量日渐增多,使得降解率降低。

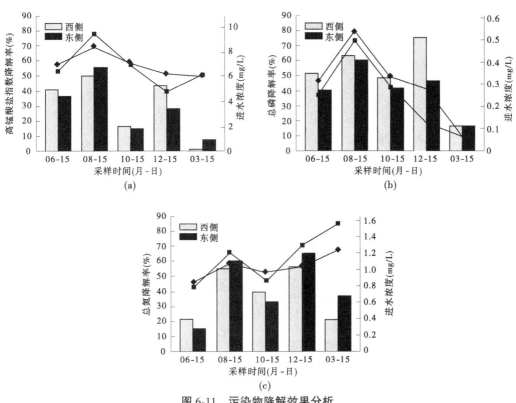

图 6-11　污染物降解效果分析

第 7 章　水管理技术框架研究

7.1　水利行业智慧管理的含义

7.1.1　智慧水利

7.1.1.1　智慧水利的含义

　　智慧水利是在水利信息化的基础上高度整合水利信息资源并加以开发利用,通过物联网技术、移动通信、云计算等新兴技术与水利信息系统的结合,实现水利信息共享和智能管理,有效提升水利工程运用和管理的效率和效能。智慧水利涵盖了水文、水质、水资源、供水、排水、防汛防涝等各个方面,它通过各种信息传感设备,测量雨量、水位、水量、水质等水利要素,通过无线终端设备和互联网进行信息传递,以实现信息智能化识别、定位、跟踪、监控、计算、管理、模拟、预测和管理。它主要由水利综合感知、水利信息传输、水利大数据、水利智能应用、水利网信安全和保障运维等体系构成。

7.1.1.2　智慧水利的相关政策文件

　　1. 国家相关政策文件

　　水利部党组历来高度重视水利信息化建设,提出了以水利信息化带动水利现代化的总体要求。多年来,水利信息化建设取得了很大成就,为智慧水利建设奠定了坚实基础。2017 年 2 月,陈雷部长在水利部科技委年会上提出要推动传统水利向现代水利、智慧水利转变,智慧水利建设已成为水利现代化的重要标志之一。2018 年,国家水利部发布《加快推进新时代水利现代化的指导意见》,将全面建设智慧水利作为推进新时代水利现代化八大举措之一。自 2018 年 6 月起,水利部先后印发《水利业务需求分析报告》《加快推进智慧水利指导意见》《智慧水利总体方案》《水利网信水平提升三年行动方案(2019~2021 年)》。

　　《水利业务需求分析报告》围绕洪水、干旱、水利工程安全运行、水利工程建设、水资源开发利用、城乡供水、节水、江河湖泊、水土流失、水利监督等业务,全面梳理了职能、用户、功能、性能和安全等需求,统筹提出了采集感知、网络通信、数据资源、应用支撑、业务应用、性能和安全等七个方面的建设需求,是当前和今后一段时期水利网信建设的出发点和落脚点。

　　《智慧水利总体方案》在需求分析的基础上,深度融合遥感、云计算、物联网、大数据、人工智能等新技术,设计了智慧水利总体架构,确定了天空地一体化水利感知网、高速互联的水利信息网、智慧水利大脑、创新协同的智能应用、网络安全体系、保障体系等六项重要任务,明确了应用、数据、网络与安全、感知等 4 类 10 项重点工程,是智慧水利推进的顶层设计。

《加快推进智慧水利指导意见》在《智慧水利总体方案》框架下,重点细化实化了推进智慧水利的保障措施,包括强化组织领导、健全制度体系、加大资金投入、完善标准体系、促进技术创新、加强队伍建设、开展先行先试等七个方面,是面向统筹推进智慧水利的指导性文件。

《水利网信水平提升三年行动方案(2019～2021年》针对差距大、风险高的重点薄弱环节,提出了实施网络安全防护提升行动、水利网络畅通行动、水利大数据治理服务行动、水文监测能力提升行动、水旱灾害防御联合调度行动、水利工程管理水平提升行动、节约用水与水资源监控能力提升行动、河湖和水土保持遥感监测行动、水利监督执法能力提升行动、互联网+政务服务能力提升行动等10项行动25项具体任务。提出到2021年,按照建成安全、实用网信系统的总要求,针对差距大、风险高的薄弱环节,加快补齐信息化突出短板,快速提升强监管支撑能力,基本建成水利系统网络安全防护体系,初步构建天空地一体化监测感知网,实现网络全面互联、数据融合共享、对数据进行深度分析、挖掘以及关键业务智能应用,力争三年取得明显成效。

水利部印发《水利部关于开展智慧水利先行先试工作的通知》(水信息〔2020〕46号)。2020年3月,水利部启动智慧水利先行先试工作,计划用2年时间在福建、广东等5个省级水利部门和深圳、宁波、苏州3个市级水利部门推进智慧水利示范引领工作,将信息技术与水利业务深度融合,驱动水利治理体系和治理能力现代化。先行先试工作计划开展实施36项先行先试任务,业务领域重点涉及水灾害、水资源、水工程、水监督、水政务等。先行先试建设充分依托在建或拟建项目开展,遵循智慧水利总体框架和技术路线,推进前沿技术在水利行业创新应用,强化物联网、视频、遥感、大数据、人工智能、5G、区块链等新技术与水利业务深度融合。

2. 省级相关政策文件

2019年2月,山东省政府印发实施了《数字山东发展规划(2018～2022年)》。根据《数字山东发展规划(2018～2022年)》,到2022年,山东数字经济占GDP比例由35%提高到45%以上,年均提高2个点以上,形成数字经济实力领先、数字化治理和服务模式创新的数字山东发展格局。根据《数字山东发展规划(2018～2022年)》,主要做好五个方面的重点任务。一是夯实基础支撑。以数字基础设施为发展基石,以数据资源为核心要素,以网络安全为运行保障,按照国家统一要求,加快5G部署应用,全省网络终端全面支持IPv6,集约部署全省大数据中心,打造国际信息通信桥头堡,构建数据资源采集、共享、开放和交易的数据生态体系。二是培育数字经济。加快数字产业化和产业数字化,围绕核心引领、前沿新兴、关键基础、高端优势四大领域,聚焦突破大数据、云计算、人工智能、区块链等重点领域。坚持"从数字中来,到实体中去",注重原有生产模式、运行模式、决策模式的数字化转变,使山东经济迈向体系重构、动力变革和范式迁移的新阶段,打造全国智能制造标杆和服务业、农业数字化先行区。三是创新数字治理。建设高效协同数字政府,按照"一片云、两张网"的总体要求,构筑一体化政务平台,高水平建设省数据大厅,打造"爱山东""山东通"政务品牌,深化"互联网"政务服务,实现审批流程更简、政务服务更优、监管能力更强。创新数字社会治理模式,深化在应急指挥、平安山东、防灾减灾、环境资源、交通治理等领域的智慧化应用。四是发展数字服务。坚持以人民为中心的发展思想,围绕公众关心的社保、教育、文化、健康养老、扶贫、救助等领域,创新发展数字化服务,努力构筑信息惠民服务体系,提升公共服务均等化、普惠化水平,让老百姓的生活更便捷、更智能。五是实施重点突破。围绕服务重大战略、补齐发展短板、打造发展特色,把工业互联网提升、新型智慧城市建设、数字园区培育、"互联网"医疗健康、数字乡村建设等行动摆在优先位置,加快聚焦突破。比如,在工业互联网突破行动中,完善网络、安全、平台三大功能体系,力争在工业互联网领域形成领先优势。

7.1.1.3　智慧水利的发展

　　为推动数字水利向智慧水利转变,近年水利部积极参与促进智慧城市健康发展的相关工作,作为新型智慧城市部际联络工作组成员单位,积极推进水利行业智慧水利建设,在浙江台州开展的智慧水务试点工作已初具成效。

　　2019年10月,为积极践行水利改革发展总基调,贯彻落实"大力推进智慧水利"要求,聚焦水利工作重点、难点、热点问题,总结智慧水利经验成果,推进成果转化和应用推广,水利部网信办和科技推广中心在全国范围组织开展了智慧水利优秀应用案例和典型解决方案征集推介活动。2020年3月,水利部正式发布智慧水利优秀应用案例和典型解决方案推荐目录(2020年),推荐目录涵盖水灾害、水资源、水工程、水监督、水行政等5类共51项,这些应用案例和解决方案都是近年来全国水利行业积极践行水利改革发展总基调、不断探索智慧水利取得的代表性成果,对于引领和带动智慧水利发展具有重要意义。

　　全国一些流域、地方也陆续开展了一些局部性、试点性的智慧水利建设。太湖局利用水文、气象和卫星遥感等信息和模型对湖区水域岸线和蓝藻进行监测,提升了引江济太工程调度等工作的预判性。上海市构建了覆盖全市的雨情自动测报、积水自动监测采集网,与气象、市政、公安、交通、环保等部门形成防汛防台应急指挥联动调度。江苏省作为水利部数据整合共享试点省份,完成了厅机关和厅直属单位的基础设施和数据整合。江西省水利厅出台《江西省智慧水利建设行动计划》,依托智慧抚河信息化工程等项目建设积极开展智慧水利建设。宁波的智慧水利系统将物联网、视频、遥感、大数据、人工智能、5G、区块链等新技术与水利业务深度融合,为水资源开发、生活生产用水统筹、排水行业监督、水利水务设施管理等方面提供了信息支持。

7.1.2　智慧流域

7.1.2.1　智慧流域的提出

　　2009年1月,美国工商业领袖举行的一次"圆桌会议"上IBM首席执行官彭明盛提出了"智慧地球"的概念,建议政府投资新一代的智慧型基础设施。这一理念主要是把新一代IT技术充分运用到各行各业中,即把传感器设备应用到人们生活中的各种物体中,并且连起来,形成"物联网",并通过超级计算机和云计算将"物联网"整合起来,实现网上数字地球与人类社会和物理系统的整合。对作为智慧地球重要的组成部分的具有特殊地理特征的流域层次制订智慧化方案催生了"智慧流域",为应对全球气候变化和人类活动加剧情景下的流域问题,实行最严格的水资源管理制度,推动流域的信息化、现代化、可持续发展提供了全新的流域综合管理战略理念。

　　与智慧流域密切相关的是目前的数字流域。数字流域是伴随着地理信息系统和虚拟现实技术产生的概念,强调各种数据与地理坐标联系起来,以图形或图像的方式来展示。智慧流域的提出意味着从一种与数字流域不同的视角,以物体基础设施和 IT 基础设施的连接为特色,数字代表信息和信息服务,智慧代表智能与自动化,数字流域以信息资源的应用为中心;智慧流域以自动化智能应用为中心,虽然两者有关系,但是其内涵是不尽相同的。智慧流域更强调人类与物理流域相互作用,实现流域物理世界中人与水、水与水、人与人之间的便利交流,与数字流域经巧妙结合后,作为新一代流域变革理念的特色和生命力。

7.1.2.2　智慧流域的含义

智慧流域是指把新一代 IT 技术充分运用于流域综合管理,把传感器嵌入和装备到流域各个角落的自然系统如降雨、蒸发、径流、地下水、植被等观测地和人工系统如水源地、输水、供水、用水、排水和各类水利工程等各种物体中,并通过普遍连接形成"流域物联网";而后通过超级计算机和云计算将"流域物联网"整合起来,以多元耦合的气象水文信息保障平台、二元水循环及伴生过程数值模拟平台、水资源数值调控平台、流域数据同化系统平台、流域虚拟现实系统平台等为支撑,并将其与数字流域耦合起来,完善数字流域与物理流域的无缝集成,使人类能以更加精细和动态的方式对流域进行规划、设计和管理,从而达到流域的"智慧"状态。其核心是利用一种更智慧的方法,通过新一代信息技术来改变政府、企业和人们相互交互的方式,以便提高交互的明确性、效率、灵活性和相应速度。

7.2　智慧水利总体框架

根据《水利部关于印发加快推进智慧水利的指导意见和智慧水利总体方案的通知》(水信息〔2019〕220 号),智慧水利的总体框架是面向各层级水利业务智能化,以水利感知网和水利信息网为基础、以"一云一池两平台"构成的水利大脑为核心、以智能应用为重点、以网络安全体系和综合保障体系为保障,总体框架示意图如图 7-1 所示。

智慧水利的特征中:透彻感知依托水利感知网实现,水利感知网是智慧水利的"感知系统",实现了水利大脑对涉水对象及其环境信息的监测、感知,是水利大脑获得信息输入的渠道。全面互联依托水利信息网实现,水利信息网是智慧水利的"神经系统",建立起大脑与"感知系统末梢"的连接。深度挖掘依托水利云实现,水利云是水利大脑的"物质基础",负责对海量感知数据进行大规模存储和计算,是水利大脑进行记忆和思考的载体。智能应用依托各类智慧化业务应用实现,这些应用是水利大脑的"功能表现",水利大脑具备的智慧能力将通过这些业务应用来得到发挥,支撑水资源保护、水灾害防御、水工程运行、水生态修复、水利综合监督、水行政管理、水公共服务及综合决策、综合运维的智慧化应用。

7.2.1　水利感知网

水利感知网构建了智慧水利的智能感知体系,负责获取涉水对象及其环境数据。水利感知网利用各种感知设备、技术手段和方法,动态监测和实时采集江河湖泊水系、水利工程设施、水利管理活动三大类水利感知对象的业务特征和事件信息,形成物联传感数

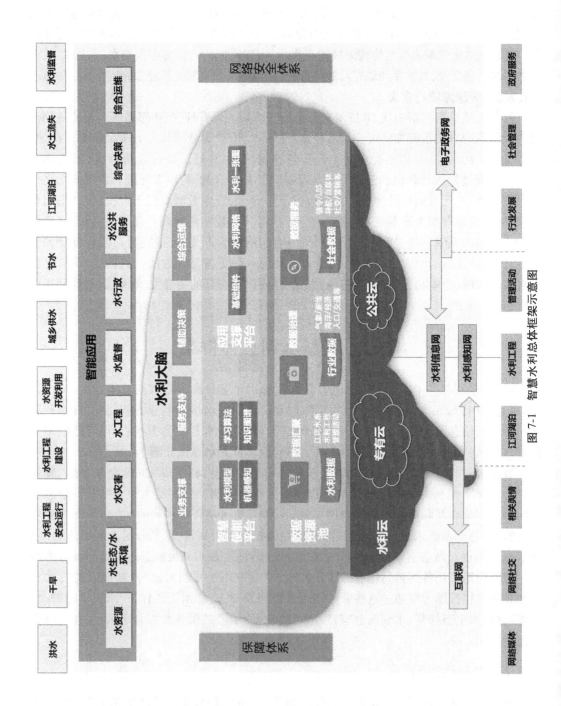

图 7-1 智慧水利总体框架示意图

据,导航定位、卫星和无人机遥感等监测观测数据,以及视频解析数据和分析信息。这些数据和信息经过基础加工处理后,再分级分类通过水利信息网、各级汇集平台、视频集控平台和卫星遥感接收处理分发中心等进入水利云平台,为水利大脑提供内容全面、质量可靠的感知大数据。

7.2.2　水利信息网

水利信息网连接智慧水利中的各种主客体,为智慧水利各类数据在主客体中的传递提供传输服务。水利信息网包括水利业务网和水利工控网,水利业务网覆盖各级水利部门,承载各类水利信息系统;水利工控网覆盖各水利工程及其各级管理单位,承载各类水利工程控制系统。

7.2.3　水利大脑

水利大脑是一套以水利云为基础,结合数据处理、机器视觉、智能算法、水利模型等能力,在开放平台上实现大规模计算和智慧决策的人工智能系统。

水利大脑的核心由“一云一池两平台”构成。一云是指水利云,通过利用公共云和建设专有云的混合方式,为水利大脑提供大规模存储和计算能力;一池是指数据资源池,通过汇集和治理水利系统内外的所有相关数据,构建海量异构多元的数据资源体系;两平台是指智慧使能平台和应用支撑平台,通过沉淀基础能力,形成对应用系统的支撑。

7.2.4　智能应用

智能应用包括水资源、水灾害、水生态、水环境、水工程、水监督、水行政、水公共服务及综合决策、综合运维九大类。

智能应用是在水利大脑的支撑下,融合和挖掘分析各类信息资源,全面掌握江河湖库综合信息,动态监测评估河湖生态状况,实现水情预报、水资源配置、河湖监管的精细化和精准化,以及防汛抗旱、水资源管理、大坝安全监测等重点应用的智慧化,基于水利大脑的业务支撑、服务支持、辅助决策和综合运维能力,推动政府监管精细化、江河调度协同化、工程运行自动化、应急处置实时化,推进水利管理现代化水平的大幅跃升。

7.3　山东省淮河流域智慧管理框架

流域智慧管理围绕水利改革需求,以“提服务,助监管,促发展”为发展原则,充分运用云计算、物联网、大数据、移动互联、人工智能等新一代信息技术,强化水利业务与信息技术融合,实现省、市、县三级水利数据资源和应用的共建共享,深化流程再造、模式创新和业务重塑,全面实现水资源保障、水灾害防御、水工程监管、水生态治理、水政务管理和水公共服务等水利核心业务数字化转型,补齐水利信息化短板。为科学决策提供技术支持,推进水治理体系和治理能力的现代化。

7.3.1 总体思路

7.3.1.1 设计理念

遵循水利部《水利信息化顶层规划》、《智慧水利总体方案》、《加快推进智慧水利指导意见》以及《山东省数字基础设施建设指导意见》、《数字山东发展规划(2018~2022年)》等政策文件,山东省淮河流域智慧管理采用分层架构,每层功能相对集中和独立,能够为上一层提供很好的支撑服务,层与层之间具有明确的边界划分,分层的结构易于未来软硬件及应用服务的调整与扩展。通过不同应用在同类层次上共用基础功能模块,实现不同应用之间更好的信息共享和协同,实现可持续发展的长期建设目标。同时加强云计算、物联网、移动互联、大数据、人工智能等新技术的应用;"搭建大平台、形成大数据、组建大系统、提供大服务";积极开展全面互联、充分共享、服务整合、智慧应用,实现泛在服务。

7.3.1.2 总体思路

以"数字水利"改革的"整体思维",借鉴"用户思维、大数据思维、平台思维、跨界思维"等互联网思维,形成"数字水利服务发展思维"。一是紧紧围绕水利兴利、防灾两大中心,利用数字化手段重塑山东省水利业务核心,优化业务流程,强化水利行业监管能力,提升水利治理和现代化水平。二是坚持以服务为核心,从用户使用角度优化政务服务、公众服务流程和应用设计。三是通过"大平台、小前端、富生态"集约建设新模式,改变系统分散、烟囱林立的局面。四是改变传统建设运营管理模式,在"数字水利"建设中引入互联网文化,吸收"快速迭代""小步快跑"等互联网发展理念,提高"数字水利"建设效率。五是整体考量,从技术革新到业务创新、从管理创新到机制体制改革,充分运用云计算、物联网、大数据、移动互联、人工智能等新技术,成体系推进"数字水利"改革建设。

7.3.2 总体架构

按照水利业务数字化建设需求和"五横三纵"总体架构进行设计,"五横"自上而下分别是面向水利行业和社会公众的服务体系、全面覆盖水利业务数字化的智能应用体系、具有水利行业通用特点的支撑体系、数据资源体系和基础设施体系;"三纵"分别是安全保障体系、标准规范体系和建设运营管理体系(见图7-2)。

7.3.2.1 服务层

在解决水利各机关机构应用服务需求的同时,充分挖掘社会公众对水利信息的需求,提高水利信息服务的水平,为社会公众、企事业单位提供高水平、高质量的水利公共服务。

7.3.2.2 智能应用层

在全面梳理水利核心业务的基础上,通过业务协同,构建覆盖水资源保障、水灾害防御、水生态治理、水工程监管、水政务协同和水服务应用的六大领域的业务应用体系。

7.3.2.3 应用支撑层

在提供统一地图、监测预警、监督考核和信息检索等基础应用支撑组件的基础上,建设水利模型及人工智能服务,包含水利专业应用模型、业务分析模型、图像视频AI、水利知识图谱、知识学习等。

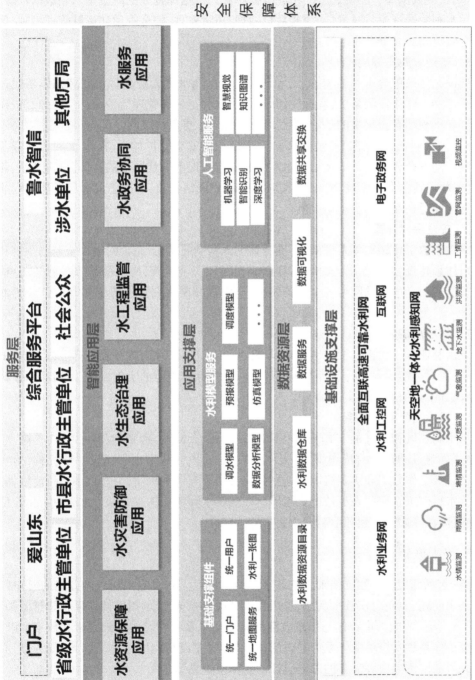

图 7-2　总体架构图

7.3.2.4　数据资源支撑层

基于山东省大数据资源体系,实施水利数据资源体系建设和数据中台建设,形成以基础数据库、监测数据库、业务数据库、主题数据库和元数据库构成的高质量水利数据资源,建设统一水利数据资源目录,逐步完善数据治理、质量管理、安全管理和运维管理机制,保障数据有效更新和充分共享。

7.3.2.5　基础设施支撑层

基础设施体系包含水利感知体系、水利网络体系和水利云资源。水利感知体系通过构建空天地网一体化监测系统,实现对河流水系、水利工程和管理活动的动态感知。依托省政务云和水利私有云提供的计算、存储和网络资源,结合物联网终端,形成"云-边-端三体协同"的水利云,并根据平台实际需要,建设相应安全防护体系,保障水利数据资源和业务应用的安全、稳定、高效运行。水利信息网将面向下一代网络的发展,打造高速、移动、安全的新一代信息骨干网络,完善 NB-IoT 和 5G 网络覆盖,全面建成适应智慧水利业务动态变化的泛在互联的水利信息网。

7.3.2.6　安全保障体系

数字山东数字化转型体系框架下,围绕数字水利发展需要,完善网络安全监测预警和应急响应体系建设,完善全面安全管理和全流程闭环安全运营,构建覆盖综合感知、分析处理和智能应用全过程的网络安全防护体系,全面提升网络安全态势感知和应急处置能力。

7.3.2.7　标准规范体系

制定水利业务优化再造标准、数据共享标准、技术应用标准、政务服务标准、运行维护标准、系统集成标准等水利行业标准规范体系。加强标准规范的实施评估,及时组织修订完善,推动标准全面贯彻落实。

7.3.2.8　建设运营管理体系

根据水利建设和运维的工作要求、工作过程,结合水利"感知、互联、共享、支撑、应用"等各层面建设和运维的特点,明确工作领导机构,设立数字水利建设专职机构,落实省、市、县三级工作分工和协调机制。建立并完善建设与运维机制,加大数字化技能培训,提高各级水行政主管部门人员数字化素养。在现有水利考核体系中融入水利数字化转型的相关内容,保障数字水利"建得快、用得好"。

7.3.3　技术框架

按照《水利部关于印发加快推进智慧水利的指导意见和智慧水利总体方案的通知》,聚焦新老水问题,面向山东省水利厅、各市县水利局及社会公众,以感知体系为智慧源头,以"三中台"构成的能力中心作为山东省淮河流域智慧水利建设的基础底座和数字大脑。以标准规范体系和安全保障体系为建设的指导标准,建设智能应用,提供周到服务,形成满足山东省淮河流域实际需要的总体设计。技术架构见图 7-3。

7.3.3.1　全面感知

感知体系利用卫星遥感、无人机、传感器、监控设备等先进的感知设备及智能技术对水雨情、工情、工程安全等感知要素进行全面的动态监测和实时采集,快速汇聚于物联网

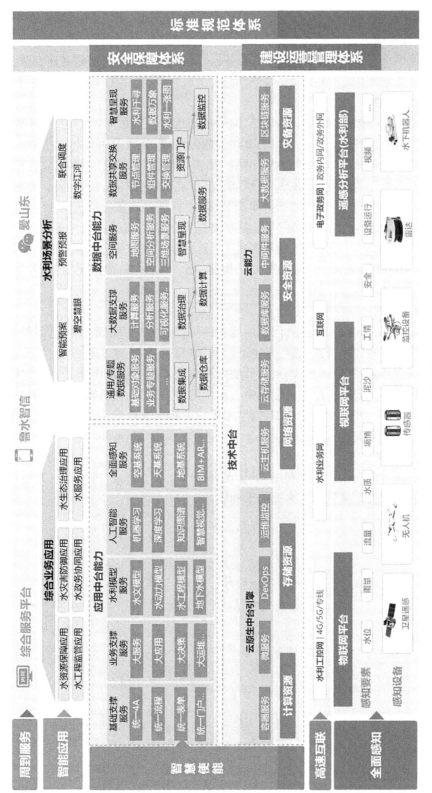

图 7-3　技术架构

平台、视联网平台、遥感分析平台（水利部），构建一张天空地一体化的水利感知网。

7.3.3.2　高速互联

高速互联网络实现水利工控网、水利业务网、互联网、电子政务网的高速互联，形成水利一张网。

7.3.3.3　智慧使能

能力中心由"三中台"构成，是总体架构的核心组件。"技术中台"主要包括计算资源、存储资源等基础设施，云原生中台引擎和云能力组成，是数据中台和应用中台能力建设的基础支撑；"数据中台"按照"一数一源，一源多用"的原则，通过数据集成、数据仓库、数据治理、数据计算、数据应用、共享交换等流程，打造大数据中心，提供通用/专题数据服务、大数据支撑服务、空间服务、数据共享交换服务、智慧呈现服务等五大服务能力；"应用中台"按照"上下贯通，共性资源下沉，共享协同"的原则，打造三大中心（包括开发中心、管理中心和监控中心），提供五种服务能力（包括基础支撑服务、业务支撑服务、水利模型服务、人工智能服务和全面感知服务），构建一个充分共享、智慧使能、服务全局的能力中心。

7.3.3.4　智能应用

智能应用包括为解决水利业务问题而建立的综合业务应用体系及特色场景式分析。综合业务应用体系涵盖水资源保障、水生态治理、水灾害防御、水工程监管、水政务协同、水服务应用六大业务；利用场景式分析，开展大型水利工程虚拟漫游实景创新建设、水库闸门智能化控制等。智能应用作为能力中心衍生的智慧成果，充分汲取能力中心的学习算法库、机器认知库、知识图谱库、水利模型库提供的智能支撑能力，做到科学决策、精细管理、自动生产、联合调度、主动防灾。

7.3.3.5　周到服务

周到服务主要面向山东省水利厅、市县水利局以及社会公众，通过鲁水智信、综合服务平台、爱山东等建设，提供形式多样的水利服务。

第 8 章　水安全保障对策

8.1　水资源保障对策

以习近平总书记提出的"节水优先、空间均衡、系统治理、两手发力"的治水思路为指导思想,以"充分挖掘地表水,合理开采地下水,高效利用外调水,鼓励利用非常规水"为原则,加强雨洪资源的开发利用,优化地下水开采布局,完善外调水供水工程体系,加大非常规水利用力度,统筹调配地表水、地下水、黄河水、长江水、非常规水五种水源,努力提高水资源利用效率和效益,优水优用,实现全流域水资源优化配置。针对山东省淮河流域水资源开发利用存在的问题,坚持开源与节流并举、建设节水型社会、污水资源化、加强水资源管理是保障山东省淮河流域水资源安全的根本措施。

8.1.1　节水措施

(1)推动城市供水管网技术改造,提高生活用水效率。

①加快城市供水管网技术改造,降低输配水管网损失率。

城市供水管网因年久失修,常有漏水现象,要加强城市管网的输、净、配等供配水工程的维修改造,减少跑、冒、漏造成的损失,以降低损失率。采用高技术、新材料,有效防止自来水管道爆裂。

②全面推行节水型用水器具,提高生活用水效率。

节水器具和设备在城市生活用水的节水方面起着重要作用。采用成功的节水器如陶瓷芯片水龙头,它具有高强度、高平滑的特点,使封水垫使用寿命可达到 30 万次,水龙头跑、冒、漏的问题从根本上得到解决;建筑物室内上水管道可采用优质耐用管材的 PP-R 交联聚乙烯管;采用冲洗式厕所(用水量为 4 L/次)或空气压水掺气式厕所(用水量为 2 L/次)可较普通厕所(用水量为 19 L/次)节水 79% 和 89%。

③处理污水和中水回用。

在缺水城市住宅小区设立雨水收集、处理后重复利用的中水系统,利用屋面、路面汇集雨水至蓄水池,经净化消毒后用泵提升用于绿化浇灌、水景水系补水、洗车等,剩余的水可再收集于池中进行再循环。在符合条件的小区实行中水回用可实现污水资源化,达到保护环境、防治水污染、缓解水资源不足的目的。

(2)加快农田水利建设,提高灌溉水利用系数。

实施大中型灌区配套改造工程建设,加大末级渠系改造力度,结合农业种植结构调整,积极推广渠道防渗、管道输水、喷灌滴管等技术,实施节水示范工程,提高用水效益,实现灌溉节水、农业增产、农民增收的有机统一。积极发展旱作农业,推广地膜覆盖、深松深耕、保护性耕作等技术。开发利用引黄灌区的井灌资源,形成多种水源互补模式,提高农田灌溉保证率。通过农田水利建设提高灌溉水有效利用系数。

（3）加大非常规水源的开发利用规模,尽快实现工业生产新鲜水源需水量的零增长。

加大非常规水源的开发利用规模是缓解南四湖流域水资源供需矛盾的重要措施,也是 2030 年水资源供需平衡目标的关键。中水资源的回用是非常规水利用的核心,根据《节水型社会建设"十三五"规划》《水安全保障总体规划》等相关规划,到 2030 年各地市再生水回用率需达到 40%～50%。在未来的一段时期内,应要求工业生产新增的需水量必须通过中水回用来解决,同时对现有企业的生产工艺进行改造,逐步实现工业生产新鲜水需水量的零增长。河道外生态用水同样以再生水为主,减少新鲜水源需水量。

非常规水资源的开发利用,一不占用用水总量控制指标,二是可以节省水资源费和污水处理费,三是可以减少污染物的排放量从而改善水环境。一举多得,应大力推进。

8.1.2　开源工程

为实现流域水资源系统可持续性和最大程度地保障供水,在引黄供水体系建设、南水北调引水工程建设及其各分区水利工程建设当中,应采取以下措施。

8.1.2.1　加强雨洪资源利用

对于雨洪资源利用率低的分区,为防止雨洪水资源过境后白白流失,造成雨洪水资源浪费,需加强雨洪资源利用,因地制宜地建设拦蓄工程和生态湿地,集蓄雨洪水、矿井疏干排水等,综合发挥塌陷地蓄水、生态等多种功能,有效提高当地地表水资源的利用率。

8.1.2.2　保障引黄水量供给

加强引黄供水体系建设。通过实施引黄口闸门改造、引黄调蓄水库及配套管网建设,充分利用黄河水,提高黄河水的调配能力。

8.1.2.3　统筹南水北调东线二期工程布局

根据《南水北调工程总体规划》,目前南水北调东线一期工程已实施完成,规划远期实施南水北调东线二期工程。根据国家部署,积极开展南四湖流域南水北调东线二期工程输水规模、输水线路布局等论证工作,合理确定二期申请引江水量,科学规划工程布局,与省级、市级骨干水网工程和重点调蓄工程统筹考虑,相机启动实施。

8.1.2.4　增强流域水资源联调联配能力

南四湖流域水资源系统统筹规划,构建布局合理、蓄泄兼筹、丰枯调剂、生态良好的水系连通工程体系,可将有余水分区的水资源调配至缺水分区,增强水资源联调联配能力。

8.1.3　两手发力

8.1.3.1　正确处理整体和局部的关系

水资源配置是一个全局性问题。一般而言,优化配置的结果对某一个体的效益或利益并不是最好的,但对整个资源分配体系来说,其总体效益是最好的,即存在局部最优和全局最优的问题。要实现流域的水资源优化配置,必须实现水资源的统一管理,以全局为重,树立整体观念。对缺水地区,应统筹规划调度水资源,保障区域发展的水量需求及水资源的合理利用,对水资源丰富的地区,必须努力提高水资源的利用效率。

8.1.3.2　转换政府职能、深化水企业改革

实行政企分开,切实改变政府主导结构调整和对经济运行直接干预过多的状况,把政

府经济管理职能的着力点转到主要为各类市场主体服务和建设健全与市场经济相适应的体制、政策、法律环境上来,营造有竞争力的投资和发展环境。

大力推进水管理企业的改革,按照现代企业制度,完善法人治理结构,推进企业转换营造机制,深化劳动用工、人事和收入分配制度改革,选配好企业领导班子,扩大企业经营者的选择视野。

8.1.3.3　加大水利投入力度,加快水利改革步伐

认真贯彻落实中央关于建立稳定增长的水利投入机制的要求,加快建立以政府投入为主导、全社会共同参与的多元化投入增长机制。不断加大水利投入力度,发挥政府在水利建设中的主导作用,将水利作为公共财政投入的重点领域。同时,把水利改革作为应对水资源短缺、水生态恶化等问题的根本途径。通过不断深化水利改革,持续加大水利投入,全面加快水利建设等一系列政策措施的落实,努力实现以水资源的可持续开发利用支撑经济社会的可持续发展。

8.1.3.4　完善水价政策体系,发挥价格杠杆的调节作用

充分发挥水价的调节作用,兼顾效率和公平,大力促进节约用水和产业结构调整。工业和服务业用水逐步实行超额累进加价制度,拉开高耗水行业与其他行业的水价差价。合理调整城市居民生活用水价格,稳步推行阶梯式水价制度。按照促进节约用水、降低农民水费支出、保障灌排工程良性运行的原则,推进农业水价综合改革,农业灌排工程运行管理费用由财政适当补助,探索实行农民定额内用水享受优惠水价、超定额用水累进加价的办法。运用价格手段,完善水价政策体系,合理配置水资源,促进节约用水,实现水资源可持续利用。

8.1.3.5　加快地下水保护行动的实施,进一步控制地下水超采

根据地下水位的监测资料,实施封井限采行动,有序做好自备井的关闭工作,减少地下水开采。实施原水置换行动,大力推进多水源优化调度与配置工作,调整供水结构,加大雨洪资源和非常规水源的利用,减少地下水的利用。实施水源涵养行动,加大荒山造林力度,积极开展封山育林、地下水回灌补源和天然河道截污导流等工作。

8.2　防洪减灾保障对策

8.2.1　完善防洪减灾体系

山东省淮河流域防洪规划近期工程涉及上中下游,是从全流域出发统筹安排的,构成了流域防洪工程体系。规划近期工程的建设使山东省淮河流域防洪标准有了明显提高,在洪水中得到了较好的验证,在应对流域性大洪水时有了重要的防御及调控手段。经科学调度运用,能够较好地防御设计洪水,基本能够保障流域重要防洪保护区的安全。但是工程体系还有待继续完善之处,流域防洪除涝形势还面临需解决的问题,结合城市总体规划、防洪规划等相关资料,通过工程措施和非工程措施的实施进一步优化和完善流域防洪减灾体系。

8.2.2　健全联合调度机制

在防洪工程措施的合理规划和建设的前提及基础上,发展和完善防洪非工程措施是推动整个防洪事业更加符合自然规律、健康有序地向前发展的必要途径,应进一步加强水库、河道联合调度,健全联合调度应急响应机制。

8.2.3　加快水利信息化建设

"智慧水利"是水利信息化的进一步深化、升华和拓展,通过与人工智能、大数据、云计算等的深度融合,全面提升感知、分析、预测和风险防范、惠民服务能力,全方位助推解决水资源、水管理、水安全等涉水事务的智能化超大型系统,是"水利工程补短板、水利行业强监管"的技术保障。"智慧水利"的快速发展,有助于实现水资源的有效管理和优化配置,提高水利工程的管理水平,促进水利信息化水平的提高,推进社会经济的全面发展。

8.3　水环境与水生态保障对策

8.3.1　推进流域水污染防治

8.3.1.1　实施最严格的水功能区纳污红线管理

山东省淮河流域纳入考核的 95 个水功能区水质达标率为 51.6%,整体达标率不高,汛期水质稍差,南四湖流域污染水平较高。针对当前的流域污染现状,要实施最严格的水功能区纳污红线管理,一是根据《第三次山东省水资源调查评价成果》排查整理山东省淮河流域范围内的劣Ⅴ类、Ⅴ类水体名单,以及未达到其使用功能对水质要求的水功能区名单(主要集中在湖西区、湖东区、中运河区),在系统掌握水质演变特征及趋势基础上,推进关键区域、关键时段污染综合管控工作,通过截污控污、生态修复等工程和非工程措施,使其限期达到确定的控制目标。二是在《山东省水功能区划》《山东省水功能区限制纳污控制指标》等前期成果基础上,建议开展近 10 年来现状水功能区与社会经济发展水平的适应性评估工作,以重点管控区域为示范,优化布局现状水功能区,考虑现状条件下水体自净能力,科学核定水功能区纳污能力、水质目标等,进一步规范水资源开发利用行为,保障水体功能的有效发挥。三是细化并完善水功能区动态监测和管理系统,从整个流域层面实时掌握各水功能区的水质现状、限制纳污能力及已纳污水平,以环境容量为基本指导,实行流域统筹与动态调控的管控策略,优化各水功能区的纳污能力设计,逐渐导向迈入水环境质量提升与水生态改善的正向循环。

8.3.1.2　加强尾水深度净化

山东省淮河流域人口众多,产业集聚,城镇生活与工业生产用水需求量大,集中处理后达标排放的污废水入河量(规模以上点源+规模以下点源)占河川径流量约 25%,超出河段自净能力的污染负荷输入是造成水质恶化的重要因素。一是要实施源头控制,加强化工、制药、钢铁等主要行业的源头减排和清洁生产,降低重金属、持久性污染物的环境风险;二是要进行技术革新,加强重点河湖周边工厂和生活污水的截留及处理,实施提高污水处理能力、工艺升级改造以及生物滞留措施等,减少营养盐和新型污染物的环境排放水平,进一步提升污染物资源化利用能力;三是要统筹流域上下游、干支流、左右岸的环境污染现状和预期目标,逐步建立流域准入标准、排放标准、水质标准的协同机制。

8.3.1.3　加强流域面源污染防治

在摸清流域面源污染特征规律的基础上,要加强流域面源污染防治力度。一是要大力发展绿色农业,通过种植结构调整、生态修复和固废管理等技术手段,削减农药和化肥的施用量及水土流失,有效控制农业面源污染;二是要加强农村生活污水治理,因地制宜采用污染治理与资源利用相结合、工程措施与生态措施相结合、集中与分散相结合的建设模式和处理工艺,后期注重污水设施的管理与维护;三是在新一轮城镇化建设进程中,采取城市低影响开发设计理念,推进具有海绵功能的绿色新城建设,减轻城镇建设对流域水环境水生态的影响。

8.3.2　加强流域水环境综合整治

8.3.2.1　加强农村黑臭水体治理

采取控源截污、垃圾清理、清淤疏浚、水体净化等综合措施恢复水生态。建立健全符合农村实际的生活垃圾收集处置体系,避免因垃圾随意倾倒、长年堆积、处理不当等造成水体污染。推进畜禽养殖废弃物资源化利用,大力推动清洁养殖,加快推进肥料化利用,推广"截污建池、收运还田"等低成本、易操作、见效快的粪污治理和资源化利用方式,实现畜禽养殖废弃物源头减量、终端有效利用。实施农村清洁河道行动,建设生态清洁型小流域,鼓励河湖长制向农村延伸。

8.3.2.2　加强污染河段环境综合整治

加强环南四湖流域入湖河道环境整治工程,按照"先截污后清淤再修复"的原则,充分发挥截蓄导用工程效用,调水期间将达标排放的中水资源分别导向农业灌溉设施、城市景观设施等排放设施,削减入河污染负荷;同步加强河道生态清淤,妥善处置河道整治过程中产生的淤泥,避免造成二次污染;建设滨岸生态景观带,逐步提高河道的生态自净能力,恢复河道的生态堤岸,增加河道的生态元素,还可减少河流面源污染的输入,逐步改善重污染河段水质,恢复河流生态功能。

8.3.3　提升流域水生态健康水平

8.3.3.1　加强全流域水生态保护顶层设计

以流域水生态环境质量改善为目标,加快完善山东省淮河流域水生态保护顶层设计。一是要摸清流域范围内水生态现状,制订全流域的水生态保护规划和修复方案,划分不同区域的水生态功能;二是要加强流域水生态空间管控,严守生态保护红线,加强饮用水源保护区保护,严控河湖管理保护范围,强化蓄滞洪区功能空间管控,平衡经济发展建设空间等,为流域水生态文明建设预留出足够的生态涵养空间。

8.3.3.2　加强重点河湖生态健康管理

将流域范围具有重要生态涵养功能的河湖纳入流域生态健康监管体系,推进水生生物及其栖息生境的常态化监测调查,以水利部出台的《河湖健康评价指南(试行)》为指导,从生态系统结构完整性、生态系统抗扰动弹性、社会服务可持续性等维度出发建立河湖生态健康评估指标体系,从"盆""水"、生物、社会服务功能等4个准则层对河湖健康状态进行评价,定期发布评估公报,强化公众监督。

8.3.3.3 强化水利工程生态设计与生态调度能力

山东省淮河流域水资源开发利用水平较高,河道闸坝林立、渠库化严重,水利设施的建设对流域水系结构的水系基本自然属性产生明显干扰,导致河流天然净流量大幅减少,河流的生态基流得不到充分保障。这种情况下,一是要加强水利工程的生态设计理念,在工程任务中明确其生态流量保障、水质保护与改善、水体自净能力提高、河湖生态保护与修复、水文化景观构建等生态任务,因地制宜设计工程布置与建筑物,注重保障工程生态运维;二是加强现有水利工程的生态化改造,分步评价已建水利工程与生态建设需求之间的差距,明确生态保护的主导功能需求,以修复受损生态系统为目标,依据评价结果将已建功能按无须改造、生态化改造或生态补充、拆除等类别进行划分,科学有序地推进生态化改造;三是要充分发挥现有水利工程群的生态调度能力,确保生态流量,满足鱼类洄游等生态需求,特别是南四湖平原河道区域,强化截蓄导用工程运行背景下的河道水量、流量保障能力;四是加强水生态修复功能建设与运行维护,对流域范围内重要河湖、湿地等实行生态修复工程,同时强化生态工程运行管理。

8.4　水管理保障对策

8.4.1　编好流域规划,科学指导水管理工作

科学编制流域综合规划,将流域综合规划作为流域管理的依据,是做好流域水资源管理工作的基础,也是促进区域社会经济发展的重要组成部分。新《水法》明确规定,流域范围内的区域规划应当服从流域规划,专业规划应当服从综合规划,流域综合规划和区域综合规划以及土地利用关系密切的专业规划,应当与国民经济和社会发展规划以及土地利用总体规划、城市总体规划和环境保护规划相协调,兼顾各地区、各行业的需要。

8.4.2　推进流域立法工作,全面强化依法治水

推进流域重点领域立法。完善水法规体系,推进河道采砂、流域管理、农村饮水安全保障、水权交易管理、农村水电等重点领域立法。建立健全公开征求意见、专家咨询、立法后评估等制度,提高水利立法质量。

加强水行政综合执法。全面推进水行政综合执法,集中水行政执法职权,下移执法重心,加强基层专职水政监察队伍建设,充实基层执法力量。健全水政监察人员持证上岗和资格管理制度。全面落实执法责任制。推进执法能力和信息化建设,落实执法经费保障,实施遥感遥测工程,建设视频监控、巡查办案、统计监督等执法信息平台。完善行政执法程序,健全执法裁量基准制度,建立执法全过程记录制度和重大处罚决定合法性审查机制。加大日常执法巡查和现场执法力度,严厉打击和依法惩处水事违法行为。

有效化解水事矛盾纠纷和涉水行政争议。坚持预防为主、预防与调处相结合的原则,

完善属地为主、条块结合的水事矛盾纠纷预防调处机制。加强源头控制和隐患排查化解，建立跨行政区域水事活动协商制度，加大重大水事纠纷调解力度，维护社会和谐稳定。健全水利行政复议案件审理机制，坚决纠正违法或不当行政行为，努力化解涉水行政争议，提高政府公信力。

全面加强水利依法行政。推行政府水管理权力责任清单制度。持续推进简政放权、放管结合、优化服务，进一步精简涉水审批事项和审批程序，加强事中事后监管。健全水利依法决策机制，严格执行公众参与、专家论证、风险评估、合法性审查和集体讨论决定的水利重大决策法定程序，建立水利重大决策终身责任追究制度和责任倒查机制。依法推进水利政务公开，强化对水行政权力的制约和监督。

8.4.3　完善河湖长制管理系统,加强流域智慧管理

8.4.3.1　建立工作制度

(1)建立河长会议制度。定期或不定期由河长牵头或委托有关负责人组织召开河长制工作会议，拟定和审议河长制重大措施，协调解决推行河长制工作中的重大问题。建立部门联动制度。加强沟通联系，形成水利、环保等相关部门参加的河长制联席协调机制，密切配合，强化组织指导和监督检查，协调解决重大问题。建立信息报送制度。各级要动态跟踪全面实行河长制工作进展，定期通报河湖管理保护情况。各党委、政府每年12月31日前将年度工作落实情况报省委、省政府，抄送省河长制办公室。建立工作督察督办制度。各级河长负责牵头组织督察工作，督察对象为下一级河长和同级河长制相关部门。建立验收制度。根据河长制工作进展的不同阶段，确定相应验收重点和方式方法，确保各项工作有序高效推进。

(2)建立自然资源资产离任审计制度，把河湖管理保护工作作为对领导干部自然资源资产离任审计的重要内容。落实《党政领导干部生态环境损害责任追究办法(试行)》，强化党政领导干部河湖生态环境保护职责，按照"谁破坏、谁赔偿"的原则，研究建立河湖资源损害赔偿和责任追究制度。

(3)充分运用地方立法权，积极开展创设性立法，制定、修改、完善现有河湖管理法规制度。健全涉河建设项目管理、水域和岸线保护、河湖采砂管理、水域占用补偿和岸线有偿使用等法规、规章，制定和完善技术标准，确保河湖管理保护工作有法可依、有章可循。

8.4.3.2　优化管护模式

(1)按照分级管理、属地管理的原则，逐条逐段落实河湖管理主体和维护主体，明确管理和维护责任，配备河管员，落实管护经费，构建主体明确、职能清晰、体制顺畅、责任明确、经费落实、运行规范的河湖管理体制和运行机制。

(2)创新河湖管护模式，完善河湖及堤防、水闸管理养护制度，积极引入市场机制，实行政府购买服务方式，凡是适合市场、社会组织承担的工程维护、河道疏浚、水域保洁、岸线绿化、污染防治、生态修复等管护任务，均可通过合同、委托等方式向社会购买公共服务，积极实现河湖管理保护专业化、社会化。建立实时、公开、高效的河长即时通信平台，将日常巡查、问题督办、情况通报、责任落实等纳入信息化、一体化管理，提高工作效能，接受社会监督。

8.4.3.3　严格考核

(1)建立考核问责与激励机制，制定考核办法，根据河长制实施的不同阶段进行考

核,以水质水量监测、河湖生态环境保护、水域岸线管理、水工程运行管理等为主要考核指标,明确考核目标、主体、范围和程序。对河长制开展情况进行及时督导,对督导中发现的问题,逐一进行整改落实。

(2)将领导干部自然资源资产离任审计结果及整改情况作为考核的重要参考。

(3)把全面推行河长制工作与最严格水资源管理制度考核和水污染防治行动计划实施情况考核充分结合,一并纳入省委对市县科学发展综合考核评价体系。县级及以上河长负责对相应河湖下一级河长进行考核,考核结果要作为地方党政领导干部综合考核评价的重要依据。

(4)实行生态环境损害责任终身追究制,对造成生态环境损害的,严格按照有关规定追究责任。对因失职、渎职导致河湖环境遭到严重破坏的,依法依规追究责任单位和责任人的责任。

8.4.3.4　宣传引导

(1)各地各部门要广泛宣传河湖管理保护的法律法规。在河湖显要位置树牌立碑,设置警示标志,设立河长公示牌,公布河段范围、姓名职务、职责和联系方式,接受群众监督和举报。

(2)加强生态文明教育,组织开展河湖管理保护教育,增强全社会的河湖保护意识。

(3)有效发挥媒体舆论的引导和监督作用,着力引导企业履行社会责任,自觉防污治污,大力发展绿色循环经济。进一步增强城市乡村、企事业单位以及社会各界河湖管理和保护责任意识,积极营造社会各界和人民群众共同关心、支持、参与和监督河湖管理保护的良好氛围。

8.4.4　加强流域机构自身建设,提升流域管理能力

淮河流域管理能力建设主要包括下面几个内容:

一是规划能力建设。提高规划制定者的自身素质,在规划制定过程中,让更多利益相关者的诉求得到反映,扩大规划代表的广泛性,更加注重流域发展规划的公平性和科学性。

二是监测能力建设。建立和完善流域水资源监测站点和监测系统,以防洪、除涝、抗旱、水资源管理等实际需要,补充完善各类监测站网。

三是行政执法能力建设。近期要加强流域水行政执法基础设施建设,提高水政执法的专业化水平,远期要完善流域水行政执法体系,加强流域水行政执法制度建设。

四是应急处理能力建设。近期要加强水旱灾害和突发事件的预测预警能力建设,编制应急预案,加强流域防灾减灾工程体系建设,提高应急专业化水平。

五是创新能力建设。近期要加强科学研究支持系统建设,开展与流域管理相关的科技研究,开展与流域管理相关的制度研究,加强科学技术研究和管理制度研究的结合,远期要建立健全科技创新和制度创新体系,加速培养高素质人才队伍。

六是公众参与能力建设。近期是流域层面参与机制和自我管理组织的建设,远期是从国家层面完善法律制度、保护社团权益。

七是信息化和网络化建设。建成集淮河防洪、除涝、抗旱、水资源管理等多位一体的综合管理平台。

参 考 文 献

[1] 畅明琦,刘俊萍. 水资源安全基本概念与研究进展[J]. 中国安全科学学报, 2008(8):12-19.

[2] 谷树忠,胡咏君. 水安全:内涵、问题与方略[J]. 中国水利, 2014(10):1-3.

[3] 苏玉明,贾一英,郭澄平. 水安全与水安全保障管理体系探讨[J]. 中国水利,2016(8):12-14,36.

[4] 祝秀信. AGPSO-MEPP 模型在云南省水安全动态评价中的应用[J]. 水资源与水工程学报,2017, 28(3):91-97,104.

[5] 李雪衍. 赣州城市水安全研究[D]. 赣州:江西理工大学,2010.

[6] 史正涛,刘新有. 城市水安全研究进展与发展趋势[J]. 城市规划, 2008(7):82-87.

[7] Biswas A K. United Nations Water Conference:Summary and Main Documents[M]. Oxford:Pergamon Press, 1978.

[8] 陈绍金. 水安全系统评价、预警与调控研究[D].南京:河海大学, 2005.

[9] Brown L R, Halweil B. China's water shortage could shake world food security[J]. World Watch,1998, 11(4):10-21.

[10] Rosegrant M, Ruthmeinzed D. Water resource in the Ansia Pacific Region[J]. Asian Pacific Economic Literature,1996(9):25-28.

[11] Varis O, Lahtela V. Integrated water resources management along the Senegal River:introducingan analytical framework[J]. International Journal of Water Resources Development,2002,18(4):501-521.

[12] Gleick P H. Water in crisis:paths to sustainable water use[J]. Ecological Applications,1998, 8(3): 571-579.

[13] Yang H, Zehnder A J. Water scarcity and food import:A case study for southern Mediterranean countries [J]. World Development,2002,30(8):1413-1430.

[14] Wichelns D. The role of virtual water in efforts to achieve food security and other national goals,with an example from Egypt[J]. Agricultural Water Management,2001,49(2):131-151.

[15] Rijsberman M A, Van De Ven F H. Different approaches to assessment of design andmanagement of sustainable urban water systems[J]. Environmental Impact Assessment Review,2000,20(3):333-345.

[16] Darrel Jenerette G, Larsen L. A global perspective on changing sustainable urban water supplies[J]. Global and Planetary Change,2006,50(3):202-21.

[17] Yokoi H, Embutsu I, Yoda M, et al. Study on the introduction of hazard analysis and criticalcontrol point (HACCP) concept of the water quality management in water supply systems[J]. Water Science and Technology,2006,53(4):483-492.

[18] 史正涛,黄英,刘新有. 水安全及城市水安全研究进展与趋势[J]. 中国安全科学学报,2008,18 (4):20-27.

[19] 畅明琦,黄强. 水资源安全理论与方法[M]. 北京:中国水利水电出版社,2006.

[20] 邱德华. 区域水安全战略的仿真评价研究[D]. 南京:河海大学,2006.

[21] 夏军,刘孟雨,贾绍凤,等. 华北地区水资源及水安全问题的思考与研究[J]. 自然资源学报,2004, 19(5):550-560.

[22] 陈鸿起. 水安全及防汛减灾安全保障体系研究[D]. 西安:西安理工大学,2007.

[23] 韩宇平,阮本清. 区域水安全评价指标体系初步研究[J]. 环境科学学报,2003,23(2):267-272.

[24] 成建国. 水安全监测和诊断咨询系统研究[D]. 北京:中国水利水电科学研究院, 2003.

[25] 田成方. 马莲河流域水安全研究[D]. 金华:浙江师范大学,2010.

[26] 尤祥瑜,赵剑,唐辉. 沈阳市水资源承载力研究[J]. 沈阳农业大学学报,2004,35(1):48-51.

[27] 姚治君,刘宝勤,高迎春. 基于区域发展目标下的水资源承载能力研究[J]. 水科学进展,2005,16(1):109-113.

[28] 夏军,张永勇,王中根,等.城市化地区水资源承载力研究[J]. 水利学报,2006,37(12):1482-1488.

[29] Feng L, Zhang X, Luo G. Application of system dynamics in analyzing the carrying capacity of water resources in Yiwu city, China[J]. Mathematics and Computers in Simulation,2008,79(3):269-278.

[30] 张华侨. 城市化进程中的水安全问题研究[D]. 郑州:郑州大学,2011.

[31] 张俊艳. 城市水安全综合评价理论与方法研究[D]. 天津:天津大学,2006.

[32] 周刚. 城市水安全研究进展与趋势[J].甘肃水利水电技术,2009,45(12):40-41.

[33] 段新光,栾芳芳. 基于模糊综合评判的新疆水资源承载力评价[J]. 中国人口·资源与环境,2014,24(S1):119-122.

[34] 夏军,朱一中. 水资源安全的度量:水资源承载力的研究与挑战[J].自然资源学报,2002(3):262-269.

[35] 靳英华,秦丽杰,刘辉. 松辽流域水资源承载力与安全对策研究[J]. 东北师范大学学报(自然科学版),2005(4):121-126.

[36] 李孟颖,陈介山. 京津冀地区面向人居环境之水安全格局初探[J]. 安全与环境学报,2015,15(3):347-355.

[37] 武彤. 哈尔滨市阿城区水安全格局研究[D]. 哈尔滨:哈尔滨工业大学,2014.

[38] 夏军,张永勇. 雄安新区建设水安全保障面临的问题与挑战[J]. 中国科学院院刊,2017,32(11):1199-1205.

[39] 黄浩森,杨会改. 特大城市水安全保障体系构建[J]. 开放导报,2017(3):22-26.

[40] 淮河流域水资源与水利工程问题研究课题组.淮河流域水资源与水利工程问题研究[M].北京:中国水利水电出版社,2019.